AUSGEZEICHNETES EXPERTEN WISSEN

BAND 4

BOURDON VERLAG

Die jeweilige Meinung des Autors/der Autorin spiegelt nicht die Meinung des Verlages, des Herausgebers oder der anderen Autoren wider.

Wir haben uns nach langer Überlegung dazu entschlossen, den Autorinnen und Autoren freizustellen, ob und in welcher Form sie gendern wollen. Manche haben sich entschlossen, dies zu Gunsten der besseren Lesbarkeit nicht zu tun. Alle Autoren sprechen selbstverständlich alle Leserinnen und Leser gleichberechtigt an.

Bibliografische Information der Deutschen Nationalbibliothek

Die Deutsche Nationalbibliothek verzeichnet diese Publikation in der Deutschen Nationalbibliografie; detaillierte bibliografische Daten sind im Internet unter http://dnb.d-nb.de abrufbar.

ISBN 978-3-949869-72-3

Lektorat: Antonia Pieper
Umschlaggestaltung: Christina Pörsch
Satz und Layout: Das Herstellungsbüro, Hamburg | buch-herstellungsbuero.de
Druck und Bindung: CPI GmbH
Printed in Germany

www.bourdon-verlag.de

Inhalt

Vorwort

Liebe Leserin,
lieber Leser,

mit Freude und auch ein bisschen Wehmut präsentieren wir Ihnen heute den vierten und letzten Band unserer Reihe »Ausgezeichnetes Expertenwissen.« Seit dem ersten Band haben wir uns zum Ziel gesetzt, Ihnen fundiertes Fachwissen auf verständliche und zugängliche Art und Weise zu vermitteln. Und nun, nach Stunden der Arbeit, ist es so weit – unser Werk ist vollendet.

In einer Zeit, in der sich die Welt rasant verändert und Entwicklungen in Technologie, Wissenschaft und Gesellschaft immer schneller voranschreiten, ist es wichtiger denn je, sich mit aktuellen Themen und Trends auseinanderzusetzen.

Wir möchten Ihnen zeigen, dass die moderne Welt nicht nur von Herausforderungen geprägt ist, sondern auch von Möglichkeiten und Chancen. Wir haben uns bemüht, Ihnen Beispiele zu geben, wie Menschen und Organisationen diese Chancen nutzen und aktiv gestalten.

Unser Ziel ist es, Ihnen ein Buch zu präsentieren, das nicht nur informiert, sondern auch inspiriert und zum Nachdenken anregt. Wir möchten, dass Sie in »Ausgezeichnetes Expertenwissen« wertvolle Erkenntnisse und Ideen finden werden, die Ihnen dabei helfen, in der modernen Welt erfolgreich zu sein.

Es ist uns eine Ehre und Freude, mit so vielen herausragenden Expertinnen und Experten aus unterschiedlichen Fachbereichen zusammenzuarbeiten. Gemeinsam haben wir Themen wie Wissenschaft, Technologie, Medizin, Geschichte, Literatur, Kunst und

Kultur behandelt, um Ihnen einen breiten Einblick in die Welt des Wissens zu geben.

Doch dieses Buch ist nicht nur das Ergebnis unserer Arbeit, sondern auch das Ergebnis Ihrer Unterstützung und Ihres Interesses an unserem Werk.

Wir danken Ihnen recht herzlich dafür und hoffen, dass Sie auch im letzten Band viele wertvolle Erkenntnisse gewinnen werden.

Ich ermutige Sie, mutig zu sein und ein Buch zu schreiben! Es kann eine Herausforderung sein, aber auch eine lohnende und erfüllende Erfahrung. Egal, ob es sich um ein Sachbuch, einen Roman, eine Biografie oder ein anderes Genre handelt, das Schreiben eines Buches erfordert Zeit, Engagement und Hingabe.

Abschließend möchten wir sagen, dass wir uns sehr glücklich schätzen, Teil dieses Projekts gewesen zu sein.

Mit den besten Wünschen
Ihr *Hermann Scherer*

Esoterik und Spiritualität ist alles Lug, Betrug und Hokuspokus!?

Sobald wir die Begriffe »Spiritualität« und »Esoterik« hören, öffnet sich eine unserer vielen »Schubladen« im Kopf und wir haben direkt eine Meinung oder fällen ein Urteil zu diesem Thema, ohne jemals selbst eine persönliche Erfahrung damit gemacht zu haben. Tief im Inneren ergreifen uns die Angst, ein gewisser Respekt und die Ablehnung vor dem großen Unbekannten, nennen wir es Medialität, und wir sagen: »Lass mich in Ruhe mit dieser Spinnerei. Mit dem Hokuspokus habe ich nix am Hut«.

Aber warum genau ist das so? Dass einem Dinge, die man nicht anfassen kann, suspekt vorkommen, kann ich verstehen. Denken wir bei dem Thema nicht automatisch an kostümierte Menschen mit roten, goldenen und weißen Gewändern und schwarzen Haaren, die mit einer schwarzen Katze in der Ecke des Zirkuszelts auf einer Kirmes zu finden sind? Oder an die Wunderheiler, die benebelt auf einer Wiese tanzen? Natürlich werden wir geprägt durch falsch übermittelte Bilder und oft durch pure Unwissenheit. Zugegebenermaßen ging es mir genauso, denn ich habe meine erste Erfahrung mit dieser sonderbaren Welt als Kind in einem Sissi-Film gemacht, als eine Zigeunerin der Kaiserin von Österreich aus der Hand gelesen hat. Auch ich bin als Kind mit meiner Mutter zum Besprechen gegangen. Das fand ich damals ziemlich spannend und doch gleichzeitig beängstigend. Wie bitte soll das funktionieren?

Als Kind war ich schon fest überzeugt, dass es das Schicksal und Zufälle gibt und gewisse Dinge für einen vorbestimmt sind.

Als Kind war ich schon fest überzeugt, dass es das Schicksal und Zufälle gibt und gewisse Dinge für einen vorbestimmt sind. Ich hatte als Sechsjährige schon viele klare Visionen und in der Nacht vom 2. auf den 3. April 1990 war mir klar, dass heute mein Opa gehen würde. Am Morgen erfuhr ich dann von meiner Mutter, dass mein Opa verstorben war, dabei lief das Lied von Nena »99 Luftballons«. Das hat mich sehr geprägt, was mein persönliches Gefühl angeht, dass ich es nie vergessen werde. So wusste ich in der Schulzeit bereits, wer als erstes heiraten und Kinder bekommen würde von meinen Freundinnen. Es ist genau so passiert und wir reden und schmunzeln heute noch darüber. Wenn mir jemand im Teenageralter und als junger, unerfahrener Mensch erklärt hätte, dass die Dinge, die ich fühle, rieche, schmecke, höre, am Körper wahrnehme oder auch klare Bilder, die ich vor meinem geistigen Auge sehen kann, völlig ok, »normal« und natürlich sind und ich sie nur als Zeichen aus einer verborgenen Welt von verstorbenen Seelen deuten und empfangen kann, dann wären mir viele traumatische Erlebnisse und Selbstzweifel erspart geblieben. Stattdessen hätte es mir ein Lächeln ins Gesicht gezaubert. Ich wäre mit einer Leichtigkeit an die Dinge herangeführt worden und hätte sie als selbstverständlich gesehen, so wie das Zähneputzen.

Ich als spirituelle Lebensberaterin und Jenseitsmedium arbeite mit den Gefühlen und Sinnen und übersetzte wie eine Dolmetscherin eine Fremdsprache ins Deutsche.

Heute arbeite ich als professionelles Medium und weiß als gelernte Bankkauffrau und Versicherungsfachfrau, dass man Versicherungen genauso wenig anfassen kann wie Spiritualität. Beides erscheint für Menschen zu Beginn fremd und kompliziert, doch wenn man es verstanden hat, ist es das Einfachste der Welt. Versicherungen wie eine Haftpflichtversicherung oder Unfallversicherung lassen sich nur über das Gefühl verkaufen. Sie kaufen Sicherheit für den Fall der Fälle und die können Sie auch nicht anfassen. In unserem Leben geht es täglich um Gefühle und emotionale Bedürfnisse. Sind Sie heute glücklich, unglücklich, verliebt, hungrig, ängstlich, freundlich, wütend? Sie kennen alle diese Gefühle und das ist des Rätsels Lösung. Ich als spirituelle Lebensberaterin und Jenseitsmedium arbeite mit den Gefühlen und Sinnen und übersetzte wie eine Dolmetscherin eine Fremdsprache ins Deutsche. Die Kunst dabei ist, die richtige Bedeutung des Wortes zu finden und die Botschaft berührend und richtig zu übermitteln.

Als Medium kann ich vielen Menschen helfen, aus ihrer aussichtslosen Situation auszubrechen, Kontakt mit ihrer eigenen und fremden Seelen zu bekommen und Wege aufzuzeigen, die sie gehen können. Doch gehen müssen sie diese Wege dann allein. Besonders heilsam und berührend in meiner Arbeit ist es, einen Kontakt für einen Hinterbliebenen herzustellen. Ich habe keine Vorabinformationen. Ich kenne lediglich den Vornamen des Kunden bei privaten Sitzungen. Die Aufgabe des Mediums ist es, Beweise zu erbringen, die der Hinterbliebene 100%ig zuordnen kann und anhand der erbrachten Beweise erkennt er seinen geliebten Verstorbenen. Das können z. B. folgende Dinge sein: die Lieblingsspeise, der Beruf, die Anzahl der Kinder oder die Todesursache. So traurig das Thema oft ist, es gibt viele lustige Geschichten darüber zu erzählen. Auf meinen Live-Events erstelle ich Kontakte vor einem fremden Publikum und gebe die Botschaften mit viel Liebe weiter. Oft sind es auch Dinge aus dem Alltag, die nach der Zeit des Ablebens passiert sind und das erstaunt die meisten, denn das können doch die Verstorbenen nicht wissen. So verrückt das klingt, aber alles ist Energie und Energie ist überall und kennt keine Zeit und keinen Raum.

In meinen Seminaren zeige ich Ihnen, wie Sie lernen, auf Ihre eigene innere Stimme zu hören und im Alltag wieder dem eigenen Bauchgefühl zu vertrauen.

In meinen Seminaren zeige ich Ihnen, wie Sie lernen, auf Ihre eigene innere Stimme zu hören und im Alltag wieder dem eigenen Bauchgefühl zu vertrauen. Sie lernen, Ihre Sinne, die alle vorhanden sind, für sich und andere zu nutzen. Sie werden als Sprachrohr bzw. Übersetzer der anderen Seele und Seite zur Verfügung stehen. Alle meine Teilnehmer konnten bis dato nach dem Seminar Kontakt zu einer verstorbenen Seele aus der geistigen Welt herstellen. Das klingt verrückt, ist es aber nicht, weil wir es alle können, wenn wir wissen, welche Werkzeuge man benutzen muss. Kochen können die meisten auch nicht sofort, aber mit einer Anleitung gehts. Natürlich gibt es Begabungen und Naturtalente und es gehört jede Menge Training und Übung dazu, wie z. B. beim Klavierspielen. Nichts anderes ist es mit der Medialität. Wenn man mir all das schon mit 20 so einfach erklärt hätte, dann wären mir Panikattacken erspart geblieben, denn natürlich hat mir meine Begabung auch Angst eingeflößt. So habe ich auf meinem Weg sehr viel gelernt und es ist mein Schicksal und meine jetzige Berufung, Angst in Liebe umzuwandeln und als WLAN-Verbindung zum Himmel zur Verfügung zu stehen.

Es liegt alles im Auge des Betrachters, manchmal muss man nur den Blickwinkel verändern.

Dank meiner verstorbenen Freundin Trixi bin ich diesen Weg gegangen. Sie hat mich mehrfach von oben geschubst und ich werde so oft gefragt, was genau passiert ist. Diese emotionale Geschichte erzähle ich Ihnen gern ausführlich auf einem meiner Seminare oder gar bei einer privaten Sitzung, die Sie buchen können. Persönliche Treffen finden derzeit in Hamburg, Dresden und Mecklenburg statt, aber dank Videochat und Telefon ist eine Beratung überall möglich. *Sich einem unbekannten Thema zu öffnen, bedeutet immer* Weiterentwicklung. Es liegt alles im Auge des Betrachters, manchmal muss man nur den Blickwinkel verändern. Trauen Sie sich Neues zu entdecken? Ich freue mich auf Sie und unsere Begegnung. Lassen Sie sich von der Medialität begeistern.

Herzlichst Ihre *Doreen Jungerberg*
alias Medium Juliana

Foto: Guido Karp

DOREEN JULIANA JUNGERBERG – MEDIUM JULIANA

Jenseitskontakte – spirituelle Lebensberatung – Coach – Medium

Doreen Jungerberg, bekannt als »Medium Juliana«, hat ihre spirituelle Gabe in die Wiege gelegt bekommen und hat diese bei namhaften Lehrern seit 25 Jahren intensiv trainiert. Juliana ist ein erfolgreiches, hellfühlendes Medium. Durch ihre empathische, lustige, direkte Art bringt sie dem Publikum in privaten Sitzungen, auf Live-Events und Messen das unsichtbare Band zwischen Himmel und Erde näher. Juliana gibt Seminare zum Thema Persönlichkeitsentwicklung. Unternehmen und Firmen schätzen ihren »Siebten Sinn« vor Ort bei Teamfindung und Mitarbeiterführung.

d.jungerberg@t-online.de
Tel.: +49 172-2037888
https://medium-juliana-psychic.business.site
http://www.juliana-kartenlegen.de

Wie Hundegebell dein Leben verändern kann

Ihr ganzes Leben lang schon waren sie da. Diese Schreckhaftigkeit und Empfindlichkeit gegenüber lauten Geräuschen, Menschen und Situationen. Anfangs war es nur Unwohlsein, das Tanja durch den Tag begleitete, doch mehr und mehr beeinträchtigten Ängste Tanjas Leben. Tag für Tag, Woche für Woche und Jahr für Jahr. Verabredungen zum Abendessen in einem Biergarten mit Freunden? Nein, lieber nicht, da ist es sicher laut. Ein neuer Job? Wer weiß, wie die neuen Kollegen sind, da bleibe ich lieber in meinem alten Job. Ein Besuch mit den Kindern im Freizeitpark? Niemals! Vielleicht erschrecke ich mich in der Achterbahn, schreie und alle lachen mich aus.

Mehr und mehr zog Tanja sich zurück. Sie saß nur noch in ihrem Homeoffice, ging kaum vor die Tür und jedes ungewohnte Geräusch sorgte dafür, dass sie zusammenzuckte. Das hatte Auswirkungen auf ihre gesamte Familie. Ihre Kinder durften nur noch auf Zehenspitzen im Haus herumlaufen und in den Urlaub fuhr Tanja schon lange nicht mehr, dort lauerte zu viel Unbekanntes.

Obwohl ihr Mann versuchte, Tanja aufzumuntern und immer an ihrer Seite war, scheiterte er kläglich. Nachdem sie ihn eines Tages angeblafft hatte: »Kümmere dich um deine Angelegenheiten!«, zog auch er sich zurück und ließ Tanja in Ruhe. Sie fühlte sich schlecht und einsam und rutschte in eine tiefe, dunkle Traurigkeit ab. Zudem meldeten sich immer häufiger Kopf- und Rückenschmerzen, die sie tagelang an ihr Bett fesselten. Es gab nur noch wenige Momente, in denen es Tanja gut ging. Diese verbrachte sie mit ihren Kindern, doch schon nach kurzer Zeit wurde es ihr wieder zu viel und sie zog sich zurück.

Eines Morgens musste Tanja sich übergeben, so wie schon viele Male zuvor, da mittlerweile auch ihr Magen rebellierte, denn sie aß kaum noch etwas. An diesem Morgen sah sie in den Spiegel und erschrak. Wer war die Frau, die ihr dort entgegenblickte? Blass, abgemagert und mit Augenringen schaute ihr ein trauriges Gesicht entgegen.

Das war kein Leben mehr.

Und all das nur wegen eines Golden Retrievers …

Wusstest du, dass unser Körper und unsere Seele mit uns sprechen? Sie geben uns täglich Signale, die wir jedoch meist im Alltag überhören. Hand aufs Herz, hast auch du schon einmal am PC weitergearbeitet, obwohl deine Augen bereits brannten? Hast trotz Rückenschmerzen matt auf dem Sofa gesessen, obwohl du wusstest, dass ein Spaziergang an der frischen Luft besser für dich wäre? Hast Kopfschmerzen mit Tabletten bekämpft, obwohl du wusstest, dass du dringend eine Auszeit brauchst? Alle diese körperlichen Symptome sind Zeichen deiner Seele. Zeichen dafür, dass irgendetwas im Argen liegt, entweder erst seit Kurzem oder sogar schon seit sehr langer Zeit. Häufig nehmen wir diese Zeichen zwar wahr, wissen aber nicht genau, was wir tun können, damit es uns besser geht. Dann schlucken wir Tabletten, die kurzfristig den Schmerz betäuben, langfristig aber nur dazu führen, dass es uns eher schlechter geht.

Wusstest du, dass unser Körper und unsere Seele mit uns sprechen? Sie geben uns täglich Signale, die wir jedoch meist im Alltag überhören.

Hast du schon einmal versucht, einen gefüllten Luftballon unter Wasser zu drücken? Dafür brauchst du enorm viel Kraft und irgendwann flutscht der Ballon dir wahrscheinlich aus den Händen und schießt mit gewaltiger Kraft nach oben. Genauso ist es, wenn du ständig versuchst, die wahren Ursachen hinter deinem Leiden und deinen Herausforderungen zu unterdrücken. Damit meine ich nicht nur körperliche Symptome, sondern auch geistige, wie das Gefühl, nicht am richtigen Ort zu sein oder in einer Situation gefangen zu sein, die nicht zu dir passt.

Mein Name ist Christine Schmitt und schon seit vielen Jahren begleite ich mit ganzheitlicher und lösungsorientierter Hypnose Menschen dabei, ihren Kern zu entdecken: den Kern ihres Seins, aber auch den Kern ihrer Ängste und Probleme. Körper, Geist und Seele gehören zusammen, sie sind untrennbar verbunden und häufig sind körperliche Beschwerden wie Kopf- oder Rückenschmerzen die Folge von Erlebnissen, die unser Bewusstsein nicht mehr »auf dem Schirm« hat – so wie bei Tanja, bei der Hundegebell die Ursache ihrer Probleme war.

Seit vielen Jahren begleite ich mit ganzheitlicher und lösungsorientierter Hypnose Menschen dabei, ihren Kern zu entdecken: Körper, Geist und Seele gehören zusammen, sie sind untrennbar verbunden.

Hypnose hat dabei nichts mit Hokuspokus zu tun, sondern ist eine bewährte Methode, um Blockaden zu lösen und Dingen auf den Grund zu gehen. Vielleicht denkst du bei Hypnose an Menschen, die auf ein Fingerschnippen hin wie Hühner gackern. Weit gefehlt, denn eine solche Show-Hypnose hat nichts mit lösungsorientierter Hypnose zu tun.

In unserem Unterbewusstsein schlummern eine Menge Dinge, die uns täglich steuern: Glaubenssätze, alte Verhaltensmuster oder auch Ängste, die wir gar nicht mehr wahrnehmen, da sie schon lange Teil von uns sind. Durch lösungsorientierte Hypnose ist es möglich, genau dorthin zu gelangen, wo die Ursache genau dieser Verhaltensweisen oder Glaubensmuster liegt.

So auch bei Tanjas Ängsten, deren Entstehungsmoment früh in ihrer Kindheit lag. Mittels lösungsorientierter Hypnose fanden wir heraus, dass sie als Baby während eines Biergartenbesuches ihrer Eltern friedlich in ihrem Kinderwagen schlief, als plötzlich ein Golden Retriever begann, am Wagen herumzuschnüffeln. Die Bremsen des Wagens waren nicht ordentlich festgestellt und so begann das Baby samt Wagen davonzurollen und fuhr dem Hund über die Pfoten, was er mit einem lauten Gebell direkt neben dem Kopf des Kindes quittierte und davonrannte, während Tanjas Mutter hastig zum Wagen sprang und Tanja förmlich aus dem Kinderwagen riss.

Diese Situation klingt außergewöhnlich und passiert vielen Menschen so oder so ähnlich täglich tausendfach. Bei Tanja führte sie jedoch zu einer tief verwurzelten Angst vor allen Hunden, plötzlichen Geräuschen, Unvorhersehbarem und nach und nach zu all den weiteren erwähnten Folgen, die scheinbar ohne Grund in ihr Leben traten.

> **Unser Unterbewusstsein weiß ganz genau, wann und wo der Moment war, in dem nicht nur das Problem, sondern auch die Lösung steckt.**

Mit der lösungsorientierten Hypnose nach meiner Pleoma-Methode kann ich Menschen emotional an Punkte ihres Lebens zurückführen, die das Bewusstsein nicht mehr greifen kann, die aber ungemein wichtig für ihr Leben waren und sind. Unser Unterbewusstsein weiß ganz genau, wann und wo der Moment war, in dem nicht nur das Problem, sondern auch die Lösung steckt. Durch lösungsorientierte Hypnose verankerst du selbst neue Verhaltensweisen und Glaubenssätze in deinem Unterbewusstsein, für ein lebenswertes, kraftvolles und wunderbares Leben. Lösungsorientierte Hypnose kann auch dein Leben verändern – wenn du es möchtest und zulässt.

Gerne begleite ich dich dabei.

CHRISTINE SCHMITT

Menschen helfen, sich wieder selbst zu finden

Sie ist seit über 30 Jahren therapeutisch tätig, davon 15 Jahre in eigenem Institut. Als Ausbilderin in der Persönlichkeitsentwicklung, Moderatorin und Coach zur Problemlösung, Psychotherapeutin HP und Master der Neurowissenschaften entwickelte sie eigene Methoden in diesen Bereichen und sie ist als Unternehmerin international aktiv – das ist Christine Schmitt. Zusammen mit ihrem Team ist sie bestrebt, den Menschen zu helfen, ihr eigenes Kernpotenzial des wahren Seins zu erkennen und es dann zu leben. Sie ist Gründerin und Leiterin des Pleoma Instituts für Persönlichkeitsentwicklung, ganzheitliche Hypnose und systemische Generationsarbeit.

Deine Gedanken in deiner Realität für ein Traumleben und Traumbusiness

Die Genius Zone

Was ist eigentlich deine »Genius Zone«?

Du bist Unternehmer:in oder möchtest das Unternehmertum lernen?

Du weißt nicht, was deine »Genius Zone« ist? Dann solltest du diesen **Text** bis zum **Ende lesen**.

Mit der »Genius Zone« ist jener schöpferische Geisteszustand gemeint, mit dem du voll im Flow bist und alles um dich herum vergisst. Es ist jene Tätigkeit, in der du aus dem Herzen heraus voll aufgehst und der du stundenlang bis zur Gänsehaut nachgehen könntest …

> Mit der »Genius Zone« ist jener schöpferische Geisteszustand gemeint, mit dem du voll im Flow bist und alles um dich herum vergisst.

Die meisten Unternehmer:innen kommen zu mir, weil sie diesen **Flow-Zustand** gar nicht mehr kennen oder nur noch selten verspüren. So kam auch ein bereits erfolgreicher Unternehmer zu mir. Mein Team und ich implementierten das Konzept der 7 Lebensarenen und 6 menschlichen Elemente:

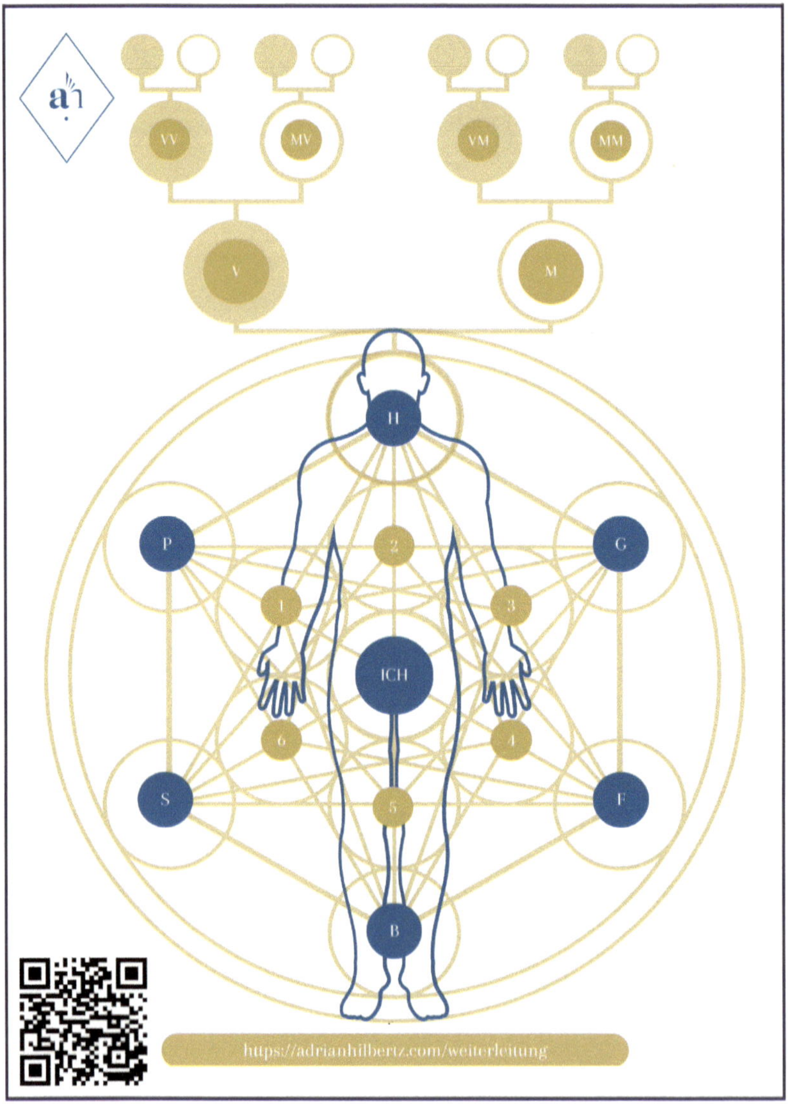

Lebensarenen: H = Herkunftsfamilie, P = Partnerschaft, G = Gegenwartsfamilie, S = Soziale Kontakte, F = Freizeit, B = Berufung, ICH

Menschliche Elemente: 1 = spirituell, 2 = mental, 3 = Genius Zone (Flow), 4 = emotional, 5 = sexuell, 6 = physisch

Daraus entwickelte sich die absolute Klarheit für sein Leben und Business und es kristallisierte sich seine »Genius Zone« heraus. Wir bauten und integrierten ein **Organigramm der neuen Zeit**, kristallisierten auch die »Genius Zone« der Mitarbeiter heraus, passten die Arbeitsplatzbeschreibungen und Prozesse im Leading- und Pacing-Prozess an und bauten die Strategie des ganzen Unternehmens so um, dass sowohl die Räumlichkeiten als auch die Prozesse, die Unternehmenswerte, die Kommunikation nach außen und die ganze Kundenreise von fremden Menschen bis zum zahlenden idealen Kunden definiert wurde. Der Ertrag konnte deutlich gesteigert werden, der Krankenstand der Mitarbeiter senkte sich und alle Prozesse und KPIs rund um die Mitarbeiterzufriedenheit, Kundenzufriedenheit und Unternehmerzufriedenheit konnten **zum höchsten Wohl** gesteigert werden. Was für eine Transformation!

Der Unternehmer berichtet weiter über eine **vollkommene innere Klarheit**, über sein **ganzes Leben und Business** und dass er jetzt überwiegend in seiner **»Genius Zone«** unterwegs sei und nur noch wenige Arbeiten habe, die sich wie »Zähneputzen« anfühlen. Er konnte sich von ungeliebten Arbeiten trennen, die er vorher immer »selbstständig« erledigt hat. Eine vollständige Transformation zum Unternehmer. Sein ganzes Business und Leben ist klar strukturiert mit einer klaren **Lebens- und Unternehmensvision**.

Oder doch lieber ein Burn- oder Bore-out anstatt deiner »Genius Zone«?

Erkenntnisse, Wahrnehmungen und Wandlungen

2017 war mit 226 verkauften Beratertagen in der Automobilindustrie mein bestes Jahr. Ich hatte an sich ein gutes Leben! 60.000 bis 80.000 Kilometer pro Jahr in meinem schönen Dienstwagen und 10 bis 14 Stunden Arbeitszeit waren meine Realität. Kompensieren konnte ich dies mit meiner Leidenschaft fürs Mountainbiken, Snowboarden sowie mit Saunabesuchen, Meditation und einer guten Zeit mit meiner Herkunftsfamilie und meiner damaligen Freundin. Mein Antrieb und stetiges Bestreben war die Mitarbeiterzufriedenheit und die Unternehmer Zufriedenheit, denn ich bin der Überzeugung, wenn die Mitarbeiter:innen zufrieden sind, gehen automatisch alle Kennzahlen bis hin zum Ertrag und zur Kundenzufriedenheit nach oben und Unternehmer:innen und Konzern sind ebenfalls glücklich.

Der Premiumhersteller kaufte sich in eine andere Unternehmensberatung ein und so wurde ich einem anderen Hersteller zugeteilt. Hier musste ich Prozesse und Kennzahlen für den neuen Konzern durchsetzen, die nicht unbedingt im Sinne der Unternehmer:innen bzw. der Mitarbeiter:innen im Autohaus waren und daraus entwickelte sich eine große Sinnkrise.

Am 02.05.2018 öffnete ich meinen Laptop, der Posteingang war massiv von E-Mails überflutet und ich merkte eine tiefe Verkrampfung bis tief in meine Seele. Ich wusste, so konnte es nicht weitergehen und fragte mich: »Was mache ich hier eigentlich?«

Mein Hausarzt diagnostizierte ein **Erschöpfungssyndrom**. »Quatsch«, sagte ich, »Alles gut. Es ist nur grad ein bisschen viel ...«

Als ich realisierte, dass wirklich etwas nicht stimmte, brach für mich eine Welt zusammen. Ich fühlte mich nicht mehr als Teil der Gesellschaft, sah keinen Sinn mehr im Leben. Filme und Serien waren mein bester Freund – **totale Passivität und Ohnmacht**. Mein Selbstwertgefühl war total am Boden.

Meine Expedition zu mir selbst, durch Materie, Kraft und Stärke

Der Jakobsweg gab mir wieder **Klarheit, Kraft und Stärke**. Ich wählte die Route von Ribadeo nach Santiago de Compostela – den Camino del Norte. Das erste Mal in meinem Leben wusste ich, was wirkliche Freiheit ist. Ich lernte interessante Menschen aus aller Welt kennen, unter anderem einen Fischer namens Romualdo Rodrigue. Er war bei seinem Fischerausflug auf dem freien Meer verunglückt. 11 Tage in der prallen Sonne, ohne Wasser und ohne Nahrung auf dem offenen Meer, umzingelt von Haien auf einer Gefriertruhe, die von seinem gesunkenen Boot noch übrig war. Er versprach Gott, alle heiligen Orte dieser Welt zu besuchen, wenn er überlebte, dann wurde er gerettet. Diese Geschichte und viele andere gaben mir zu denken.

In der Stille beim Wandern auf dem Camino ging ich im Geiste jede Abzweigung in meinem Leben durch. Ich stellte mir die Fragen: **Wo komme ich her? Wer bin ich? Und wo gehe ich hin, wenn ich diese Welt hier verlasse?**

Ich bekam einige wertvolle Antworten.

Expertise

Meine Gabe ist es, deine »Genius Zone« herauszukristallisieren. Die Klarheit deiner »Genius Zone« wird dazu führen, dass du und dein Team schnelle und smarte Entscheidungen fällen können und alle Kennzahlen deutlich gesteigert werden. Ich habe viel Zeit und viel Geld in mich investiert, um in der Tiefe systemisches Coaching, Hypno-Coaching, Epigenetik, Neurowissenschaften und das Quantenfeld zu verstehen. Ich habe gelernt, **unser ganzes Sein, das Leben und unser Gehirn zu verstehen.**

Die Klarheit deiner »Genius Zone« wird dazu führen, dass du und dein Team schnelle und smarte Entscheidungen fällen können und alle Kennzahlen deutlich gesteigert werden.

Die Erkenntnisse daraus sind meine 6 wichtigsten Werte: **Liebe**, **Freiheit**, **Ehrlichkeit**, **Vertrauen**, **Weiterentwicklung** und **Dankbarkeit**. Diese 6 Werte sind seit der Schulzeit massiv sowohl von mir selbst als auch von CEOs, Führungskräften und Kollegen verletzt worden. Diese Einsicht half mir, ins Unternehmertum zu starten.

Was sind **deine wichtigsten Werte** und was bedeuten sie für dein Leben? Dein Kopf, dein Geist, alles, was in dir ist, deine Gedanken, die Worte, die du wählst, all das ist dein höchstes Gut und bestimmt dein ganzes Leben. **Ich begleite dich** in einem intensiven Prozess, zeige dir, wie du deine **Glaubenssätze** und deine **Denkweise** veränderst, damit deine positiven Gedanken zur Realität werden und du dich in deiner »Genius Zone« frei entfalten kannst.

Dein Leben sei gesegnet zum höchsten Wohl!
Dein *Adrian*

ADRIAN KAI HILBERTZ

Experte für Transformation | Persönlichkeitsentwicklung im Business

Geist – Materie – Freiheit | Was Leben rettet und Kraft erschafft | Expedition durch Natur, Kraft und Stärke

Er schaffte die Transformation vom Automobilkaufmann über Positionen als Führungskraft, Coach und Consultant im Premiumsegment bis hin zum Unternehmer. Adrian Kai Hilbertz hat über 100 Firmen transformiert in über 20 Jahren Berufserfahrung. Er kreiert einzigartige Erfolgsgeschichten für Unternehmer und Mitarbeiter, sorgt für kristallklare Positionierungen und Kommunikationsstrategien und bietet holistisches High-Level-Consulting.

www.adrianhilbertz.com

Blockaden lösen – Erfolge erzielen

Wie Sie eine BRILLANTE PERSÖNLICHKEIT werden, wenn Sie sich von Ihren Hindernissen befreien. Eine BRILLANTE PERSÖNLICHKEIT ist die Basis für Ihren Erfolg! Immer und überall

Heutzutage dreht sich alles um die Themen starke Persönlichkeit und Erfolg. Ganz ehrlich, wie soll dieser Effekt, dieser Durchbruch sowohl im privaten als auch im beruflichen Bereich erzielt werden, wenn es in einer Person nur »flackert« und nicht »brennt«.

Vor 10 Jahren war ich Managerin in einem internationalen Konzern bei der Nr. 1 weltweit im Personalbereich tätig. Ich arbeitete von einem Erfolg zum nächsten, war motiviert und voller Energie! Tag für Tag, Woche für Woche, Monat für Monat, Jahr für Jahr. Eines Tages, es war ein Mittwoch, ein ganz besonderer Tag für mich, hatte ich mit dem Verkaufsleiter einen Termin bei einem großen Unternehmen. Das Ziel war klar, natürlich unseren Marktanteil zu erhöhen. Der Wecker klingelte, es war 5.30 Uhr. Ab in die Dusche. Während des Duschens kam es mir plötzlich vor, als wäre ich bei einer Sonderfahrt auf der Achterbahn. Auf und ab, nah und fern, es fühlte sich etwas eigenartig an und ging alles blitzschnell.

Und dann fiel ich um. Aus! Ich weiß nichts mehr!

Dann lag ich patschnass am Boden im Badezimmer. Anfangs dachte ich, es wäre nur der Kreislauf und es ginge gleich in meinem gewohnten Tempo weiter. No no! Stopp! Das war das Signal! Ich wollte mit aller Kraft – nur mein Körper ließ sich nicht aufrichten. Es tat so weh! Ein unbeschreiblicher Schmerz. Ich war verzweifelt. Ich brauchte einen Arzt.

Und das passierte: Dagmar, die erfolgreiche Managerin, war jetzt ein Häufchen Elend. All meine Kompetenzen waren nun wertlos. Kein Licht am Ende des Tunnels in Sicht. Eine Verkettung schlechter Ereignisse folgte. Ich war gefangen in meinen Gedanken und sah nur noch Hindernisse. Ich wollte es nicht wahrhaben und war komplett durcheinander! Ein Chaos!

Schmerz ist ein Hilferuf des Körpers!

Mein Körper und meine Psyche waren im Kampf – 6 Monate lang mit allen Höhen und Tiefen. In dieser Zeit schickte mir das Universum eine Person, einen chinesischen Arzt, der mich inspirierte und motivierte. Seine Sprache verstand ich nicht und Meridiane und Narben waren damals Neuland für mich. Nur eine einzige Narbe, eine Blinddarmnarbe aus meiner Kindheit, öffnete mir die Augen. Ich löste all meine Blockaden und Narben, die Schmerzen wurden weniger und ich bekam wieder Energie. Lebensenergie!

Genau dieser Schritt hat mein Mindset und somit mein Leben komplett verändert. Aufgrund dieser einzigartigen Erfahrung folgten ein Ausbildungsmarathon und mein Neustart.

Nach all diesen Ereignissen und Veränderungen war ich sehr neugierig auf meine körperliche und sportliche Belastungsgrenze. Ich stellte mich meinem großen Traum und meinem entscheidenden Impuls für das Vorhaben ins Tun zu kommen: Ich wollte von einer Spaziergängerin zu einer Läuferin werden. Nach 9 Monaten konsequenten Trainings erreichte ich dieses Ziel und lief voller Stolz, Energie und Freude nach nur 2 Stunden als motivierte Laufanfängerin beim Halbmarathon in der Wachau durch das Ziel. Ein unbeschreibliches Erlebnis für mich – Flow Feeling und High Energy pur!

Wer wären Sie, wenn Sie keine Blockaden hätten.

Jetzt mal Hand aufs Herz, nun weiß ich: Ihre Grenzen lernen Sie erst kennen, wenn Sie bereit sind, diese zu überschreiten!

Heute bin ich selbstständig im ganzheitlichen Bereich und begleite Führungskräfte zu einer BRILLANTEN PERSÖNLICHKEIT. Das mache ich, indem die verschiedensten Hindernisse – Narben und Blockaden – beseitigt werden, in ihrer Person, ihrem Körper und in ihrem Lebensrollenmanagement. Wie beim HOLISTIC CUBE, dem **ganzheitlichen Würfel**, nach dem ich vorgehe. Dieser Würfel ist vergleichbar mit unserem Leben.

Das Unmögliche möglich machen.

Die Menschen kommen zu mir, wenn die 6 Seiten (Bereiche) blockiert und vielfarbig sind. Im Laufe des Lebens schleicht sich halt ein Kuddelmuddel ein.

Hier einige Beispiele, wie es zu diesem Durcheinander, den Blockaden und der Reduzierung des Energielevels im Meridiansystem kommt:

Es beginnt bereits in der Kindheit: durch die Erziehung, Stürze, Verletzungen, Entzündungen, Trauer, Kränkungen, Blutabnahmen, Zahneingriffe, Erkrankungen (Covid-Erkrankung), Operationen, Streit, Trennung, Kündigung, negative und kreisende Gedanken, Ärger, Angst, Stimmungsschwankungen, Bedrückung, Belastung, Stress, Erschöpfung, Burn-out, immer wieder mal Schmerzen oder Sonstiges. All diese Hindernisse verursachen sowohl körperliche als auch seelische Beschwerden und beeinträchtigen Ihre Energie, Ihre Lebensenergie!

Manche Themen dulden einfach keinen Aufschub. Blockaden lösen – Erfolge erzielen!

Die Menschen gehen von mir, wenn die 6 Seiten (Bereiche) geordnet und farblich sortiert sind. Genau dann sind sie eine BRILLANTE PERSÖNLICHKEIT. Wenn sie eine BRILLANTE PERSÖNLICHKEIT sind, dann hat es Auswirkungen auf ihre **Energie**, ihren **Erfolg** und ihre **Erfüllung** und gleichzeitig auch auf ihr **Leben**, ihr **Business** und ihre **Gesundheit**.

LEBEN – KRAFT – FÜLLE. Immer und überall!

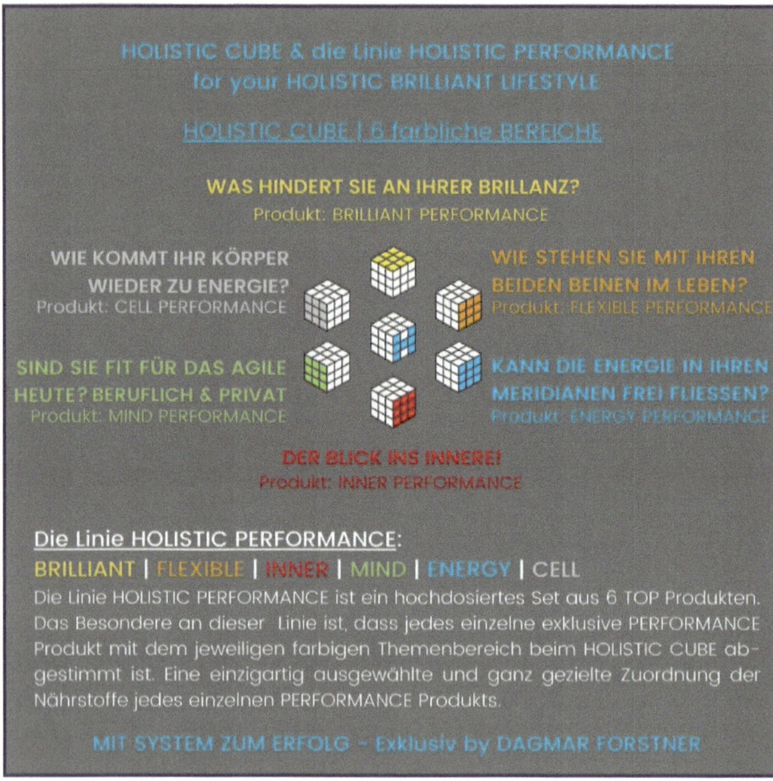

Lassen Sie uns die 6 Seiten des HOLISTIC CUBE – des ganzheitlichen Würfels – beleuchten, die einen massiven Einfluss auf Ihr inneres und äußeres Gleichgewicht und somit auf Ihre BRILLANZ haben:

Die **gelbe** Seite
Kennen Sie Ihren **Ist**-Status? Was hindert Sie an Ihrer BRILLANZ? Eine ganzheitliche Analyse ist die Basis für die weitere Vorgehensweise.

Äußeres Gleichgewicht

Die orange Seite
Wie stehen Sie mit Ihren beiden Beinen im Leben? Ihre Statik, Ihre Körperhaltung. Hinterlassen Sie einen Eindruck?

Die blaue Seite
Kann die Energie in Ihren Meridianen frei fließen? Blockaden und Narben reduzieren Ihre Energie.

Hinterlassen Sie eine Spur – oder einen Eindruck?

Inneres Gleichgewicht

Die rote Seite
Der Blick ins Innere! Was Sie Ihrem Körper geben, hat Einfluss auf Ihr Leben.

Die grüne Seite
Sind Sie fit für das agile Heute – beruflich und privat? Ihr Mindset – Ihre Ziele und Erfolg. Gedanken – Emotionen – Handlung – Ergebnis.

Die weiße Seite
Wie kommt Ihr Körper wieder zu Energie? Die Macht Ihrer Zellen. Die Auswirkungen auf Ihre PERSÖNLICHKEIT sowie Ihr LIFE, BUSINESS und HEALTH.

Ist die Zelle gesund – ist der Mensch gesund!

Der Mix machts! Genau hier setzt das weitläufige Vernetzen, Querdenken und über den Tellerrand schauen an. Im Mittelpunkt steht aufgrund der Wechselwirkungen immer die TCM – die traditionelle chinesische Medizin, die Lebensenergie, das Qi. Ganzheitlich betrachtet ist die hochdosierte Linie HOLISTIC PERFORMANCE die optimale Ergänzung.

Sind Sie schon bereit für Ihre BRILLANZ?

Der *normale Mensch* hängt gerne den alten Überlebensdenkmustern nach. Das bedeutet langfristig: Zivilisationskrankheiten, Alterungsprozess, Attraktivitätsverlust und somit keine Strahlkraft.

Der *moderne Mensch* hingegen legt großen Wert auf seine starke **BRILLANZ**, entfaltet seine **Strahlkraft** und freut sich über den **Erfolg**.

Sind Sie schon bereit?

Dann sind der HOLISTIC CUBE & die Linie HOLISTIC PERFORMANCE der Schlüssel zu Ihrer BRILLANZ. Sie werden sich durch diese unvergleichbare Transformation in Ihrem Markt konkurrenzlos und einzigartig positionieren.

YOUR
HOLISTIC BRILLIANT LIFESTYLE

ENERGIE ANALYSE

Ihr Energielevel ist das Um und Auf für Ihre HOLISTIC PERFORMANCE, für Ihre BRILLANZ. Nutzen Sie diese Gelegenheit und melden Sie sich zur kostenfreien Energieanalyse an:
www.dagmar-forstner.com/energie-analyse.

DAGMAR FORSTNER

Ganzheitliche Beraterin und Eigentümerin von HOLISTIC 4 YOU

Bei Dagmar Forstner geht es darum, dass Sie eine BRILLANTE PERSÖNLICHKEIT werden, indem die verschiedensten Hindernisse – Blockaden und Narben – beseitigt werden, an der Person, am Körper und im Lebensrollenmanagement. Wie beim HOLISTIC CUBE.

Dagmar Forstner zählt im deutschsprachigen Raum zu den ersten Expertinnen mit einem ganzheitlichen und phänomenalen Fokus auf Persönlichkeit in Wechselwirkung mit Life, Business und Health.

LEBEN. KRAFT. FÜLLE.
IMMER & ÜBERALL.

www.dagmar-forstner.com

Wem gibst du Macht?

Wahrscheinlich kennst du diese Tage, auf die du dich schon die ganze Woche gefreut hast: Ein paar freie Stunden im Shoppingcenter! Gustieren, die neuen Trends sondieren, das eine oder andere Lieblingsteil entdecken. Offenbar haben viele andere Menschen das Gleiche gedacht wie du, denn der Verkehr geht nur stockend voran. Endlich bist du bei der richtigen Ausfahrt, biegst ab, nimmst ein paar Abzweigungen und fährst auf einen vollen Parkplatz. Aus dem Augenwinkel erspähst du eine Parklücke, aus der sich gerade ein Pkw herausquetscht. Du setzt den Blinker und atmest erleichtert auf. Doch gerade in dem Moment, in dem die Luft entspannt deiner Lunge entweicht und deine Glücksgefühle galoppieren, kurvt mit rasantem Tempo ein anderer Autofahrer von der gegenüberliegenden Seite herbei und schnappt sich DEINE Parklücke.

Du spürst, wie dein Blutdruck steigt, deine Wangen zu Glühen beginnen. Deine Hände trommeln aufs Lenkrad und lautstark fluchst du wie der Verkäufer auf einem Berbermarkt. Mit mehreren wuchtigen Schlägen betätigst du die Hupe. Doch in diesem Moment siehst du nur mehr den Fahrer mit einer lässigen Handbewegung die Zentralverriegelung am Autoschlüssel betätigen und weggehen, ohne dich auch nur eines Blickes zu würdigen.

Genervt drehst du weitere 19 Runden auf dem Parkplatz, bis du endlich wieder eine Parklücke findest. Zu spät und mies gelaunt betrittst du das Einkaufszentrum. Garantiert wirst du heute nicht fündig – weder in der Parfümerie noch in den Bekleidungsstores und auch nicht im Schuhgeschäft (nicht mal da, wobei: Schuhe gehen ja immer!). Zu teuer, zu klein, zu groß, zu billig, zu schlecht verarbeitet ... Überall findest du Mängel und auch die Verkäufer:innen sind dir heute zu aufdringlich, zu nett, zu desinteressiert. Müde, enttäuscht und beladen mit mieser Stimmung verlässt du das Shoppingcenter. Das Telefonat mit deiner Mutter, die dich am Handy anruft, nervt dich auch. Zu schrill ist dir heute ihre Stimme, zu neugierig ihre Fragen, zu langatmig ihre Schilderung von der Busfahrt mit den Pensionisten nach Prag. Zu Hause angekommen, wirfst du noch mal einen Blick in den Spiegel, stellst verärgert fest, dass tatsächlich nicht die Kleidungsgrößen zu klein geschnitten, sondern dein Schwimmreifen um den Bauch größer geworden ist. Mit dieser Erkenntnis lässt du dich auf die Couch plumpsen. Prüfend gleitet dein Blick durch das Wohnzimmer und bleibt an achtlos liegengelassenen Socken vor dem Esstisch haften. Ein Seufzer, gefolgt von Augenrollen. »Was daran ist denn wirklich so schwer, die Socken neben die Waschmaschine zu befördern?«. Noch während du diesen Gedanken in Worte kleidest, kommt dein Partner ins Zimmer und der Abend endet in einer halbstündigen unschönen Diskussion, lautstarken Vorwürfen, drei vollgeheulten Taschentüchern sowie zwei zugeknallten Türen.

Und wieder ist ein Tag deiner Lebenszeit zu Ende gegangen. Lebenszeit, die für jeden von uns kostbar und unwiederbringlich ist. So wie dieser Tag. UNWIEDERBRINGLICH. Auf die Frage: »Wer ist denn nun verantwortlich dafür, dass der Tag so mies gelaufen ist?« wirst du vermutlich mit grimmiger Miene den anderen Autofahrer nennen, der sich frech deinen Parkplatz geschnappt hat. Aber stimmt das tatsächlich? Natürlich wollen wir das Verhalten dieses Fahrzeughalters nicht schönreden, aber lag es tatsächlich an ihm, dass der restliche Tag so gelaufen ist? Nein. Du selbst hast gewählt, schlecht gelaunt zu sein. Ich weiß schon, mit dieser Antwort laufe ich Gefahr, mit einer Salve von Rechtfertigungen überhäuft zu werden. Es stimmt jedoch.

Wir selbst bestimmen jeden Tag unzählige Male, wem (oder was) wir die Macht geben, unsere Stimmung zu beeinflussen.

Wir selbst bestimmen jeden Tag unzählige Male, wem (oder was) wir die Macht geben, unsere Stimmung zu beeinflussen. Zu oft geben wir Personen, Dingen oder Belanglosigkeiten MACHT über unsere Stimmung. Zu oft lassen wir uns unsere Laune vermiesen – nicht nur für einen Moment, sondern auch für ganze Stunden und Tage. Manchmal bewusst – aber viel zu oft verteilen wir diese Macht unbewusst. Dieser Umstand ist schade. Es ist deine Lebenszeit! Daher sollst auch nur du darüber bestimmen, wie du diese Zeit verbringst. Am besten gut gelaunt, fröhlich, dankbar, lächelnd, inspiriert und achtsam. Das wünsche ich dir. Natürlich ist es auch in Ordnung, traurig zu sein, Wut zu verspüren, Verzweiflung Raum zu geben, ebenso wie Enttäuschung, Kummer und Schmerz zuzulassen. Dennoch sollst du bewusst bestimmen, diesen Emotionen Raum zu geben.

Wie machst du das am besten? Die Antwort auf die Frage: »Wem gebe ich Macht?« ist gleichzeitig die Entscheidung, die du triffst. Egal wie sie ausfällt – aber triff sie bewusst.

Die Antwort auf die Frage: »Wem gebe ich Macht?« ist gleichzeitig die Entscheidung, die du triffst. Egal wie sie ausfällt – aber triff sie bewusst.

Allzu oft entgleitet uns die Macht in diesen unzähligen unachtsamen Momenten einfach – manchmal verteilen wir sie sogar achtlos an unbekannte Verkehrsteilnehmer 😉. In Situationen, in denen dich Kommentare und Verhaltensweisen deiner Mitmenschen kränken oder ärgern würden, gönn' dir diesen kleinen, achtsamen Moment, in dem du dich fragst: »Willst du tatsächlich der Kollegin, dem Bekannten oder dem fremden Mann in seinem Auto Macht über DEINE LEBENSZEIT geben?

Womöglich stellst du dir jetzt gerade eine ganz andere Frage, nämlich, wozu das eigentlich gut ist? Das Geheimnis dahinter ist, ein Bewusstsein dafür zu schaffen, wie rasch wir uns im Alltag von unseren Mitmenschen, von alltäglichen Situationen die Stimmung versauen und die Freude rauben lassen. Viel zu oft eigentlich. Immer dann, wenn du dir dieser Situationen bewusst bist, wird es dir leichter fallen, deine Wut auf den Moment zu begrenzen oder Kränkungen gar nicht zuzulassen. Die Belohnung für diese bewussten

Momente, die bewussten Entscheidungen sind mehr Gelassenheit, mehr Freude, mehr positive Gedanken, glücklichere Ausstrahlung und Zufriedenheit.

Spulen wir noch mal zurück zur eingangs erwähnten Geschichte – zu dem Moment, in dem du wütend auf dein Lenkrad zu trommeln beginnst: Du entscheidest dich bewusst dafür, diesem rücksichtslosen Autofahrer die Macht über deine Lebenszeit nicht zu geben. Und du bleibst bei dir. In diesem Moment verspürst du Dankbarkeit, dass dir in deiner Erziehung wichtige Werte wie Rücksichtnahme vermittelt wurden. Im Shoppingcenter findest du zwar nichts in deiner Größe – vielleicht aber ein kleines Präsent für deine Nachbarin, bei der du dich schon ewig bedanken wolltest. Der Anruf deiner Mutter ist womöglich wirklich langatmig – dennoch freust du dich, dass deine Mutter noch so rüstig ist. Rüstig genug, um mit ihrer Pensionistengruppe Tagesausflüge zu machen. Zu Hause angekommen sind es vielleicht nicht die Socken, die dir als erstes ins Auge stechen, sondern die Flasche Wein, die mitsamt zweier Gläser schon liebevoll auf dem gedeckten Tisch steht. Und dein Gedanke kreist nicht um die Waschmaschine, sondern du bist dankbar, so einen liebevollen Menschen um dich zu haben, der an die Kleinigkeiten denkt, die du manchmal vergisst.

Die Belohnung für diese bewussten Momente, die bewussten Entscheidungen sind mehr Gelassenheit, mehr Freude, mehr positive Gedanken, glücklichere Ausstrahlung und Zufriedenheit.

Mit einem Lächeln beschließt du diesen Tag, an dem du allein der Meister deiner lebensfrohen Zeit warst. Heute hattest du die richtige Antwort auf die Frage: »Wem gibst du die Macht und worauf richtest du den Blick?«

CORNELIA BEHRENDS, MBA

Das Gute sehen und dann das Beste daraus machen

Unternehmensberaterin und Kommunikationstrainerin mit Leib und Seele – in diesen Rollen begeistert Cornelia Behrends die Teilnehmer:innen ihrer Seminare – egal, ob Führungskraft, Ausbilder:in oder Lehrling.

Hohe Innovationskraft, lösungsorientiertes Denken, Kreativität und »der Blick über den Tellerrand« sind keine leeren Worte, sondern sie werden sowohl in der Beratung als auch im Seminar gelebt. Ihr Credo – »Außergewöhnliches entsteht nicht auf gewöhnlichem Weg« – spiegelt sich in der erlebnisorientierten und »außer-gewöhnlichen« Arbeitsweise wider. Die Auszeichnung zweier Projekte mit dem Constantinus Award im Bereich CSR & Ethik bestätigt dies zusätzlich.

Führen durch Wertschätzung

In Zukunft wird der Erfolg einzelner Unternehmen, egal ob kleiner Handwerker, mittelständisches Architekturbüro oder großer Industriebetrieb, davon abhängen, ob sie über qualifizierte und vor allem motivierte Mitarbeiterinnen und Mitarbeiter verfügen.

Im 21. Jahrhundert sind die Mitarbeiter der wichtigste Erfolgsfaktor eines Unternehmens!

Im 21. Jahrhundert sind die Mitarbeiter der wichtigste Erfolgsfaktor eines Unternehmens!

Viele Unternehmen versuchen deshalb mit erhöhtem Engagement Mitarbeiter anzulocken. Headhunter haben Hochkonjunktur. Genauso wichtig wie das »Recruiting« von Mitarbeitern ist das Binden und Halten der Beschäftigten und das Ausschöpfen des individuellen Potenzials und der Leistungsfähigkeit des einzelnen Mitarbeiters. Viele Betriebe verhalten sich wie Außendienstler, die sich nur auf Neukunden konzentrieren und die Bestandskunden vernachlässigen.

Jeder Beschäftigte verbringt täglich mehrere Stunden am Arbeitsplatz. Ein bekannter Werbespruch lautet: »Jeder hat etwas, was ihn antreibt.« Was treibt die Beschäftigten an, ihre Arbeit zu erbringen? Sehr verkürzt wird oftmals die Bezahlung oder eine Lohnerhöhung als Antrieb für mehr Engagement gesehen. Dabei ist sich die Psychologie einig, dass der Effekt einer Lohnerhöhung, ja sogar die Wirkung eines überdurchschnittlichen Gehaltes nur sehr eingeschränkt verantwortlich für überdurchschnittliches Engagement und besondere Leistung ist. Vielmehr verpufft der Effekt einer besseren Bezahlung schon nach Wochen.

Führen durch Wertschätzung!

Die Identifikation, die Leistungsbereitschaft und das Engagement eines Beschäftigten hängt weniger von der Bezahlung (extrinsische Motivation) ab, sondern von der Sinnhaftigkeit der Tätigkeit und der entgegengebrachten Wertschätzung durch die Vorgesetzten und die Kolleginnen und Kollegen (intrinsische Motivation).

Jeder will wichtig sein!

Es liegt in der Natur des Menschen, in seinem genetischen Erbe, dass er wichtig sein, ja gebraucht werden will. Bereits in der Steinzeit war das Überleben des Einzelnen davon abhängig, ob er sich auf die Unterstützung der anderen verlassen konnte. Dies hing wiederum davon ab, ob er in der Gruppe geachtet und wertgeschätzt wurde. Auch heute streben die Menschen nach Anerkennung und Wertschätzung. Wie sonst ist es zu erklären, dass Kunden viel Geld für ein Poloshirt ausgeben, weil ein kleiner Reiter auf der Brust abgebildet ist, obwohl das Poloshirt eines anderen Herstellers eine vergleichbare Qualität hat, aber wesentlich weniger kostet. Würden die Käufer der »teuren« Poloshirts diese auch kaufen, wenn es dieselbe Qualität hätte, aber kein Reiter zu sehen wäre? Nicht die Qualität entscheidet damit für den Kauf, sondern die erhoffte Wertschätzung, die man bekommt, wenn man zeigt, dass man finanziell in der Lage ist, auch die teuren Shirts zu kaufen. In unserem Leben dreht sich viel um Anerkennung und Wertschätzung durch andere – auch in unserem Arbeitsleben.

Wie sehe ich meine Mitarbeiter? – Positives Mindset!

Ein Firmenchef äußerte mir gegenüber mal, dass man eben mit dem »Material« zurechtkommen muss, das man hat. Diese Sicht auf die Mitarbeiter ist fatal. Menschen wollen mehr sein als »Material« – mehr als ein austauschbarer Produktionsfaktor!

Im 21. Jahrhundert werden motivierte Mitarbeiter das wichtigste Kapital und der größte Wettbewerbsvorteil eines Unternehmens sein. Die Mitarbeiter müssen deshalb im Zentrum des Unternehmerhandelns stehen. Aufgabe moderner Personalführung muss es deshalb sein, das Selbstwertgefühl der Mitarbeiter nachhaltig zu stärken und wachsen zu lassen.

Ein Chef kann nur führen, wen er kennt!

Deshalb ist es wichtig, dass Sie Ihre Mitarbeiter, deren Stärken und Schwächen, aber auch deren Persönlichkeit, ihre Sorgen und ihre Ziele und Bedürfnisse kennen. Dies erfordert das Teuerste und Knappste, was ein Chef hat: seine Zeit!

Reden Sie mit Ihren Mitarbeitern, hören Sie Ihnen zu, zeigen Sie Verständnis, wenn mal etwas nicht so läuft. Zeigen Sie ernsthaftes Interesse an Ihren Mitarbeitern und deren Leben. Jede Minute Zeit, die Sie Ihren Mitarbeitern schenken, geben diese Ihnen in vielfacher Weise an Loyalität und Einsatzbereitschaft zurück. Die Qualität der Arbeit im Unternehmen ist ein Spiegelbild dessen, was der Chef in seine Mitarbeiter investiert.

> **Wer Loyalität und Engagement seiner Mitarbeiter ernten will, muss diese Loyalität erst gegenüber seinen Mitarbeitern zeigen.**

Wer Loyalität und Engagement seiner Mitarbeiter ernten will, muss diese Loyalität erst gegenüber seinen Mitarbeitern zeigen.

Anders ausgedrückt: Wer seine Mitarbeiter als »Material« sieht, muss sich nicht wundern, wenn die Mitarbeiter die Arbeit nur als Mittel zur Sicherung des Lebensunterhaltes sehen und nach der Prämisse arbeiten: »Hauptsache am Ende des Monats ist Geld auf dem Konto, der Rest ist mir egal!«.

Wertschätzung verringert Krankheitstage!

Erstaunlich ist zudem, dass die Fehltage wegen Krankheit sehr unterschiedlich von Betrieb zu Betrieb ausfallen. Klar ist: Wer krank ist, ist krank. Aber es gibt auch Fälle von Unwohlsein, in denen der Arbeitnehmer bewusst entscheidet, ob er zur Arbeit geht, weil er gebraucht wird oder ob er »lieber mal daheimbliebt, um sich auszukurieren«.

Wenn Sie Ihre Mitarbeiter anständig und respektvoll behandeln, ist das wichtiger für deren Gesundheit, als wenn Sie ihnen einen Obstkorb hinstellen oder Ihnen einen Gutschein fürs Fitnessstudio schenken!

Mission-Statement

Jeder Mensch will wichtig sein! Wichtige Schraube eines großen Uhrwerks, Teil der Lösung einer wichtigen gemeinsamen Aufgabe oder Herausforderung. Der Erlebnisunternehmer Jochen Schweizer motiviert seine Mitarbeiter nicht mit der Botschaft, dass sie sich anstrengen sollen, damit er mehr Geld verdient. Er gibt die Losung aus, dass es das Unternehmen Jochen Schweizer gibt, um Menschen Erlebnisse zu ermöglichen, die sie ohne Jochen Schweizer nie haben würden. Das gemeinschaftliche Ziel der Mitarbeiterinnen und Mitarbeiter von Jochen Schweizer ist es damit, den Menschen Freude zu bereiten. Es ist klar, dass diese Aufgabe die Mitarbeiterinnen und Mitarbeiter mehr motiviert, sich mit Leidenschaft jeden Tag im Unternehmen zu engagieren, als das Ziel, das Bankkonto des Inhabers zu füttern.

Wenn Sie Ihre Mitarbeiter anständig und respektvoll behandeln, ist das wichtiger für deren Gesundheit, als wenn Sie ihnen einen Obstkorb hinstellen oder Ihnen einen Gutschein fürs Fitnessstudio schenken!

Die Reiseplattform Booking.com gibt auch nicht aus, dass es das Ziel ist, möglichst viel Gewinn zu erwirtschaften. Das erklärte Ziel von Booking.com ist es, Menschen zu ermöglichen, zu günstigen Preisen die Welt kennenzulernen. »Wir helfen Menschen die Welt zu erleben!« – wenn das die Mitarbeiter nicht antreibt.

Eine Geschichte – ob wahr oder unwahr – besagt, dass ein Putzmann bei der NASA gefragt wurde, was er bei der NASA arbeiten würde. Er antwortete voller Stolz, dass er der Menschheit dabei helfe, den Weltraum zu erobern.

Jedes Unternehmen und jeder Betrieb, unabhängig von der Größe, braucht solch einen Leitspruch, solch ein »Mission-Statement«. Das kann bei einer Metzgerei sein: »Wir versorgen unsere Kunden mit den besten Fleisch- und Wurstwaren Bayerns!«

Die Mitarbeiterinnen und Mitarbeiter müssen sich als Teil einer gemeinsamen, außergewöhnlichen Aufgabe sehen und sich mit dieser zu 100 Prozent identifizieren.

Zusammengefasst heißt das:

Schenken Sie Ihren Mitarbeitern das Wichtigste, was Sie haben: Ihre Zeit. Lernen Sie Ihre Mitarbeiter kennen. Nehmen Sie sich die Zeit, um mehr über Ihre Mitarbeiter zu erfahren, was ihre Träume sind, aber auch ihre Sorgen. Geben Sie Ihrem Unternehmen ein »Mission-Statement«, einen gemeinsamen Auftrag. Einen Ansporn, warum jeder Mitarbeiter von der Putzfrau bis zum Abteilungsleiter jeden Tag seine Arbeit mit Leidenschaft und Freude erbringt. Erinnern Sie jeden Mitarbeiter immer wieder an die Wichtigkeit seines einzelnen Beitrages, um diese gemeinsame Aufgabe zu bewältigen. Jeder Mitarbeiter und jede Mitarbeiterin in Ihrem Unternehmen ist wichtig! Dann sagen Sie es Ihren Mitarbeitern auch! Nur so sind sie bereit, das Maximale für den gemeinsamen Auftrag und damit für Ihr Unternehmen zu geben!

STEFFEN VOGEL

Fachanwalt für Arbeitsrecht

Steffen Vogel ist Fachanwalt für Arbeitsrecht und berät und vertritt mittelständische Unternehmen mit über 500 Mitarbeitern in allen arbeitsrechtlichen Fragestellungen. Er ist Partner der KANZLEI FREY in Haßfurt und betreibt die Facebook-Seite »Arbeitsrechtprofi Steffen Vogel«. Vier Jahre lang war er Sprecher der IHK-Wirtschaftsjunioren Haßberge und wurde für sein herausragendes Engagement mit der Goldenen Ehrennadel der Wirtschaftsjunioren Deutschlands ausgezeichnet. Steffen Vogel ist zudem seit November 2013 Mitglied des Bayerischen Landtags für den Stimmkreis Haßberge / Rhön-Grabfeld.

Wie man ein erfolgreiches Unternehmen gründet

Stelle sicher, dass Deine Geschäftsidee auch wirklich funktionieren kann

Einer der Hauptgründe, warum neue Firmen und Unternehmer scheitern, ist, weil sie erst viel zu spät bemerken, dass ihre Business-Idee in der geplanten Form nicht funktioniert. Zu diesem Zeitpunkt ist es aber meistens schon zu spät. Es wurden viel Zeit und Kapital investiert und vielleicht sogar Kredite aufgenommen. In den meisten Fällen steht eine Pleite unmittelbar bevor und das Unternehmen muss geschlossen werden. Warum eine Geschäftsidee nicht funktioniert – und das ist das schwierige am Unternehmertum – kann unzählige Gründe haben. Es gibt eine Vielzahl an Unternehmungen, die von der Idee her durchaus als genial zu bezeichnen sind, aber trotzdem scheitern. Eine 100%ige Sicherheit gibt es nicht. Aber die Wahrscheinlichkeit, mit seiner Idee zu erfolgreich zu werden, kann unter anderem durch eine sorgfältige Prüfung der eigenen Geschäftsidee um ein Vielfaches erhöht werden.

> Aber die Wahrscheinlichkeit, mit seiner Idee zu erfolgreich zu werden, kann unter anderem durch eine sorgfältige Prüfung der eigenen Geschäftsidee um ein Vielfaches erhöht werden.

Worauf solltest Du bei der Überprüfung Deiner Geschäftsidee in erster Linie achten?

- Welchen Nutzen hat Dein Produkt für Deine Kunden? Welches Problem kann Dein Produkt lösen?

- Gibt es Konkurrenten und wie ist deren Preispolitik und Marktdominanz?
- Wer genau sind Deine potenziellen Kunden? Alter, Beruf u. v. m.
- Wie, das heißt auf welchem Vertriebsweg, sollen Deine Produkte verkauft werden?
- Kannst Du mit Deinem Produkt der Erste auf dem Markt sein? Oder zumindest Zweiter?

Das ist nur ein kurzer Auszug aus den wichtigsten Fragen, die Du Dir zu Beginn Deiner Firmengründung stellen solltest. Und Du solltest sie selbstkritisch und ehrlich beantworten. Nur dann hast Du auch einen wichtigen und großen Schritt getan, um erfolgreich zu werden. Du wirst viel Geld und Zeit sparen, wenn du diese Analyse vorab sorgfältig durchführst. **Wenn Deine Marktanalyse zutreffend ist und Du daraus die richtigen Schritte ableitest, hast Du mit Deiner Geschäftsidee eine vielfach höhere Chance, erfolgreich zu sein.**

Erscheine

Erschaffe eine starke Marke. Gleich von Beginn an. In jenem Moment, in dem Du mit Deinem Unternehmen und Deiner Geschäftsidee sichtbar wirst, musst Du in allen Bereichen einen professionellen und kompetenten Eindruck erwecken.

> Erschaffe eine starke Marke. Gleich von Beginn an.

Investiere Zeit in Deine **Corporate Identity**! Es gibt mittlerweile viele Anbieter und Plattformen, die Dir dabei helfen, auch mit einem kleineren Budget eine professionelle CI erstellen zu lassen. Achte dabei unbedingt auf Qualität! Sparen ist hier nicht angesagt.

Investiere Zeit und Geld in **Videos** und **Fotos** von Deinen Dienstleistungen oder Produkten. Diese müssen professionell sichtbar gemacht werden. Merkt der Kunde, dass hier gespart wurde, geht er sofort davon aus, dass Deine Produkte und Deine Arbeit »billig« und vermutlich wenig qualitätsvoll sind.

Das gilt auch für Deine **Website** oder **Deinen Onlineshop**. Auch hier gibt es viele Anbieter und Möglichkeiten! Nimm Dir die Zeit, um ganz genau jedes Produkt im Hinblick darauf zu überprüfen, ob es Deinen Anforderungen entspricht.

Überlege Dir, welche **Social-Media-Accounts** für Dein Business notwendig sind. Erstelle jeden Account sehr professionell mit Bildern und Videos und pflege sie regelmäßig.

Was könnte Dein **Markenzeichen** sein? Oder hast Du einen **Slogan**? Keines von beiden solltest Du auf den Markt bringen, ohne es vorher überprüft zu haben. Hol Dir Unterstützung von Profis, Deiner Familie oder Freunden und probiere Deine Logos und Slogans aus.

Wenn Du Dich um das alles gekümmert hast, erst dann erscheinst Du. Mit allen Channels und Websites und allem, was für Dein Unternehmen wichtig ist. Und das alles auf einmal. Nicht scheibchenweise. DU ERSCHEINST. Und Du bist da. Du wirst wahrgenommen, als gäbe es Dich schon lange auf dem Markt.

Konzentriere Dich auf das, was wichtig ist!

Von Anfang an konzentrierst Du Dich nur darauf, was für Dein Unternehmen wichtig ist und auf das, was Du kannst. Auf Deine Expertise. Alles andere wird konsequent ausgelagert.

Gesellschaftsform? Dafür gibt es Steuerberater und öffentliche Stellen, die am besten für Dich beurteilen können, welche Gesellschaftsform für Dein Unternehmen passend ist. Buchhaltung? Kostet viel Zeit. Auch dafür gibt es Profis. Corporate Identity, Websites, Geschäftsunterlagen, Flyer usw.? Du findest online jede Menge professionelle Anbieter, die auch für kleine Budgets geniale Grafiken erstellen.

> **Von Anfang an konzentrierst Du Dich nur darauf, was für Dein Unternehmen wichtig ist und auf das, was Du kannst.**

Du solltest alles, wirklich alles, was nicht unmittelbar mit der Entwicklung Deiner Produkte oder dem Verkauf Deiner Produkte zu tun hat, outsourcen. Deine Zeit verwendest Du ausschließlich darauf, aus Deiner Idee geniale Produkte zu erschaffen und darauf, diese Produkte zu verkaufen und Umsätze zu erzielen. Gewisse Bereich auszulagern und sich auf die Kernaufgaben zu konzentrieren, bringt Dir am Ende des Tages viel mehr Geld ein, als es kostet.

Du darfst nicht zu Deinem eigenen Angestellten werden, der den Großteil seiner Zeit damit verbringt, sein Unternehmen zu verwalten. Du musst Dein Unternehmen entwickeln und aufbauen.

Plane langfristig und halte durch!

»Dranbleiben lohnt sich«, sagte einst der Unternehmer Richard Branson. Nicht immer sehen Familienmitglieder, Partner, Freunde und schon gar nicht Banken und Investoren das Potenzial, dass man oft selbst in seiner Geschäftsidee sieht.

Auch wenn keiner oder nur wenige an den Erfolg Deiner Idee glauben, ist es wichtig, hinter der eigenen Idee zu stehen und weiter daran zu arbeiten.

J. K. Rowling, Autorin der Romanreihe »Harry Potter«, verkaufte rund 500 Mio. Bücher und verdiente mehrere Hundert Millionen Euro mit ihren Fantasy-Geschichten. Doch bevor sich dieser sensationelle Erfolg einstellte, erhielt Rowling viele Absagen von Verlagen. Keiner wollte das Buch veröffentlichen. Doch Rowling und ihr damaliger Agent gaben nicht auf. Darum ist es wichtig, nicht zu schnell aufzugeben. Auch wenn keiner oder nur wenige an den Erfolg Deiner Idee glauben, ist es wichtig, hinter der eigenen Idee zu stehen und weiter daran zu arbeiten.

Jedoch – und hier kommt der entscheidende, aber auch der schwierigste Punkt, wenn man an seine Idee glaubt: Es könnte ja auch wirklich sein, dass die Idee so nicht funktionieren wird.

Der Schlüssel zum Erfolg ist einfach: Analysiere Deine Geschäftsidee. Diese Analyse ist die Basis für weitere Entscheidungen! Vielleicht hat die Analyse Schwachpunkte Deiner Idee ergeben, die auch sofort anderen Personen auffallen. Machst Du jetzt weiter, ohne diese Probleme zu lösen, wirst Du scheitern. Eine kluge Entscheidung wäre, an diesen Problemen zu arbeiten und diese schlussendlich aufzulösen. Damit setzt Du einen weiteren Schritt auf Deinem Weg zum Erfolg. Nimm jeden noch so absurden Einwand ernst und denke darüber nach, wenn auch nur kurz.

Viele Unternehmer führen nur halbherzige Analysen durch, verschließen die Augen vor Problemen, verdrängen sie und hoffen, dass sie sich von selbst lösen. Tun sie aber nicht! Und dann ist es meistens zu spät.

> **»95 % aller unfreiwilligen Unternehmensschließungen sind vermeidbar!«**
>
> ANDY GERARD,
> EXPERTE FÜR UNTERNEHMENSENTWICKLUNG

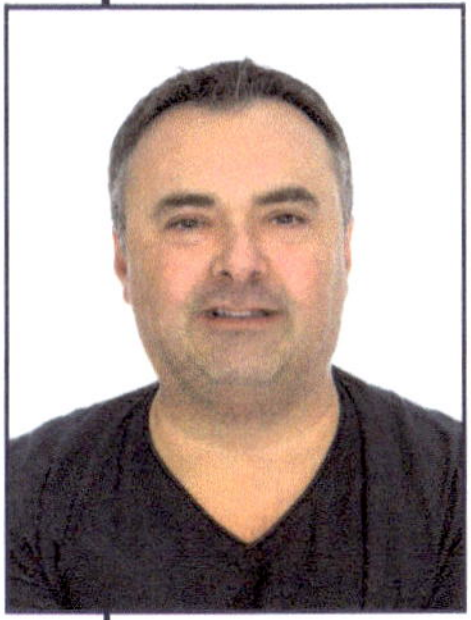

ANDY GERARD

Unternehmen erfolgreich machen

Er bringt Unternehmen auf die Erfolgsspur und hilft ihnen dabei, aus ihren Ideen erfolgreiche Unternehmen zu machen! Mit Leidenschaft und Begeisterung vermittelt er sein Wissen und seine Erfahrungen aus über 24 Jahren als Unternehmer und Entrepreneur in Coachings, Seminaren, Beratungen sowie als Vortragsredner. Sein Buch »Die unumstößlichen Prinzipien für eine erfolgreiche Unternehmensgründung« gilt als Erfolgsleitfaden für Gründer und Unternehmer.

www.business-unplugged.com

Drei psychologische Erfolgsgeheimnisse für Spitzenleistung

Eines haben wohl alle Menschen gemeinsam: Sie möchten ein erfolgreiches Leben führen! Lebenserfolg kann dabei unterschiedliche Dimensionen haben: Der persönliche Erfolg im Privaten, der professionelle Erfolg in der individuellen Berufsausübung, im Arbeitsteam oder auf Unternehmensebene. In allen Erfolgskontexten sind es beteiligte Individuen, Menschen wie Sie und ich, die mit ihren persönlichen Erfolgsvorstellungen, ihrem Denken, Fühlen und Handeln den Weg zum gewünschten Erfolg beschreiten. Einige erzielen dabei angestrebte Erfolge – andere verbuchen enttäuscht Misserfolge. Was unterscheidet die Erfolgreichen von den Erfolglosen jenseits von Zufall und Glück? Gibt es Erfolgsbeschleuniger oder gar Erfolgsgaranten?

Tatsächlich legt jahrzehntelange psychologische Erfolgsforschung im Wirtschafts- und Sportkontext nahe, dass es gewisse Unterschiede zwischen den mehr und weniger Erfolgreichen gibt. Als Wirtschaftspsychologin habe ich mich intensiv damit beschäftigt, was erfolgreiche Entscheider und Teams im Unternehmenskontext anders machen und ich habe in Transformationsprojekten ganzer Organisationen praktisch erlebt, wie der Weg zu mehr Leistung wirksam gestaltet werden kann. Wissenschaftsexpertise und Praxiserfahrung weisen übereinstimmend auf drei Erfolgshebel hin, die ich Ihnen hier näherbringen möchte. Wenn Sie ambitionierte Ziele haben und bewusst Ihre Erfolgschancen steigern möchten, können die folgenden Impulse den Unterschied zwischen »zufällig ge-glückt / miss-glückt« und aus reflektiertem Denken und Handeln »er-folgt« machen.

»Zufällig geglückt« ist nah dran an »zufällig missglückt«. Erfolgsprofis setzen auf drei Hebel, um ihre Erfolgschancen systematisch zu maximieren

Den Unterschied, den die Erfolgshebel machen, habe ich auch am eigenen Leib während meiner Leistungssportkarriere erfahren. Bestimmte bewusste Veränderungen haben mir persönliche, wundervolle Erfolgsmomente beschert! Ich hoffe, die Erfolgsfreude dieser persönlichen »anekdotischen Evidenz« inspiriert Sie für Ihre zukünftige Herangehensweise an erfolgskritische Herzensprojekte.

Es war am 16.12.2000, als ich mich als Zuschauerin unter Tausenden auf der Tribüne der Weltmeisterschaft Formation in Braunschweig wiederfand. Gebannt schaute ich auf die in buntes Scheinwerferlicht getauchte Tanzfläche, wo sich ein Team aus jeweils acht athletischen Tänzerinnen und Tänzern, gestylt wie Hollywood-Stars mit funkelnden Kleidern und Fräcken, dynamisch in einer Choreografie bewegten. Mal als 16 ausdrucksstarke Individuen, meist als acht Tanzpaare, die zu Tango-, Walzer-, Quickstepp- und Foxtrottmusik, mal aggressiv, mal fröhlich, mal melancholisch in wechselnden Bildern zu einer Einheit verschmolzen und dabei eine Geschichte vertanzten. Als Hobby-Tänzerin mit Spaß an einmal wöchentlichem Disco-Fox eröffnete sich für mich eine ganz neue Welt. Die Braunschweiger Mannschaft trieb mir mit ihrer berührenden Präsentation Tränen in die Augen und ihre sportlich-souveräne Leistung führte zum Weltmeistertitel. Während dem Team die Goldmedaillen überreicht wurden und die Nationalhymne spielte, fasste ich den Entschluss: *»Das will ich auch!«* In diesem Moment wechselte ich gedanklich die Seiten. Von der großen Menschengruppe auf der Lebenstribüne, die sich mit erwartbaren Erfolgen in Ausbildung, Beruf und Freizeit begnügt und Spitzenleistung anderer lediglich bewundert, hin zu der kleinen Gruppe von Menschen auf der Bühne, die sich ambitionierte, fast unerreichbare Ziele setzen.

Ich verfolgte in den Jahren darauf mein großes Ziel eines bedeutsamen Tanzsporterfolgs mit Beharrlichkeit im Einzelpaartanzen,

Techniktraining, mit tausenden zurückgelegten Kilometern hin zu Trainingsstätten und Turnierorten, mit mehr Fleiß als Talent und teils entmutigenden Prognosen von Wegbegleitern. Entscheidender Erfolgshebel war und ist dabei die innere Erfolgshaltung, die ich auch in schwierigen Phasen nie aufgab.

1. Erfolgshebel »Erfolgshaltung«: Sich im Hier und Jetzt als Erfolgsmensch begreifen, der »noch nicht« beim Erfolgsergebnis angekommen ist

Wichtig dabei ist eine Identifikation mit der dynamischen Erfolgsrolle, z. B. »Ich bin eine gute Tänzerin, die sich stetig weiterentwickelt« (wahlweise zu ersetzen mit dem, was Sie anstreben). In der Wissenschaft spricht die Stanford-Professorin Carol Dweck (2007) entsprechend vom »Growth-Mindset«, also von der Überzeugung, dass Persönlichkeit und Handlungskompetenzen entwickelbar sind. Herausforderungen und nicht Beherrschtes werden als Wachstumschancen gesehen. Die innere Erfolgshaltung des Growth-Mindsets ist somit unabhängig vom äußeren Grad der Zielerreichung und führt bei Misserfolgen zu der Erkenntnis »Ich kann es *noch* nicht«, im Gegensatz zu dem Gedanken »Ich kann es nicht und werde es niemals können« eines Fixed-Mindsets. Entsprechend ist die Motivation unter dem Growth-Mindset »Erfolg suchend« statt ängstlich und »Misserfolg vermeidend« ausgerichtet. Wenn ich den Erfolgshebel bedienen will, sollte ich mich fragen: »Was kann ich das nächste Mal anders oder besser machen? Was kann ich von den Verhaltensweisen anderer lernen, die auf dem Erfolgsweg weiter sind als ich?« und jede Chance zum Wachsen an Lernerfahrungen wahrnehmen.

2. Erfolgshebel »Erfolgsentscheidungen treffen«: 51 % des Erfolgs basieren auf dem, was ich *nicht* tue!«

Nach jahrelangem Training in Tanztechnik und Einzelpaartanz erhielt ich die Chance, im Braunschweiger-Weltklasse-Team zu trainieren und vielleicht einen Platz in der Stammmannschaft für die kommenden internationalen Turniere zu erhalten. Ich war meinem Traum sehr nah und setzte alles daran, dass er wahr wurde. Neben der einen Entscheidung, immer Vollgas im Training zu geben, waren es erstaunlicherweise zahlreiche Entscheidungen, Dinge zu lassen (kein Klavierspielen, keine Partys, Zusatztraining statt Ausschlafen ...), die erfolgsentscheidend waren. Anders formuliert: Erfolgsmenschen treffen die Entscheidung, sich radikal zu fokussieren. Im Sporttraining treffen sie Entscheidungen, um ihren Energieeinsatz zu optimieren, beispielsweise Trainingsziele durch mentale Einheiten zu erreichen und so durch Vermeidung körperlicher Überbeanspruchung schneller zum Erfolg zu kommen. Auf dem Weg zu beruflichen Erfolgszielen sollten Sie sich regelmäßig fragen: »Welche Routinetätigkeiten kann ich reduzieren oder weglassen, um mehr Zeit für meine Zielerreichung zu haben?«

3. Erfolgshebel »Erfolgsteam gestalten«: Jeder große Erfolg braucht ein stützendes Team aus sich ergänzenden Experten und psychologische Sicherheit

Nach kurzer Einarbeitungszeit in die Choreografie der damals amtierenden Weltmeistermannschaft durfte ich Fernsehshowauftritte bestreiten und schaffte es in die Startaufstellung für die kommenden Meisterschaften. Schnell wurde transparent, dass die Spitzenleistung nicht nur Verdienst von Trainer und Mannschaft war, sondern ein ganzes Team aus Co-Trainer, Organisatoren, Ärzten, Physiotherapeuten, Caterern und vielen anderen Hand in Hand arbeitete. Entscheidend war an den Wettkampftagen die volle Konzentration der Sportler auf das Wesentliche. Auch beim Anstreben beruflicher Erfolgsziele sollten Sie prüfen, was delegierbar ist und dann die Verantwortung komplett abgeben. Bei der Lösung von Problemen in der Trainingsphase bzw. auf dem Weg zum Businesserfolg sollte die Expertise von erfahreneren Unterstützern eingeholt werden. Die Forschung der Harvard-Professorin Amy Edmondson (2020) hat gezeigt, dass es wichtig ist, eine Atmosphäre der »psychologischen Sicherheit« zu schaffen, damit kompetente Teammitglieder zwischenmenschliche Risiken eingehen und auf Fehler und Verbesserungspotenziale hinweisen. Im Leistungssport kann das bedeuten, dass der Trainer selbstkritische Videoanalysen und Fehlererkennung lobt, im Arbeitskontext, dass Sie regelmäßig konstruktiv-kritisches Feedback einholen und das Fehlereingestehen, Hilfeeinfordern und Einbringen ungewöhnlicher Ideen wohlwollend-positiv aufnehmen.

Ich selbst hatte das Glück, in meiner Tanzsportkarriere im Rahmen der Weltmeisterschaft 2014 ein perfekt eingespieltes Team zu erleben und tanzte mit einigen Idolen, die ich 14 Jahre zuvor von der Tribüne aus bewundert hatte, bei unglaublicher Gänsehautatmosphäre das Turnier. Schließlich erreichte ich das Highlight meiner Sportkarriere, trug eine Goldmedaille um den Hals und hielt den Weltmeisterpokal in der Hand!

Viele Erfolgshebel waren mir auf der Reise zum Weltmeistertitel bewusst, andere erkannte ich im Nachhinein im Rahmen meiner Forschungs- und Lehrtätigkeiten wieder. Viele Erkenntnisse der Wirtschafts- und Sportpsychologie lassen sich gewinnbringend auf Erfolgs- und Transformationsvorhaben von Führungskräften, Teams oder ganzen Organisationen im komplexen Umfeld anwenden. Falls Sie weitere Impulse oder Begleitung auf dem Weg zu Ihrem Erfolg suchen, bin ich gerne Ihr Sparringspartner:
www.sylvanadrewes.com.

PROF. DR. SYLVANA DREWES

Business Psychologin und Wegbereiterin für den Zukunftserfolg von Menschen und Organisationen

Die Geheimnisse hinter dem Erfolg für alle verstehbar und anwendbar zu machen, ist ihre Mission. Sie ist Professorin für Wirtschaftspsychologie, forscht, lehrt und publiziert zur Spitzenleistung von Entscheidern und Teams und verfügt über langjährige Erfahrungen in der Geschäftsführung und branchenübergreifenden Beratung in (digitalen) Transformationsprojekten. Die Macht mentaler Erfolgsfaktoren hat sie in ihrer Leistungssportkarriere bis zum Weltmeistertitel im Tanzsport gebracht. Ihre Leidenschaft ist es, Menschen, Teams und Organisationen auf das nächste Erfolgslevel in der Arbeitswelt von heute und morgen zu bringen.

www.sylvanadrewes.com

Disruptive Innovation für Bildung und Digitalisierung

Stellen Sie sich vor, Sie üben einen Beruf aus, den Sie lieben und in dem Sie gut sind. Und irgendwann kommt der Tag, an dem man Ihnen sagt, dass sie diesen Beruf nicht mehr ausüben können. Genau das ist einem meiner Umschüler passiert. Er war über 20 Jahre lang Lkw-Fahrer, doch eines Tages stürzte er so schwer von der Ladeluke, dass ihm kein Arzt eine Lizenz zum Lkw-Fahren ausstellen wollte. Nun können Sie sich vorstellen, wie dieser Umschüler seine Umschulung durchlief: mit einer gewissen Lustlosigkeit, Zukunftsangst und dem Risiko, seine persönliche Innovation nicht zu meistern. Dozenten in der Erwachsenenbildung sind mehr als nur Lehrer, sie sind Motivatoren, Mediatoren und Perspektivengeber. Dieser Mann schloss seine Umschulung mit einem großartigen Ergebnis im Büromanagement ab und koordiniert heute die Lkw-Flotte, für die er damals selbst fuhr.

Innovation bedeutet immer eine unglaubliche Chance für die gesamte Gesellschaft, das Leben der Menschen zu verbessern.

Alles möglich!

Eine ausschließliche Fokussierung auf das Risiko ist zu kurz gegriffen. Innovation bedeutet immer eine unglaubliche Chance für die gesamte Gesellschaft, das Leben der Menschen zu verbessern. Deshalb ist es die Aufgabe des Sozialsystems, die Menschen abzufedern, die im Zuge innovativer Umwälzungen Nachteile erleiden. Dies könnte z. B. durch ein bedingungsloses Grundeinkommen erreicht werden.

Alles möglich!

Ich wollte vor Jahren mal einen Jäger versichern, aber dieser Jäger sagte zu mir: »Nein, ich bin seit 30 Jahren Jäger und mir ist noch nie etwas passiert!« Genau dieser Jäger ging ein paar Wochen später in den Wald, um Ofenholz zu holen. Nachdem er sein Ofenholz geholt hatte, fuhr er zurück. Der Weg war sehr kurvig und holprig. Irgendwann hörte er ein lautes Geräusch. Es hatte den Anschein, als wäre ihm hinten etwas auf die Ladefläche gedonnert. Nach einer kurzen Kontrolle im Rückspiegel fuhr der Jäger unbesorgt weiter. Am Waldrand angekommen, hielt ihn die Polizei an und fragte ihn, was er denn noch so spät im Wald mache. »Ich habe Holz für meinen Heizofen geholt«, antwortete er. Die Beamten holten sich das Okay von ihm, hinten auf die Ladefläche zu schauen. Der Jäger antwortete ganz selbstverständlich mit Ja, doch was die Beamten da fanden, war nicht nur Holz. Sie riefen den Jäger zu sich und fragten ihn, was das denn auf der Ladefläche sei. Der Jäger war völlig ungläubig und erschrocken: Da lag ein totes Reh!

Die Beamten erstatteten Strafanzeige gegen den Jäger und der Jäger musste sich durch einen Anwalt verteidigen lassen. Nach einer vom Anwalt des Jägers beantragten Obduktion stellte sich heraus, dass das Reh einen Knickbruch erlitten hatte, der wohl nur durch einen Sturz aus 2 bis 3 Metern Höhe entstanden sein konnte.

Alles möglich!

Wir leben in Zeiten der disruptiven Innovation – alles ist heute schneller, drängender und endloser. Wir neigen dazu, uns in diesem Prozess zu verfangen, weil wir das Gefühl haben, dass alles, was wir anfassen und tun, ohnehin bald überholt sein wird. Unsere eigentliche Aufgabe besteht darin, genügend Motivation, Selbstvertrauen und Visionen für künftige Innovationen zu entwickeln. Der Mensch kann alles schaffen, denn in meinem Beispiel ist alles möglich, auch das scheinbar Unmögliche.

Alles möglich!

Die Geschichte zeigt, dass Innovation und Fortschritt untrennbar miteinander verbunden sind. Nur dank Innovation geht es uns heute besser als jemals zuvor. Doch gerade in Deutschland werden wichtige Innovationen oft von allzu komplizierten bürokratischen Prozessen blockiert. Damit sich das ändert, brauchen wir einen Systemwandel, der den Innovatoren von morgen genügend Spielraum für Kreativität und Risikobereitschaft lässt.

In Europa hat die Sicherheit Vorrang vor der Kreativität.

Warum gibt es in Europa immer noch keinen Ort, der dem Silicon Valley ebenbürtig ist? Die Antwort liegt auf der Hand, wenn man sich die unterschiedlichen Unternehmenskulturen auf den beiden Kontinenten ansieht. In den USA ist eine positive Einstellung zum Scheitern weit verbreitet. Die Menschen dort sind schon immer dem American Dream gefolgt und sehen im Unvorhersehbaren eher die Chancen als die Risiken. Die Europäer hingegen sind viel stärker auf Sicherheit bedacht. Besonders ausgeprägt ist dies in Deutschland und Österreich. Schon an der Universität werden junge Menschen ermutigt, einen Job bei einem bekannten Unternehmen wie Siemens oder Daimler anzustreben. An der Stanford University in Kalifornien hingegen werden die Studenten ermutigt, schon während des Studiums erste Schritte in Richtung Selbstständigkeit zu unternehmen – und dabei auch Fehler zu machen.

In Europa hat die Sicherheit Vorrang vor der Kreativität.

Dieser grundsätzliche Unterschied in der Risikobereitschaft spiegelt sich auch in der deutschen Förderung von Existenzgründungen wider. Während in den USA reichlich Risikokapital zur Verfügung steht, sind deutsche Existenzgründer vor allem auf staatliche Zuschüsse angewiesen. Diese werden jedoch von Bürokraten verteilt, die in erster Linie auf Sicherheit und nicht auf bahnbrechende Innovationen setzen.

Diese Zurückhaltung gegenüber ungewöhnlichen Ideen bekam auch SAP-Gründer Hasso Plattner zu spüren, als er 1998 das Hasso-

Plattner-Institut (HPI) gründete, um zum ersten Mal deutsche Studenten privat auszubilden. Plattner folgte damit der amerikanischen Tradition, selbst die Initiative zu ergreifen. Statt Forderungen an den Staat zu stellen, schuf er seine eigene Bildungseinrichtung, um genau die Leute auszubilden, die ihm fehlten.

Genau in diese Richtung muss Europa in Zukunft gehen, wenn es mit der Kreativität des Silicon Valley mithalten will.

Der Lehrplan war speziell auf die Bedürfnisse von SAP ausgerichtet, was in Deutschland heftig kritisiert wurde. Die Fokussierung auf ein Unternehmen sei ein Fehler und Absolventen des Instituts seien sicher schwer zu vermitteln. Eine Fehleinschätzung: Das HPI hat seit Jahren eines der besten Curricula für die Informatikausbildung, ist entsprechend beliebt und gewinnt Preise – die Absolventen des Instituts sind heiß begehrt.

Genau in diese Richtung muss Europa in Zukunft gehen, wenn es mit der Kreativität des Silicon Valley mithalten will.

ALLES MÖGLICH!

DENNIS PHILIPPSEN

Mein Name ist Dennis Philippsen – alles möglich!

Dennis Philippsen begann seine Laufbahn als Kaufmann. Nach seiner Ausbildung wurde er als Letzter zum Grundwehrdienst einberufen. Seine Begabung, mit Menschen zu arbeiten, brachte ihn ins Bildungswesen. Dort bildete er in der Erwachsenenbildung über 1500 Menschen aus. Als E-Commerce-Manager und erster Dozent in diesem Bereich war er maßgeblich an der Entwicklung, dem Aufbau und der Weiterbildung des Berufsbildes beteiligt. Mit seiner Idee, die Praxis in die Schulen zu bringen, gründete er einen eigenen Podcast, in dem Unternehmer ihre Erfahrungen und Tipps weitergeben. So bleibt Dennis Philippsen noch näher an der Wirtschaft und gibt dieses Know-how gerne weiter.

Psychoonkologischer Ansatz – sich dem Leben ganz zuwenden

Ich schreibe diese Zeilen für Dich, falls Du die Diagnose Krebs bekommen hast. Du oder einer Deiner Angehörigen.

Ich möchte Dir gleich verraten, dass ich genau weiß und mitfühlen kann, wie es dir im Moment geht – welche Ängste, welche Verzweiflung, welche Ohnmacht, welche Trauer Du empfindest, weil ich die gleiche Erfahrung machen durfte. Ich bin diese ganzen Stationen des emotionalen, mentalen, spirituellen und körperlichen Leidens durchgegangen und habe sie gemeistert. Ich möchte Dir daher Mut machen, dass vieles mit dieser Erkrankung möglich ist, was Du von außen nicht sofort zu hören bekommst. Vieles, was sich wandeln und verändern lässt. Zum Guten! Es ist möglich, sich parallel zu den medizinischen Behandlungen auf einen Weg nach innen zu begeben, der u.a. eine individuelle Bewusstwerdung und Selbstermächtigung beinhaltet, die so ein wichtiger Teil einer ganzheitlichen Behandlung sind. Dieser Weg kann Dir eine andere Perspektive eröffnen, die Dich befähigt, mehr Stabilität, Zuversicht und Energie in Dein Leben zu lassen.

Ich möchte Dir daher Mut machen, dass vieles mit dieser Erkrankung möglich ist.

Wie war es bei mir? Im Winter 2015 ging es mir zunehmend schlecht und nach zahlreichen Untersuchungen erinnere ich mich, wie ich im Wartezimmer des Radiologen saß und hoffte, dass es nichts Schlimmes und Bösartiges ist. Der Arzt rief mich zu ihm und sagte, dass er leider den Verdacht bestätigen müsse, dass es sich um Krebs handele. Cut. Kennst Du das auch, dass die ganze Welt stehen bleibt, die Menschen auf der Straße gehen ihren Beschäftigungen weiterhin nach, alles dreht sich im Leben weiter, die Hektik, die Gespräche der Menschen, jeder scheint weiter in seinem Umfeld zu funktionieren und Du bist mittendrin, aber abseits, getrennt? Es ist die gleiche Welt und dennoch ganz anders als vor dem Arztbesuch. Nichts im Außen hat davon Spuren getragen und ich, ein Teil der Welt, bin ich nicht mehr da. Als ob es mich nicht mehr geben würde, die ganze Last brach über mir zusammen. Mein Kopf ganz leer gefegt, nur ein Gedanke: Ist das wahr?

Es war ein Wendepunkt. Ein am Anfang überhaupt nicht gewollter, ein unwillkommener Wendepunkt. Jedoch ein Wendepunkt zu nötigen Veränderungen in meinem Leben!

Es war ein Wendepunkt. Ein am Anfang überhaupt nicht gewollter, ein unwillkommener Wendepunkt. Jedoch ein Wendepunkt zu nötigen Veränderungen in meinem Leben!

Vielleicht erkennst Du Dich hier wieder. So wie viele meiner Klienten.

Anfangs, gleich nach der Diagnose, steht dieser nackte, pure Schock und dort fangen wir in unserer gemeinsamen Arbeit schon an. Wir lernen alles, wie es ist, wahrzunehmen, zu benennen, mitzunehmen, uns den Gefühlen, Gedanken und körperlichen Empfindungen zu öffnen, in der Begleitung des anderen, der den Raum für uns hält. Alles ist erlaubt. Alles ist willkommen. Ohne Bewertung kommst Du an in der reinen Wahrnehmung, die Dir langsam die Entlastung Deines ganzen Systems ermöglicht. Dieses Ankommen bei sich selbst, das Verbinden mit sich selbst, wird dir ebenso die Zeit schenken können, die Du dir auch nehmen darfst, trotz des großen inneren und äußeren Druckes.

Vor allem ist die erste Phase der Krebserkrankung verständlicherweise geprägt von Panik, Schnelligkeit und Unruhe. Es wird einem oft abverlangt, je nachdem, in welchem Stadium sich die Krankheit befindet, schnelle und oft gleich mehrere wichtige Entscheidungen zu treffen. Es ist daher besonders ratsam, diese Zeit mit einer erarbeiteten Ruhe und inneren individuellen Klarheit anzugehen – soll heißen: Ohne die sofortige Flucht nach vorne, sich zumindest tageweise Zeit zu nehmen, um eine tragfähige Entscheidung treffen zu können.

In der psychoonkologischen Arbeit geht es darum, **einen Weg nach innen zu gehen, mit allem, was da ist.** Einen Schritt nach dem anderen in die **Selbstermächtigung**, in der Du lernst, einen neuen Umgang mit Deinem Körper, Deinen Bedürfnissen, Deiner Seele zu entwickeln, sodass dabei ein neuer erfahrbarer Alltag entstehen kann, in dem die ehemaligen verhindernden Grenzen und Muster aufgelöst und ersetzt werden können.

Psychoonkologie – lass uns kreativ und frei sein und es mit »sich dem Leben ganz zuwenden« übersetzen.

Das Wort Psychoonkologie ist auf den ersten Blick so erschreckend. »Onko« möchte doch keiner hören und dann auch noch »Psyche«. Was soll die Kombi noch bringen, denken viele. Und dennoch, es ist ein absoluter Gamechanger. Psychoonkologie – lass uns kreativ und frei sein und es mit **»sich dem Leben ganz zuwenden«** übersetzen. Wir setzen bei Deinem Leben und Deiner Seele an, damit alles sichtbar wird. Warum brauchen wir die »Sichtbarkeit« gerade jetzt, wenn alles so schwer ist? Der innere Schrei ist doch eher: »Ich kann nicht mehr! Bitte nimm mir etwas ab«. Wir können da durchgehen, weil es zu Dir gehört. Du brauchst es nicht mehr abzuspalten, zurückzulassen, zu verdrängen, zu übersehen, zu verschweigen. Wir integrieren es in unsere Absicht, damit Du wieder groß und ganz sein kannst. Damit Du Dich wieder erleben kannst. Damit Du weißt, wer Du bist. Da liegt der Schatz. Alles, was da ist, zu erleben und so »durchzukauen«, dass es anders verdaut werden kann. Zu Deinem höchsten Wohl, damit Du es mitnehmen kannst, satt und frei. Voll und präsent. Leise und bebend vor Lebensfreude. Egal, was passiert, damit Du Dich anders bewohnen kannst. Es ist Dein Leben. Du bist es, dessen Räume Du neu erschließt. Im Angesicht der Todesangst ist Deine Intention so kraftvoll, dass sie, wenn man sie in die richtige Bahn lenkt, nämlich zu Dir – in die Tiefe –, ein neues Leben für Dich kreieren kann.

Durch diesen Prozess des Anlegens von neuen Strukturen wird die Verbindung zu Dir selbst von Dir wieder erinnert und zugelassen bzw. gestärkt und stabilisiert, sodass sie Dir als ein haltgebender Anker und Wegweiser weiter dienen kann. Durch dieses Bewusstsein und diese Neuorientierung wird es Dir möglich sein, andere Wahlen und Entscheidungen in Deinem Alltag zu treffen und Dich dieser Führung, die durch die Verbindung entstehen wird, anzuvertrauen. So sehr, dass Du dadurch eine andere Energie und andere Erfüllung in Deinem Leben finden kannst. Insbesondere wirst Du dabei ermächtigt, kontinuierlich in Deinem Leben mit dieser »Formel« Dein psychophysisches System selbst zu regulieren und immer wieder im Gleichgewicht zu halten.

Das ist die Essenz meiner Arbeit. Das ist es, wofür ich als Expertin für Psychoonkologie antrete mit meinem gesammelten Wissen und dem ganzen Herzen: Den Menschen Mut zu machen, dass es auch einen anderen Weg gibt, mit dieser Erkrankung umzugehen. Es ist möglich, ihn für sich zu gehen und auf diesem Weg nach innen zur eigenen Größe, mehr Zuversicht und Hoffnung zu erlangen.

SUZANA GARIC

Psychoonkologie – sich dem Leben ganz zuwenden

Sie ist Dipl.-Psychologin, Psychoanalytikerin, Psychotherapeutin, Psychoonkologin, Mentorin für Bewusstheits- und Energiearbeit und hat bis dato über 50.000 Klienten behandelt. Seit 30 Jahre ist sie niedergelassen in einer eigenen Praxis in Berlin. Die gebürtige Serbin lebt seit 34 Jahren in Deutschland und hat 40 Jahre Erfahrung mit Stille und Kontemplation. Sie sucht immer neue Wege für die Vertiefung ihrer Arbeit mit Menschen und mit sich selbst – das ist Suzana Garic. Sie gibt Menschen Mut, ihr wahres Potenzial und ihre Größe zu leben.

Der innere Türsteher

Wie Kommunikation entstehen kann und im Fluss bleibt

Führung erscheint uns in vielfältiger Form und ist längst nicht nur in DAX-Unternehmen ein Thema des täglichen Miteinanders. Auch im privaten Bereich, bei der Vereinsarbeit, bei der Organisation eines Events oder auch bei der Durchführung einer Familienwanderung kommt man mit dem Wesen der Führung in Berührung. Deswegen gibt es viel Literatur zu diesem Thema. Hauptinhalte sind zumeist organisatorische Praktiken oder Tools, die im täglichen Umgang miteinander Anwendung finden sollen.

Was allerdings vergessen wird, ist die Tatsache, dass die Persönlichkeit einer Führungskraft und wie sie wahrgenommen wird, entscheidend für den Führungserfolg ist. Viele Trainings und Coachings sprechen zwar das Thema Persönlichkeitswahrnehmung und -entwicklung an, geben aber zu wenig Hilfestellung bei der Erkundung der eigenen Persönlichkeit.

> **Damit aber Kommunikation stattfinden kann, müssen die Infos erst mal am »inneren Türsteher« vorbei.**

Kommunikation ist die Basis jeglicher Aktion im Zusammenhang mit dem Thema Führung. Damit aber Kommunikation stattfinden kann, müssen die Infos erst mal am »inneren Türsteher« vorbei. Um die Wirkungsweise dieses inneren Türstehers zu verstehen, muss man sich den Signalfluss der Sinneswahrnehmungen (Sehen, Hören, Riechen, Schmecken und Tasten) zum Gehirn genauer anschauen.

Von den Sinneswahrnehmungen, die für die Kommunikation entscheidend sind, gehören Sehen und Hören zu den wichtigsten.

Die Informationen werden durch das Stammhirn an einen Bereich des Gehirns (Thalamus) gesendet, der als Schaltzentrale zur Großhirnrinde fungiert. Über diese Schaltzentrale werden die Informationen zur weiteren Verarbeitung an unterschiedliche Bereiche im Gehirn weitergeleitet. Von dort kommen die Informationen wieder zurück und es können unterschiedliche Reaktionen erfolgen.

Man kann sich also vorstellen, dass der Thalamus wie der innere Türsteher wirkt, der entscheidet, ob Informationen weitergeleitet werden oder nicht. Wie jeder Türsteher hat auch der Thalamus einen Knopf im Ohr. In diesen flüstert ein anderer Bereich des Gehirns, nennen wir ihn »die Jury«, ob es sich um eine positive oder negative Information handelt. Dementsprechend reagiert der Thalamus und leitet weitere Reaktionen des Gehirns bzw. in der Folge dann auch des Körpers ein.

Man kann sich also vorstellen, dass der Thalamus wie der innere Türsteher wirkt, der entscheidet, ob Informationen weitergeleitet werden oder nicht.

Bei einer positiv empfundenen Information wird der Informationsfluss in Richtung Großhirnrinde freigegeben. Das ist die Situation, in der Kommunikation stattfinden kann. Es besteht Zugang zu den rationalen und kreativen Bereichen des Gehirns, und was noch wichtiger ist, der Empfänger kann die Information auch abspeichern, bewerten und seinerseits eine Botschaft formulieren. Dies ist die absolut notwendige Basis für eine funktionierende Kommunikation.

Kommen wir nun zum Fall, dass die Information als negativ bewertet wird. Der Türsteher wird durch die Jury informiert, dass es sich um eine bedrohliche Information oder Situation handelt. Aufgrund dieser Information entscheidet der Türsteher, dass als Erstes jeglicher Zugang zur Großhirnrinde geschlossen wird, damit die Fokussierung auf das Problem erfolgen kann. Direkt mit dem Verschließen dieses Zugangs werden nun als unmittelbare Reaktion Körperfunktionen angestoßen, die die zwei Grundmuster Flucht oder Angriff unterstützen. Nun wird nicht jeder Gesprächspartner in dieser Situation aus dem Zimmer rennen oder zu einem Chuck-

Norris-Roundhouse-Kick ansetzen. Gleichwohl ist die Basis für eine weitere Kommunikation im Sinne des Austauschens von Informationen nicht mehr gegeben und das Gespräch kann mit sofortiger Wirkung vertagt werden.

In einer Kommunikationssituation beschreiben wir diesen Vorgang oft mit »Mein Zuhörer hat dichtgemacht«, »man kommt nicht mehr an sie/ihn ran«. Alles, was ab diesem Zeitpunkt noch vom Sender gesendet wird, kann nicht mehr in die Wahrnehmung des Empfängers gelangen und ist somit nichts anderes als reine Zeitverschwendung. Um zu erkennen, ob der Türsteher die Tür verschlossen hat, lässt man seinen Gesprächspartner eine kleine Zusammenfassung machen, wie z. B.: »Bitte fassen Sie kurz zusammen, welches die wesentlichen Inhalte meines Anliegens sind, damit ich mir sicher sein kann, dass Sie alle Informationen haben«.

Um das Verschließen der Tür zu vermeiden, gilt es, sich bewusst zu werden, wie die Jury funktioniert. Wir sprechen hier von Teilen des limbischen Systems, die in hoher Geschwindigkeit die Informationen mit Wahrnehmungsmustern aus der Vergangenheit abgleichen. Das bedeutet, diese Bereiche ordnen Einzelheiten der Erlebnisse und des Wissens eines Menschen in Zusammenhänge ein. Somit kann das Gehirn sehr schnelle Entscheidungen treffen, was in der Geschichte der Evolution entscheidend für das Überleben war. In der heutigen Zeit existieren diese Muster immer noch im Gehirn und beeinflussen so unsere tägliche Kommunikation.

Da sich die Wahrnehmungsmuster aus Informationen mehrerer Sinne ergeben, ist nicht nur das gesprochene Wort entscheidend, sondern alle Signale, die vom Sender an den Empfänger ausgesendet werden.

Nun steht die Frage im Raum, wie man verhindern kann, dass die Jury dem Türsteher einflüstert, er solle die Türe schließen. Da sich die Wahrnehmungsmuster aus Informationen mehrerer Sinne ergeben, ist nicht nur das gesprochene Wort entscheidend, sondern alle Signale, die vom Sender an den Empfänger ausgesendet werden. Das heißt, neben dem Wort sind in Mimik, Gestik, Körpersprache, Lautstärke, Bewegungsgeschwindigkeit, Stimmfarbe, Haltung, Kleidung, Berührung, Aussehen und sogar in dem Geruch des Senders Informationen enthalten. Die Jury ist hochemotional, sehr sensibel und unglaublich dynamisch.

Als Erkenntnis aus diesem Sachverhalt wird klar, dass sich der Sender nicht nur genau überlegen sollte, was er sagt, sondern auch, mit welcher Außenwirkung er auf den Empfänger trifft. Allerdings ist genau diese Außenwirkung vermutlich der Punkt, bei dem die wenigsten von uns ein gutes Bild von sich selbst haben. Das liegt daran, dass man schwerlich von außen auf sich selbst schauen kann und es sehr schwierig ist, an ehrliches und verwertbares Feedback zu seiner eigenen Außenwirkung zu kommen, da solche Feedbacks sehr persönlich sind. Nicht jeder Feedbackempfangende kann diese Wahrheit gleich gut ertragen und auch nicht jeder Feedbackgebende besitzt den Mut, diese Wahrheit schonungslos ehrlich auszusprechen. Man muss sozusagen an die Jury seines Gesprächspartners kommen, um deren Einschätzung zu erhalten. Es braucht viel Vertrauen zwischen den Gesprächspartnern, damit hier ein gutes Feedback erfolgen kann.

Die Energie, die es braucht, um die eigene Persönlichkeit zu erforschen, wird einem durch eine gesteigerte Kommunikationsfähigkeit und besseres Führungsverhalten mehrfach vergütet.

Insbesondere für Führungskräfte ist es von enormer Wichtigkeit, sich über die eigene Außenwirkung klar zu werden, damit auch im Sinne der Authentizität eine Kommunikation erfolgen kann, die stimmig zur Persönlichkeitswahrnehmung durch den Mitarbeiter passt. Der Weg zur besseren Selbstwahrnehmung führt über regelmäßige Reflexionen und vertrauensvolle Feedbackgespräche mit einem Coach oder Mentor sowie mit dem Partner, Familienmitgliedern und guten Freunden. Die Energie, die es braucht, um die eigene Persönlichkeit zu erforschen, wird einem durch eine gesteigerte Kommunikationsfähigkeit und besseres Führungsverhalten mehrfach vergütet.

Wer sich selbst kennt, kann sich selbst führen. Wer sich selbst führen kann, kann auch andere führen.

Machen Sie den Türsteher zu Ihrem Freund, damit die Kommunikation im Fluss bleibt.

RAINER BREHM

Rock dein Team!
Expertenwissen für Führungskräfte – mit Erinnerungsgarantie

Dozent, Musiker, Autor, Speaker, Unternehmer, Führungskraft. Es gibt viele Funktionen, in denen Rainer Brehm über die Grenzen des deutschsprachigen Raumes hinaus bekannt ist, um den Themen Führung, Kommunikation und Management in einer Weise Gehör zu verschaffen, die einzigartig ist. Durch die Kombination von Wissen und Musik ist nicht nur für überraschende Momente während einer Veranstaltung gesorgt, sondern auch der Grundstein für nachhaltige Wissensanwendung in der täglichen Praxis gelegt. Er ist angetreten, damit endlich besser kommuniziert und geführt wird.

»Rainer Brehm ist ein Experte / Speaker mit Nachhaltigkeits-, Umsetzungs- und Erinnerungsgarantie.«
HERMANN SCHERER

Botschafterin der Liebe als heilende und politische Kraft

Als Philosophin mit humanistischer Bildung und geprägt durch berühmte Vorfahren wie Philosophen, Künstler, weltberühmte Ärzte und Wirtschaftstreibende war ich erst ein Wunderkind am Klavier. Mit größter Begeisterung spielte ich auch Grete Wiesenthal und tanzte Walzer in den Kleidern meiner Mutter und auf Stöckelschuhen. Früh begann ich mit der Taschenlampe unter der Bettdecke zu lesen, was mir in die Hände kam. Nach der Matura am Akademischen Gymnasium absolvierte ich mehrere Studien, um herauszufinden, was die Welt im Innersten zusammenhält. Unter anderem verfasste ich eine philosophische Dissertation zu Freud und Sartre, viel später eine philosophisch-medizinische Dissertation zu dem Thema Heilen. Mit Begeisterung habe ich mein Leben lang unterrichtet, was ich für wesentlich erachte.

> In den Fotografien, diesen Lichtschriften, wird sichtbar, wie prachtvoll, schön, vielschichtig und vielseitig unsere Welt im Spiegel ist.

Von der Liebe hat mir als kleines Mädchen meine Urgroßmutter Marianne von Lauda immer wieder erzählt. In der Literatur und in verbotenen Schundromanen erfuhr ich mehr, dann im Kino, später im Theater und in der Oper. Bei meiner Beschäftigung mit Tiefenpsychologie – ich war im Kreis um Professor Raoul Schindler – fand ich neue Perspektiven. Da alles intellektuell blieb, diente es meiner persönlichen Entwicklung wenig.

Ich schuf keine glücklichen Verhältnisse, so sehr ich das auch für meine Tochter ersehnte. Nach einer schweren Trennung und weiteren unbewältigten Schicksalsschlägen erkrankte ich. Für unheilbar erklärten mich die Ärzte.

Um die Krise zu bewältigen, begann ich unverdorben auf dem Gebiet mit der Malerei. Darin wird sichtbar, wie ich mich von Krankheit, Angst und Abhängigkeiten befreite und danach, was ich mit offenem Herzen und offenen Augen innen wie außen entdeckte. Später arbeite ich mit Fotografie. In den Fotografien, diesen Lichtschriften, wird sichtbar, wie prachtvoll, schön, vielschichtig und vielseitig unsere Welt im Spiegel ist. Das Innen wie das Außen zeigen sich im Wechselspiel.

Ich machte eine Yogaausbildung bei Willy Keyserling und lernte von Lehrern und Schamanen aus aller Welt sowie von Körpertrainerinnen. Am Dramatischen Zentrum machte ich Erfahrungen mit der Strasberg-Methode.

Von meinem Großmeister Wang Dong Feng He Xuan wurde ich zur Meisterin des Tai Chi Chuan ausgebildet. 1999 erteilte er mir das ius practicandi.

Seit 1999 lehre ich Tai Chi Chuan, das körperliche, seelische und geistige Erstarken. Wir werden Krieger und Kriegerinnen der Liebe, der Kraft, die alles schafft und geschaffen hat. Wie wir die Liebe in unserer jeweiligen Tradition beschreiben, darauf kommt es nicht an. Gott oder Jahwe, Leere oder Tao. Mehr als hundertfünfzig Beschreibungen kennen wir auf der Welt. Wie soll man auch definieren, was über unsere Vorstellungskraft hinausgeht und nicht einzugrenzen ist.

Wir werden Krieger und Kriegerinnen der Liebe, der Kraft, die alles schafft und geschaffen hat.

Ich unterrichte am Gymnasium für Hochleistungssportler und in den besten Studios unserer prachtvollen Stadt Wien. Ich werde immer gesünder. Docendo disco.

Inspiriert durch meine Erfahrungen und die Arbeit mit Professor Tschugguel, einem der besten Hypnosetherapeuten weltweit, der auch meine medizinisch-philosophische Dissertation begleitet hat, entwickelte ich meine Methode der Tiefenentspannung. Bei Einzelbehandlungen liegt der Klient oder die Klientin, die sich von Angst und Abhängigkeiten, von Krankheit befreien will, wie ich mich befreit habe, die ihre Träume wahr machen will, wie ich es mehr und mehr mache, in einer Pendelliege nach zweitausend Jahre alter indischer Tradition. Das Gehirn kommt zur Ruhe. Empathisch und ideenreich, wie ich bin, inspiriere ich als Architektin innerster Räume meine Klienten dazu, ihre innere Stimme wahrzunehmen, eins zu werden mit der Kraft, die alles schafft und alles geschaffen hat. Ich fungiere als Werkzeug der Liebe. Der innere Arzt wird aktiv. So lässt sich fast alles heilen. Gruppen inspiriere ich im Liegen oder im Sitzen.

Seit 2004 arbeite ich damit erfolgreich in Studios und auf Einladung. Bei Vernissagen entsteht so ruhige Aufnahmebereitschaft. Privat führe ich Freunde in die Tiefenentspannung. Zum internationalen Philosophenkongress in Mexiko vor ein paar Jahren habe ich mit meiner Arbeit über die Überwindung des dualistischen Erkenntnisprinzips beigetragen.

Ich fungiere als Werkzeug der Liebe. Der innere Arzt wird aktiv. So lässt sich fast alles heilen.

In meinem ersten Buch *Immer wieder JETZT – Fort-Schritte* (Verlag Bibliothek der Provinz) rege ich dazu an, den Mut zu Eigenständigkeit und Offenheit zu finden. Den Mut, sich zu befreien von anerzogenem Verhalten, von Manipulierbarkeit. Meist ausgehend von Träumen schreibe ich kurze Prosatexte, die meine Geschichte und meine Gedanken, meine intimen Träume, meine Sicht auf die Welt und meine Spiritualität vermitteln.

Einladungen von Firmen nutze ich, um mit meinen Reisen nach innen die Menschen, die dort arbeiten, auf neue Gedanken zu bringen und die Kooperation zu fördern, statt der meist herrschenden Konkurrenz.

GEMEINSAM mit anderen, die meine Ideen teilen, baue ich **!WOW!** auf: World of Wisdom – Welt der Weisheit – eine Organisation für ganzheitliche Gesundheit, Kreativität und globalen Frieden. Dazu lade ich herzlichst alle Leser ein, die mitarbeiten wollen, Mitglieder werden wollen, sodass wir miteinander, voneinander und füreinander lehren und lernen, um unsere Welt zu einem Ort zu machen, wo die Liebe regiert, das Gute und Schöne! Frieden wollen wir schaffen und Freude an uns und an allem, was ist. Jede und jeder, der mitarbeiten will, ist willkommen!

Wer mit uns zusammenarbeiten möchte, mich engagieren oder sich mit mir austauschen will, den bitte ich um eine Nachricht an: **evamariawiesenthal@gmail.com**.

EVA MARIA WIESENTHAL

Eva Maria Wiesenthal ist Architektin innerer Räume mit ihren heilsamen Energiestrukturen, Philosophin, Künstlerin, Tai-Chi-Chuan-Meisterin und Führerin auf Reisen nach **innen, zu der Kraft, die alles schafft**.

Sie ist Präsidentin von !WOW!, einer Organisation für ganzheitliche Gesundheit, Kreativität und globalen Frieden, die sie mit Gleichgesinnten aufbaut und Mitglied der Österreichischen Gesellschaft für Kunst und Medizin.

Abgesehen vom Schreiben und Unterrichten des Tai-Chi-Chuan, leistet sie Heilarbeit über Tiefenentspannung und hat in den letzten Jahren intensiv mit Fotografien gearbeitet. Sie sieht und macht sichtbar, was Menschen in der Hektik des Alltags übersehen. Bisweilen sind ihre Bilder sichtbarer Ausdruck philosophischer Themen. Viel entdeckt sie zu Hause, wo sie täglich neue Perspektiven und Wunderbares erblickt von dem Reichtum dieser Welt. Dazu will sie auch andere inspirieren.

Mache dein Leben zum Blockbuster

Es war ein schöner Nachmittag bei strahlend blauem Himmel irgendwann Mitte der 80er-Jahre. Ich war wie so oft sonntags mit meinen Eltern und Geschwistern draußen unterwegs. Nachdem wir durch ein kleines, schattiges Waldstück bergauf gelaufen waren, erreichten wir eine wunderbare Anhöhe. Was macht diesen Ort so besonders? Nun, ich verrate es dir. Zum einen findest du links inmitten von saftigem grünem Rasen eine gemütliche Holzbank, die zum Verweilen einlädt. Zum anderen hast du auf der rechten Seite einen fantastischen Ausblick auf einen kleinen Ort, der beschaulich in der Talsohle liegt. Ein älteres Ehepaar saß dort still auf der Bank und schaute geradeaus hinunter auf ihr kleines 500-Seelen-Dorf.

»Egal, was auch passiert, auf keinen Fall darfst du mit 75 Jahren auf deiner Bank sitzen und darüber nachdenken, welche großen Träume und Wünsche du verpasst hast!«

Waren sie glücklich und gesund? Ich weiß es nicht.

Waren sie traurig und unzufrieden? Ich weiß es nicht.

Natürlich war mir das damals herzlich egal. Ich wollte rennen, spielen und Spaß haben. Unter keinen Umständen hatte ich Lust, mich brav auf die Bank zu setzen. Aber ich habe mir das Bild gemerkt. Was sage ich, ich habe es eingraviert wie auf einer Holzscheibe, die man daheim im Wohnzimmer an den schönsten Platz hängt. Ich habe es förmlich tätowiert – nur nicht äußerlich, sondern innerlich. Es hat sich unauslöschlich in meine Seele eingebrannt! Mein Gedanke war: »Egal, was auch passiert, auf keinen Fall darfst du mit 75 Jahren auf deiner Bank sitzen und darüber nachdenken, welche großen Träume und Wünsche du verpasst hast!«

Tatsächlich hat mich diese tiefgreifende Botschaft immer wieder motiviert. Sie war eine Art Sinnbild für mich, besser zu werden und ehrgeizig vorwärtszukommen. Entweder um mich zielstrebig in meinem Beruf weiterzuentwickeln oder als eine Art Antrieb, um aus meinem Umfeld auszubrechen und mir einen neuen Weg fernab von zu Hause zu suchen.

Jedoch war dieser Weg ebenso gepflastert von vielfältigen gesellschaftlichen Einflüssen und Lehren aus meiner Erziehung:

»Du musst viel lernen und lang arbeiten, damit du etwas wirst.«

»Das Leben ist kein Wunschkonzert, sondern harte Realität.«

Außerdem hinterließen die bekannten Aussagen, wie man als Mann zu sein hat, bei mir ihre Spuren. Die Attribute stark sein, keine Gefühle zeigen und alles mit dem Verstand lösen, treffen es wohl am besten.

Diese Kombination hat mich zwar weit gebracht – ich hatte ein nach außen gesehen erfolgreiches, gutes Leben –, doch irgendwann wurde genau diese Mischung für mich zum toxischen Cocktail. Der Zug blieb mitten im Tunnel stehen, das Licht ging aus und ich hatte keine Ahnung, ob ich da jemals wieder herauskomme. Der klassische Burn-out hatte zugeschlagen, das Steuer übernommen und führte zu einer heftigen Vollbremsung.

Wann immer ich von diesem Stillstand erzähle, ist Mitleid das Allerletzte, was ich mir von anderen Menschen wünsche. Es geht mir vielmehr darum, wachzurütteln und mitzuteilen, wie viel unglaubliches Potenzial und welche starke Veränderungskraft wir als Menschen haben. Also die besondere Erkenntnis, dass wir uns immer wieder aufs Neue aufrichten können, um uns danach in eine ganz andere Richtung auszurichten.

Also die besondere Erkenntnis, dass wir uns immer wieder aufs Neue aufrichten können, um uns danach in eine ganz andere Richtung auszurichten.

Meine Richtung hieß von nun an die optimale Balance im Leben zu finden. Durch einen Achtsamkeitskurs habe ich die Magie der Meditation kennengelernt und damit hat sich mir meine innere Welt erschlossen. Ein Teil, der mir bis dahin komplett unzugänglich war. Eine Welt, die einen unendlichen Reichtum an Gefühlen und Empfindungen enthält. Eine Welt, in der sich der kostbare Schatz deiner geheimnisvollen Seele und deines wunderbaren Herzens befinden.

Diese Weiterentwicklung hat mich seitdem nie mehr losgelassen: die faszinierende Einheit von Außenwelt und Innenleben. Und wir können den bewussten Umgang mit unseren Gedanken und Gefühlen lernen und selbst gestalten. Ich weiß inzwischen, wie unerlässlich es ist, dass wir uns regelmäßig in Balance bringen. Wie ein Zug und die dazugehörigen Schienen eine dauerhafte Wartung benötigen, so brauchen auch wir Kopf und Herz im Einklang. Tust du das nicht, treffen dich Schicksalsschläge oder Krankheiten mit voller Wucht! Glaubst du etwa, dein Leben läuft einfach so wie geschmiert? Nein, du musst schon aktiv etwas dafür tun. Die gute Antwort ist, du kannst es. Ich rate dir somit aus voller Überzeugung: Bleib in Balance, sonst wirft dich das Leben aus der Bahn.

Bleib in Balance, sonst wirft dich das Leben aus der Bahn.

Nachdem ich bereits viele Erkenntnisse aus jahrelanger Persönlichkeitsentwicklung verinnerlicht hatte, durfte ich als Life-Balance-Coach und Speaker meinen kontinuierlichen Weg fortsetzen. Mein Zug, der wieder gut und sicher unterwegs war, hat nun volle Fahrt aufgenommen. Jeder ist gerne eingeladen, auf dieser Reise dabei zu sein. Was gibt es auf unserer Fahrt Fantastisches zu erleben?

Wir werden den unterschiedlichsten Gedanken und Gefühlen begegnen. Damit wir ausgeglichen und nachhaltig an unserem Ziel ankommen, müssen wir diese bewusst betrachten. Deine Gedankenwelt ist in gewisser Weise dein Radioprogramm. Nun kommt es schon mal vor, dass im mentalen Radio nicht unsere Lieblingsmusik läuft. Noch unschöner ist es, wenn wir in Dauerschleife den falschen Sender hören oder nur nerviges Rauschen abbekommen.

Deine Gefühlswelt kannst du dir wie einen Kinofilm vorstellen. Auch unsere emotionale Schiene wird mit negativen Herausforderungen konfrontiert. Wenn dies überhandnimmt oder wenn wir damit nicht umgehen können, sind wir schnell in einem Drama gefangen und das gewünschte Happy End rückt in ganz weite Ferne.

Du bist der absolute Hauptdarsteller in deinem Leben. Du kannst regelmäßig deine Rolle ändern und du führst die Regie in deinem Lieblingsfilm. Lass nicht zu, dass dir irgendjemand zu viel Drama beschert oder du eine fremde Geschichte darstellst. Wichtig ist, dass du deine begeisternde und wahre Story erzählst. Dass du losgehst für deine einzigartigen Wünsche und Ziele. Dass du erkennst, wie großartig du bist und du ab sofort nach deinen eigenen Regeln spielst.

Dein Gedankenradio aufs richtige Programm einstellen und dein Gefühlskino näher anschauen – dann wird dein Leben zum Blockbuster!

Dein Gedankenradio aufs richtige Programm einstellen und dein Gefühlskino näher anschauen – dann wird dein Leben zum Blockbuster!

Dein Ziel am Ende der Reise ist es also, ein besonderes Meisterstück gelebt zu haben. Du sitzt im hohen Alter auf einer Bank und in deinem Gedankenradio läuft: »Ich bin glücklich. Ich habe meine großen Träume gelebt. Ich habe viel Gutes auf der Welt bewegt und bin dankbar dafür!« Im Gefühlskino läuft gleichzeitig dein Lebensfilm voller Freude und Liebe. Dann hast du es geschafft, dann hast du wirklich gelebt, dann war es dein eigener Blockbuster.

Gehe mutig vorwärts und habe Vertrauen. Dein Kopf allein kann es nicht. Dein Herz kennt den Weg. Mit Kopf und Herz zusammen wird deine Reise wunderbar, wertvoll und magisch. Das wünsche ich dir von ganzem Herzen.

MARTIN STROHMENGER

Experte für mentale und emotionale Fitness

Mit seinen beeindruckenden Geschichten inspiriert und erreicht er viele Menschen. Meisterhaft kombiniert er theoretisches Wissen der Persönlichkeitsentwicklung mit langjährigen praktischen Erfahrungen des eigenen Wachstums. Mit seiner starken Botschaft motiviert und katapultiert er alle direkt drei Schritte nach vorne:

»Du kannst, du machst, du wirst!«

Wie bleibst du mental und emotional in Balance? Gehe einfach mit auf die Reise. Unter martinstrohmenger.de findest du wichtige Erkenntnisse für mehr Gesundheit und Glück und wertvolle Impulse für deinen besseren Umgang mit Gedanken und Gefühlen.

Mit fehlerFREUDIGkeit zu mehr Wohlstand

fehlerFREUDIG faul – die Macht der Bequemlichkeit

Solange wir uns auf dem Weg befinden, unsere Ziele erreichen wollen, sind viele von uns tatsächlich fehlerfreudig. Wir gehen Risiken ein, um uns zu verbessern und sehen jeden Fehler als Chance. Sobald wir jedoch einen gewissen Status erreicht haben, stellt sich – erst ein klein wenig und dann immer mehr, fast schleichend und klammheimlich – Bequemlichkeit ein. Wir werden zufrieden. Zufrieden mit dem Status, den wir erreicht haben und Fehlerfaulheit macht sich breit.

Dieser Zustand der Resignation macht unseren Status zwar nicht schlechter, jedoch türmt er sich auf wie eine mächtige Wand zwischen uns und einer weiteren Entwicklung. Ohne es bewusst zu wollen, haben wir uns mit unserer Komfortzone abgefunden. Wir sind nicht mehr täglich bemüht, diese zu erweitern. Dabei wäre es in dieser Situation wesentlich leichter, höhere Ziele auf dem Weg zu unserer persönlichen Vision zu erreichen. Wenn wir bereits im Schwung sind, ist eine weitere Steigerung kaum noch anstrengend. Auch ein Flugzeug verbraucht die meiste Energie beim Start. Ist die Reiseflughöhe einmal erreicht, benötigt es vergleichsweise wenig Energie, um auf Zielkurs zu bleiben. Allerdings weicht ein Flugzeug während 99 % der Zeit vom Kurs ab. Dadurch werden Korrekturen notwendig. Genau diese Korrekturen vermeiden wir auf dem weiteren Weg. Es könnte anstrengend werden – ein Trugschluss! All das, was die ersten Schritte so mühsam, ja manchmal

> **Wenn wir bereits im Schwung sind, ist eine weitere Steigerung kaum noch anstrengend.**

auch ein bisschen gefährlich gemacht hat, ist in unserer bequemen Komfortzone zumindest nicht mehr in diesem Ausmaß vorhanden.

Ein Ansatz, um die Komfortzone an dieser Stelle zu verlassen, ist, sich wieder darauf zu besinnen, warum wir angetreten sind! Was war es, dass uns bis zum Status der Bequemlichkeit jeden Tag motiviert hat, Höchstleistungen zu bringen, Ängste, Schmerzen, Zweifel in Kauf zu nehmen und jeden Tag ein kleines Stück weiter unseren Weg zu gehen. Denn genau diese Werte können auch jetzt ein guter Ratgeber sein, die Komfortzone Stück für Stück zu erweitern.

Ein Ansatz, um die Komfortzone an dieser Stelle zu verlassen, ist, sich wieder darauf zu besinnen, warum wir angetreten sind!

In meinen Anfangstagen als Verkäufer durfte ich ein Seminar bei dem Schweizer Spitzencoach Rudolf Beljean besuchen. Das Fazit dieses über mehrere Wochenenden gehenden Seminars war, sich jeden Tag einmal etwas zu trauen, was man noch nie zuvor gemacht hatte. In einem Satz ausgedrückt: **Blamiere dich täglich einmal!**

Haben Sie schon einmal versucht, sich bewusst zu blamieren? Aus persönlicher Erfahrung kann ich sagen, es ist noch viel unangenehmer, als sich unbewusst zu blamieren. Im Normalfall ist es doch so, dass wir erst im Nachhinein von der soeben stattgefundenen Blamage Kenntnis erlangen. Wenn wir uns jedoch vornehmen, uns bewusst zu blamieren, also jetzt gleich etwas zu tun, das zumindest das große Potenzial in sich trägt, zu einer ausgewachsenen Blamage zu werden, ist das noch mal eine ganz andere Kategorie.

Natürlich war die Situation auch mir jedes Mal aufs Neue äußerst unangenehm. Um mich selbst zu motivieren und auch zu überlisten, habe ich damals entschieden, jeden Morgen in die linke Hosentasche meines Anzugs drei Murmeln zu stecken. Jedes Mal, wenn ich an dem Tag das Risiko einer Blamage eingegangen war, ließ ich eine Murmel von der linken in die rechte Hosentasche wandern. Wenn ich dann abends nach Hause kam, habe ich nach ein paar Tagen reflexartig auf meine linke Hosentasche geklopft, um zu prüfen, ob sich dort noch Murmeln befinden. Wenn dem so war, machte ich auf dem Absatz kehrt, um eine weitere Möglichkeit zu suchen, mein Tagesziel zu erreichen. Ich sperrte meine Haustür abends niemals auf, wenn auch nur eine einzige Murmel in der linken Hosentasche war.

Gelebte Blamage ist »Wohlstand to go«. Während Sie sich blamieren, steigern Sie unweigerlich Ihren Erfolg, Tag für Tag. Wann beginnen Sie damit, sich täglich zu blamieren?

fehlerFREUDIG aus dem Rahmen fallen

Wenn wir über Fehlerfreudigkeit sprechen, sollten wir auch definieren, was ein Fehler ist. Ein Fehler ist das Nichterfüllen einer Norm, so zumindest hieß es früher im Qualitätsmanagement. Fassen wir die Definition etwas weiter. Als Fehler bezeichnen wir heute das Nichterfüllen einer Anforderung. Wer diese Anforderung setzt, ist dabei vollkommen unterschiedlich. Jede Situation bringt gewisse Erwartungen und damit Anforderungen mit sich.

> Gelebte Blamage ist »Wohlstand to go«.

Stellen Sie sich vor, Sie gehen zum Bäcker. Ihre Erwartung und damit die Anforderung gegenüber der Servicekraft hinter der Theke ist, dass Sie freundlich mit frischen Backwaren versorgt werden und die Bäckerei zügig verlassen können. Ist es nun ein Fehler, wenn die Bäckereifachverkäuferin nicht freudestrahlend Ihre Bestellung entgegennimmt und Ihnen einen wunderschönen Tag wünscht?

Im Sinne der Fehlerdefinition mit Sicherheit, ja. Wir können jetzt sagen, dass es die Aufgabe der Servicekraft ist, freundlich und zuvorkommend ihrer Arbeit nachzugehen. Das wäre sicher sehr einfach so zu denken. Doch drehen wir den Spieß einmal um. Fragen wir uns doch in solchen Situationen, wie freundlich war ich denn? Habe ich ein freundliches »Guten Tag« oder »Guten Morgen« erklingen lassen? Habe ich mit freundlichem Lächeln meine Brötchen, Brezen oder meinen Kuchen bestellt? Bin ich vielleicht der Auslöser dafür gewesen, dass diese ansonsten gut gelaunte Bäckereifachverkäuferin genau in diesem Moment ihre gute Laune verloren und mich sachlich und nüchtern bedient hat?

Dies sind nur ein paar Fragen, die wir uns in solchen Situationen selbst stellen können? Unterm Strich geht es um das Gleiche wie immer – bin ich Gestalter oder Opfer? Wir haben in jedem Moment die Chance, die Situation zu verändern, Menschen entweder unglücklich zu machen oder ihnen Hoffnung und Wohlstand zu vermitteln. Daher mein Vorschlag:

Betreten wir doch heute jedes Geschäft mit dem Satz: »Schönen guten Tag, wenn Sie mir jetzt drei Brezen und vier Brötchen verkaufen, dann sind Sie für mich die Königin des Tages!«. Natürlich sollten Sie die Produkte oder Dienstleistungen dem jeweiligen Geschäft anpassen, es könnte sonst zu Verwirrungen und Missverständnissen kommen.

Also worauf warten wir? Gehen wir raus und schaffen wir für einen Tag Königinnen und Könige.

Was passiert wohl, wenn wir genau das für einen Tag lang in jeder Situation tun? Werden Menschen verwundert und überrascht dreinblicken? Mit Sicherheit! Werden sie uns böse sein? Mit Sicherheit nicht! Werden sie sich vielleicht sogar freuen? Ich denke schon. Gibt es einen leichteren Weg, den Wohlstand zu erhöhen? Die Antwort lautet: **NEIN!**

Also worauf warten wir? Gehen wir raus und schaffen wir für einen Tag Königinnen und Könige – viel fehlerFREUDIGkeit wünsche ich Ihnen dabei!

THOMAS NAVE

Mit fehlerFREUDIGkeit zu mehr Wohlstand für Unternehmen, Menschen und Gesellschaft

Bereits mit 20 Jahren führte Thomas Nave 17 Mitarbeiter und war jährlich für siebenstellige Umsätze verantwortlich. Zu Spitzenzeiten zählte sein Vertrieb bundesweit 550 Mitarbeiter. Nach einem erfolgreichen Exit im Jahr 2014 konzentriert er sich heute darauf, sein Know-how an Unternehmen, Führungskräfte und Mitarbeiter weiterzugeben und deren Erfolg zu unterstützen. Er ist Mitglied in acht Prüfungsausschüssen der IHK und lehrt an verschiedenen Instituten u. a. an der Grundig Akademie, in IHKs sowie für private Bildungsträger. Thomas Nave bringt fehlerFREUDIGkeit und gelebte Fehlerkultur in jedes Unternehmen! Sein Motto: »Wer schneller scheitert, gewinnt!«

Gewinner übernehmen VerANTWORTung

VerANTWORTung – wie verantwortungsvoll handeln wir? Haben wir die notwendigen Kompetenzen, um Verantwortung wahrzunehmen und zu übernehmen? Übernehmen wir Verantwortung für unser Tun und Handeln? Wie verantwortungsvoll verhalten wir uns gegenüber unseren Kindern, Mitarbeitern, Kunden oder Geschäftspartnern?

Verantwortung ist ein mächtiges Wort. Verantwortung für die Zukunft. Die Pflicht, Verantwortung zu übernehmen. Wer übernimmt für seine und für unsere Zukunft die Verantwortung? Wer trägt politische Verantwortung? Wird sie von unserer Gemeinschaft getragen oder trägt sie unsere Regierung? Die Verantwortung weckt in uns Erinnerungen. Erinnerungen an die Vergangenheit, die uns zeigen, dass Verantwortung wichtig ist – dass es wichtig ist, Verantwortung zu übernehmen. Unsere Erinnerungen zeigen uns, was verantwortungsloses Handeln in der Gesellschaft und für uns in der Zukunft bewirken kann. Es ist wichtig, dass wir Verantwortung übernehmen. Verantwortung nicht nur für uns selbst, sondern auch für andere, für die Gesellschaft – unsere Mitmenschen. Unser Gegenüber soll uns am Herzen liegen. Warum sollte uns die Gesellschaft etwas bedeuten? Weil sie unsere Zukunft ist. Unsere Kinder sind unsere Zukunft! Wenn wir nicht verantwortungsvoll handeln, werden auch die Kinder unser Verhalten übernehmen. Verhalten, das nicht von Verantwortung geprägt ist.

VerANTWORTung – heißt das auch, dass wir eine Antwort haben?

VerANTWORTung – heißt das auch, dass wir eine Antwort haben? Die Antwort auf welche Frage? Welche Frage stellen wir uns zur Verantwortung? Verantwortung wird von jedem anders verstanden. Für einige ist es die Verantwortung für die eigenen Kinder, für andere die Verantwortung für das eigene Unternehmen oder die Verantwortung für sich selbst. Verantwortung beginnt bei jedem selbst. Wenn ich nicht Verantwortung für mich selbst übernehme, wie kann ich es mir anmaßen, Verantwortung für andere zu übernehmen?

Verantwortung ist ein großes, mächtiges Wort. Was soll ich mit Verantwortung anfangen? Wer übernimmt die Verantwortung? Wer kann mir garantieren, dass meine Verantwortung genug ist? Fragen über Fragen. Verantwortung beinhaltet das Wort »Antwort«. Erhalte ich durch die Verantwortung eine Antwort auf meine Fragen?

Erhalte ich durch Verantwortungslosigkeit keine Antworten auf meine Fragen? Wird erst durch die Verantwortungslosigkeit erkannt, dass verantwortungsvolles Handeln wichtig und notwendig ist? Verantwortung zu übernehmen heißt, dafür geradezustehen, was in der Vergangenheit passiert ist, aber auch, dafür geradezustehen, was in der Zukunft passieren wird. Die Zukunft wird von uns selbst gemacht. Wir sind die Gestalter unserer eigenen Zukunft. Die Zukunft unserer Gesellschaft, die Zukunft unserer Enkel. Unsere Kinder und Enkel sind unser wichtigstes Gut. Deshalb sollten wir jetzt unsere Verantwortung wahrnehmen, damit unsere Kinder und Enkel in eine von uns geschaffene, verantwortungsvolle und von Hoffnung erfüllte Zukunft blicken können.

Lassen Sie uns mal gemeinsam überlegen. Wann haben wir zum ersten Mal Verantwortung übernommen? Erstmals als Kind, als unsere Eltern nicht fähig oder gewillt waren, Verantwortung zu übernehmen? Waren wir uns selbst überlassen? Haben wir bereits dort lernen müssen, Verantwortung zu übernehmen? Ist es uns leicht gefallen, damals schon Verantwortung zu übernehmen und verantwortungsvoll zu handeln? Warum wurde uns bereits in frühester Kindheit auferlegt, Verantwortung zu übernehmen? Waren unsere Eltern damals damit überfordert, Verantwortung zu übernehmen? Warum ist das passiert und warum ist es teilweise noch heute so schwer, Verantwortung für Menschen zu übernehmen, die eigentlich für uns Verantwortung übernehmen sollten? Ist das eine Entwicklung in der Gesellschaft, die leider von uns und der Gesellschaft immer noch nicht wahrgenommen und ernst genommen wird? Warum setzt sich diese Entwicklung immer noch fort? Warum übernehmen wir dieses Verhalten aus der Vergangenheit weiterhin in die Zukunft? Können wir uns nicht fortan an Menschen orientieren, die sich ihrer Verantwortung bewusst sind? Wann wird es beginnen? Wann werden die Menschen in der Lage sein, reif sein, endlich Verantwortung zu übernehmen? Fragen über Fragen, die einer Antwort bedürfen. Einer Antwort von verantwortungsvollen Menschen. Wir sind diese Generation. Wir sind die Menschen, die Verantwortung übernehmen dürfen und müssen. Verantwortung für uns, für unsere Kinder, für unsere Enkelkinder und für unsere Mitmenschen. Waren unsere Vorfahren verantwortungslos? Auch diese Frage bedarf einer Antwort. War es der Situation geschuldet, dass unsere Vorfahren teils nicht in der Lage waren, Verantwortung zu übernehmen? Ist es anmaßend, unseren Vorfahren vorzuwerfen, sie seien ihrer Verantwortung nicht gerecht geworden? Kommen nur einzelne Menschen und Institutionen ihrer Verantwortung nicht nach? Fragen über Fragen. Auf diese Fragen versuchen wir nun Antwort zu finden, um Verantwortung zu übernehmen. Lass uns gemeinsam die Antworten erarbeiten, um unser Leben, unser Dasein, unsere Zukunft und die der Gesellschaft neu zu kreieren.

Wann werden die Menschen in der Lage sein, reif sein, endlich Verantwortung zu übernehmen?

Wo fängt Verantwortung an? Wo hört Verantwortung auf? Wo kann ich nun beginnen, Verantwortung zu übernehmen? Ein Sprichwort bringt es zum Ausdruck: »Suchst du eine hilfreiche Hand, dann finde sie am Ende deines eigenen Armes!« Was bedeutet das für uns? Das bedeutet für uns: Ich selbst bin verantwortlich, als Erstes die Verantwortung zu übernehmen. Bei mir ist der Beginn. Bei mir ist der Anfang. Wenn

»Suchst du eine hilfreiche Hand, dann finde sie am Ende deines eigenen Armes!«

ich nicht beginne, wer soll es sonst übernehmen? ICH und nur ICH!!!

Wie Gott es in der Offenbarung des Johannes, Kapitel 22 bereits sagt: »Ich bin der Anfang und das Ende.« Gerne mag ich der Anfang sein, damit ich das Ende kreieren darf. Ich bin der Schöpfer meiner Gedanken, ich bin der Gestalter meiner und unserer Zukunft. Wenn nicht ich, wenn nicht wir gemeinsam Verantwortung übernehmen, wer soll es dann für uns tun. Nur ich und du sind verantwortlich. Schau nicht weg, sondern schau hin und übernehme endlich die Verantwortung! Wie viel Leid mussten Menschen ertragen, da niemand gewillt war, hinzusehen? Ob Kriege, Pandemien oder Krisen – immer sind andere schuld. Wie lange soll das noch so weitergehen? Wann wird der Bann gebrochen? Gibt es überhaupt noch eine Zukunft? »Lass Gras darüber wachsen« – wie viel denn noch? Das ist wegschauen!! Hinsehen ist angesagt und somit ein Schritt in die Verantwortung. Sich äußern und in die Sichtbarkeit gehen – das sind weitere Schritte. Nicht mehr Ja sagen und alles hinnehmen. Andere unterstützen, sofern dies gewünscht ist. Zuallererst bei sich selbst beginnen. Sich für sich Zeit nehmen und es sich erlauben, die eigenen Bedürfnisse wahrzunehmen. Sich die eigene wertvolle ME-Time zu gestatten und zur Quality-Time auszubauen. Der Schlüssel ist der respektvolle Umgang mit sich selbst und anderen.

Ich bin der Schöpfer meiner Gedanken, ich bin der Gestalter meiner und unserer Zukunft.

Suchst du die VerANTWORTung? Dann suche und beginne bei dir.

BRIGITTE NAVE

Gewinner übernehmen VerANTWORTung

Brigitte Nave arbeitet seit 1991 mit zahlreichen Unternehmen, öffentlichen Einrichtungen und Bildungsträgern zusammen. Sie ist in diversen Prüfungsausschüssen vertreten. Ihr liegt die Bildung sehr am Herzen. Seit einer schweren Erkrankung im Jahr 2017 ist ihr bewusst, dass es ihr Auftrag ist, das Thema Verantwortung noch mehr in die Welt zu tragen. Verantwortung zu übernehmen, heißt, Antworten für uns und unsere Mitwelt zu haben. Sie ist Speakerin für Unternehmen, Verbände und Bildungseinrichtungen. Zudem coacht sie Führungskräfte und trägt als Autorin ihr Expertenwissen in die Welt.

Die vier Naturgesetze des Erfolgs anwenden – So funktioniert strategische Karriereplanung

Talent und Anstrengung allein führen nicht zum Erfolg!

Fällt dir auch immer wieder auf, dass talentierte Leute, die sich enorm ins Zeug legen, weniger Erfolg haben als andere, die von beidem weniger aufzuweisen haben? Man kann das als die natürliche Ungerechtigkeit der Welt hinnehmen. Mehr bringt es aber, nach der Ursache solcher Abweichungen zu suchen und daraus Konsequenzen zu ziehen. Wenn du dieses Buch liest, dann hast du dich schon dafür entschieden, es besser zu machen.

Alles, was geschieht, folgt Naturgesetzen. Wir haben in der Schule die Gesetze der Schwerkraft, des Magnetismus, der elektrischen Energie etc. gelernt. Wir wissen, dass die Naturgesetze immer gelten, man mit ihnen aber unterschiedlich umgehen kann. So hindert uns die Schwerkraft schon lange nicht mehr daran zu fliegen. Geniale Erfinder haben Wege gefunden, die Gesetze der Aerodynamik so einzusetzen, dass nicht nur Ballons, die leichter als Luft sind, sondern auch Flugzeuge, Helikopter, Paragleiter u. v. m. fliegen können.

Lange bevor Menschen lernten, die Schwerkraft zu überlisten, waren Vögel dazu in der Lage. Sie haben diese Fähigkeit nicht in einem Prozess des bewussten Erfindens erworben, sondern in der Evolution, in einem Prozess der natürlichen Auslese, dem »Survival of the Fittest«. Fit heißt »passend«, also am besten den Anforderungen entsprechend.

Lernen von der Natur

Es lohnt sich, die Mechanismen der Evolution zu studieren und daraus Erfolgsrezepte abzuleiten. Wenige haben das so konsequent umgesetzt wie Wolfgang Mewes. Er begann seine berufliche Laufbahn als Bilanzbuchhalter und Wirtschaftsprüfer und schrieb einen Fernkurs für diese Zielgruppe. In der Auseinandersetzung mit dem weiteren Berufsverlauf der Kursteilnehmer interessierte ihn zunehmend, warum manche Absolventen erfolgreich waren und andere bei gleichen oder sogar besseren Qualifikationen ihre Füße nicht auf den Boden brachten. Sein Zugang zu dem Thema war also ein empirischer. Die theoretischen Grundlagen zur Erklärung seiner Beobachtungen erarbeitete er sich schrittweise als Autodidakt, wobei er vor allem in der Biologie und Kybernetik fündig wurde.

Mewes entwickelte einen umfangreichen Fernkurs, der mithilfe zahlreicher Fallbeispiele und Übungsaufgaben die Umsetzung seiner Erkenntnisse für die konkrete Situation des Kursteilnehmers fördern sollte. Dieser Kurs lieferte mit seiner Präzision und Leidenschaft einen Impuls, der viele, so auch mich, nachhaltig geprägt und auf die Erfolgsspur gebracht hat.

Im Jahr 1990 brachte der Verlag der Frankfurter Allgemeine Zeitung eine modernisierte Fassung heraus, annähernd zeitgleich erschien eine erste Buchfassung. Derzeit ist das Buch in der 26. Auflage am Markt.

Die vier Naturgesetze des Erfolgs

Es kommt darauf an, die vorhandenen Talente und Kräfte so einzusetzen, dass bei den gegebenen Voraussetzungen der höchstmögliche Erfolg erzielt wird. Mewes erarbeitete vier Erfolgsprinzipien, die man als Naturgesetze des Erfolgs bezeichnen kann. Diese Gesetze, die Regeln zum Treffen der richtigen Entscheidung darstellen, bringen auf wissenschaftlicher Grundlage auf den Punkt, was über Erfolg und Misserfolg entscheidet.

Regel Nr. 1: Konzentration der Kräfte

Wer seine Kräfte (Zeit und Energie) auf viele verschiedene Aktivitäten verteilt, verliert an Durchschlagskraft. Schau dich um: Wer in einer Disziplin top ist, ist erfolgreicher als jemand, der in fünf Disziplinen der Zweitbeste oder gar mittelmäßig ist. Daher gilt: konzentrieren, fokussieren, spezialisieren.

Regel Nr. 2: Engpassorientierung

Wenn man mit einem Produkt oder einer Dienstleistung ein Problem löst, das jemandem unter den Nägeln brennt, hat man die ungeteilte Aufmerksamkeit und Erfolg. Wenn man sich auf eine Nebenfront konzentriert, bleibt bei gleichem Aufwand der Erfolg ganz oder weitgehend aus.

Regel Nr. 3: Anziehungskraft zählt mehr als Kapital

Schau dir die fantastischen Kaufpreise für Start-ups an, die noch nie Gewinne gemacht, aber eine große und motivierte Community aufgebaut haben. Wir sehen das auch an den Aktienkursen von Unternehmen wie Uber, Airbnb oder Tesla, deren materielle Ressourcen weit geringer sind als die ihrer traditionellen Mitbewerber und deren Marktwert trotzdem weit höher ist. Ein weiteres Beispiel dafür ist Apple. Für Produkte, die es bei anderen Unternehmen durchaus in gleicher oder sogar höherer Qualität gibt, kann Apple deutlich höhere Preise durchsetzen, indem sie die Produkte zum Ausdruck eines Lebensstils, eines Mindsets und auch als Statussymbol positioniert haben. Ähnlich agiert auch Red Bull.

Regel Nr. 4: Nutzenmaximierung

Wenn du deiner Zielgruppe, deinen Kunden, deinen Mitmenschen, einen Nutzen bietest, dann wirst du erfolgreich sein. Wenn du damit ihr brennendstes Problem löst, werden sie daran interessiert sein, dich zu unterstützen. Sie werden auch bereit sein, dafür zu zahlen.

Die Strategie entscheidet über Erfolg und Misserfolg

Die vier Regeln richtig angewendet sind die Grundlage für überragende Erfolge. Prominente Anwendungsfälle wie die Firmen Kärcher, Fielmann und Kieser Training belegen das Erfolgspotenzial der EKS. Aber auch die weniger bekannten, am Weltmarkt in ihrem Marktsegment führenden Unternehmen, die Hermann Simon in seinem Buch »Hidden Champions des 21. Jahrhunderts: Die Erfolgsstrategien unbekannter Weltmarktführer« analysiert und vorgestellt hat, hatten und haben mit den Prinzipien der EKS Erfolg.

Auch Lothar Seiwerts Positionierung zunächst als »Zeitmanagement-Experte« und die nachfolgende Weiterentwicklung (gemeinsam mit Tiki Küstenmacher) zum umfassenden Konzept des »Simplify Your Life« ist ein Paradebeispiel für die erfolgreiche Anwendung der EKS-Prinzipien. Lothar Seiwert ist einer der ersten Anwender der EKS-Strategie und Mitautor des oben erwähnten Buches.

Zur Strategieentwicklung braucht man mehr als die vier Regeln, sie sind aber das Fundament jeder Erfolgsstrategie. Zur EKS gibt es ein vielfach bewährtes Phasenkonzept, eine Fülle von Fallbeispielen, Checklisten und Entscheidungshilfen. Es würde den Rahmen dieses Buches sprengen, diese zu beschreiben. Am Ende dieses Artikels findest du einen Link zu detaillierten Erläuterungen, die ich dir gerne kostenlos zur Verfügung stelle.

Wenn Form UND Inhalt passen, läuft es am besten

Die EKS-Strategie ist meiner Überzeugung nach die beste inhaltliche Leitlinie für die Erarbeitung einer erfolgversprechenden Karrierestrategie. Bei der Form der Darstellung kann man aber noch eins drauflegen. Ich kombiniere die EKS mit dem Business Model YOU von Tim Clark, Alex Osterwalder und Yves Pigneur. Deren Adaptierung des Business Model Canvas für die Karriereplanung stellt die richtigen und wichtigen Fragen, für die man anhand der EKS-Regeln die beste Antwort erarbeiten kann.

Der formale Rahmen des Canvas und die Entscheidungsgrundlagen aus der EKS ergeben eine unschlagbare Einheit. Mit diesem Link findest du detaillierte Erläuterungen, wie das funktioniert (auch als Podcast): **bit.ly/EKS-BMY**. Fang noch heute damit an! Ich wünsche dir viel Erfolg!

GERHARD FRIEDRICH

Den Erfolg des IT-Einsatzes sichern

Mehr als 100 erfolgreiche IT-Projekte als Projektmanager, Projektsponsor und Management-Coach in mehr als 30 Jahren haben Gerhard Friedrich zu Österreichs erster Adresse gemacht, wenn es um den erfolgreichen Einsatz der Informationstechnologie geht. Seine Erfolgsgeheimnisse hat er im Buch »12 Halbwahrheiten über IT-Projekte: Was wirklich über Erfolg und Misserfolg von IT-Projekten entscheidet!« veröffentlicht. Als Doktor der Psychologie fokussiert er sich besonders auf Kommunikation, Führung und Motivation und coacht Projektsponsoren und Projektmanager.

Wer führt, ohne dass jemand folgt, der geht einfach nur spazieren

Warum Führen und Management nicht dasselbe sind

Es ist so weit. Heute ist Dein großer Tag. Seit einigen Jahren hast Du beständig und beharrlich auf dieses Ziel hingearbeitet. Du bist Chef Deiner Abteilung. Du bist Führungskraft. Was für ein großartiges Gefühl. Dein eigenes Büro, eine Assistentin oder ein Assistent, all die vermeintlichen Insignien der Macht und des damit verbundenen Status. In vielen Unternehmen in Mitteleuropa ist es üblich, dass diejenigen befördert werden, die sich am besten auskennen, die ihre Materie beherrschen wie kein Zweiter, und obwohl sie oft jahrelang auf diese Beförderung hingearbeitet haben, sind sie dann über Nacht mit ihrer neuen Rolle konfrontiert und überfordert.

Plötzlich müssen Teams geführt werden, Einfühlungsvermögen ist gefragt, Menschenkenntnis, Autorität, Freundlichkeit, Toleranz, Mitgefühl, Strenge, Zielorientierung, Motivation, kurz gesagt: die ganze Palette einer Führungskraft. Und als wäre das alles noch nicht genug, müssen sie sich noch mit den neuen Kollegen in der Führungsebene und den Ebenen darüber auseinandersetzen, vorgegebene Ziele erreichen und sich mit administrativen Aufgaben herumschlagen. Überrascht stellen sie dann fest, dass der Tag zu wenig Stunden hat und sie gar nicht mehr in der Lage sind, sich um die Aufgaben zu kümmern, die sie früher so gerne gemacht haben.

In den fachlichen Themen verlieren sie darüber hinaus rasch den Anschluss, denn gerade in der heutigen Zeit ist das fachliche Wissen von heute eigentlich das Wissen von gestern und morgen bereits wieder überholt.

Kennst Du das? Doch warum ist das so und noch wichtiger, was kannst Du dagegen tun? Lass uns gemeinsam einen kurzen Ausflug in die Vergangenheit machen.

In den letzten 200 Jahren hat sich der Begriff »Arbeit« und damit auch die Rolle der Führungskraft grundsätzlich verändert.

Das Wort »Arbeit« bezeichnet im Duden eine beschwerliche, anstrengende Tätigkeit und wenn man einmal 200 Jahre zurückdenkt, dann war diese Definition durchaus zutreffend. Die Menschen mühten sich körperlich ab, um ihre Familien zu ernähren. Die Unfallrate war hoch und soziale Absicherung existierte nicht.

Vor knapp 100 Jahren verlagerten die Menschen dann ihre Erwerbstätigkeit in die Fabriken und erhielten als Gegenleistung für ihre Arbeitsleistung eine Entlohnung in Form von Geld und medizinischer Versorgung. Mit der fortschreitenden Industrialisierung wurden die Produktionsprozesse entlang von Fließbändern ausgerichtet und die Arbeitsschritte so weit vereinfacht, dass möglichst viele Menschen mit möglichst wenig Einarbeitungszeit die Aufgaben ausführen konnten. Der Mensch wurde zum austauschbaren Produktionsmittel. In den Fabriken entlang der Fließbänder waren Arbeiter und Arbeiterinnen am Werk und diese mussten kontrolliert und angeleitet werden. Der Beruf des Managers war geboren.

Das Wort Manager kommt aus dem Englischen und leitet sich vom altfranzösischen Wort »manege« ab. Die ersten Manager im 19. Jahrhundert waren die Absolventen der Zirkusakademie in London, die den reibungslosen Ablauf der Vorstellung in der Zirkusmanege organisierten und die Abläufe optimierten. Dieses Bild repräsentiert auch ziemlich genau die aktuelle Aufgabe eines Managers in einer Fabrik oder einem Unternehmen – damals wie heute.

Die Manager waren und sind immer noch die Dompteure der Arbeiter und die Prozessoptimierer. Höher, schneller, weiter war und ist das Motto der Zeit und der Manager hat dafür zu sorgen, dass al-

Die Manager waren und sind immer noch die Dompteure der Arbeiter und die Prozessoptimierer.

les funktioniert. Kosteneffizient und gewinnmaximiert. Arbeiter wurden eine austauschbare Ware, weswegen sie damals wie heute in der Unternehmensbilanz als Personalkosten geführt werden und nicht im Anlagevermögen, wie zum Beispiel jede andere Investition oder Erfindung. Austauschbare Prozessteilnehmer sind gemäß ihrer Definition für den nachhaltigen Unternehmenserfolg irrelevant. Konsequent zu Ende gedacht ergibt sich ein Dilemma auf Unternehmensebene. Wenn alles austauschbar ist, wie verhält es sich dann mit den Produkten des Unternehmens und wie wirkt sich das auf das Unternehmen selbst aus?

Für einen langfristigen und nachhaltigen Unternehmenserfolg sind die Unterscheidungsmerkmale ausschlaggebend. Genau für diese Unterscheidungsmerkmale werden die Mitarbeiter:innen in der Zukunft für den Unternehmenserfolg immer wichtiger.

Für einen langfristigen und nachhaltigen Unternehmenserfolg sind die Unterscheidungsmerkmale ausschlaggebend. Genau für diese Unterscheidungsmerkmale werden die Mitarbeiter:innen in der Zukunft für den Unternehmenserfolg immer wichtiger. Dabei ist die Individualität der Mitarbeiter:innen entscheidend, ihre Motivation, die Kreativität, der Wille und die Fähigkeit zur Problemerfassung und -lösung werden entscheidend. Heute und in Zukunft wollen Kunden nicht mehr nur Produkte kaufen, sondern ihre Probleme gelöst bekommen.

In diesem Umfeld ist Kreativität gefragt. Die Fähigkeit, Probleme zu erfassen und sie mit den vorhandenen Mitteln, die neu kombiniert werden, oder auch mit solchen, die neu entwickelt werden, zu lösen, wird in Zukunft über Erfolg oder Misserfolg entscheiden. Dabei kommt es auf jeden Einzelnen an und Mitarbeiterführung und Motivation werden immer wichtiger. Mitarbeiter und Mitarbeiterinnen, die sich wohlfühlen und den Sinn in ihrer Tätigkeit erkennen, sind engagierter, kreativer, besser und effektiver und sie entwickeln smartere Lösungen für Deine Kunden. Da ist die nächste Schlussfolgerung eine leichte: Smarte Produkte werden öfter gekauft und weiterempfohlen. Deswegen kommt es auf jeden Einzelnen in Deinem Team an.

In der Führung Deiner Mitarbeiter ist daher nicht mehr das reine Management, sondern vielmehr Leadership gefragt. Management und Leadership sind zwei unabhängige Disziplinen, die nebeneinander existieren und sich ergänzen. Während Du Dich im Management auf den operativen und administrativen Teil fokussierst, in dem Ziele definiert und Abläufe optimiert werden, konzentrierst Du Dich im Leadership auf den Menschen, die Fähigkeiten des Einzelnen, deren Weiterbildung, die Förderung ihrer Stärken und stiftest Sinn, um ihre Kreativität und Einsatzbereitschaft herauszufordern. Als erfolgreiche Führungskraft vereinst Du beides und vermittelst sowohl den Sinn als auch die entsprechenden Werkzeuge.

Als erfolgreiche Führungskraft vereinst Du beides und vermittelst sowohl den Sinn als auch die entsprechenden Werkzeuge.

Wie wichtig das Thema Leadership ist, verdeutlicht ein Experiment aus den USA, in dem man Führungskräfte von erfolgreichen und weniger erfolgreichen Teams ausgetauscht hat. Dabei haben sich die Ergebnisse der einen Gruppe innerhalb von drei Monaten verbessert und die der anderen verschlechterten sich innerhalb von sechs Monaten rapide. Auch konnte man in der zweiten Gruppe einen Anstieg der Krankenstände und Fluktuation beobachten. In der anschließenden Analyse stellte sich heraus, je mehr Eigenverantwortung die Mitarbeiter hatten und je mehr Sinn sie im eigenen Tun sahen, kombiniert mit größerer Fehlertoleranz und Wertschätzung, desto schneller verbesserten sich die Ergebnisse. Im umgekehrten Fall dauerte es ein wenig, bis die gewohnten Attribute losgelassen wurden.

Leadership ist kein Naturtalent, das man hat oder nicht hat. Es ist eine Fähigkeit, die man lernen und trainieren kann.

Leadership ist kein Naturtalent, das man hat oder nicht hat. Es ist eine Fähigkeit, die man lernen und trainieren kann. Im Gegensatz zu Managementkursen und -Lehrgängen ist es selten ein Kurs, der den Erfolg bringt, sondern es braucht ein kontinuierliches begleitendes Coaching, in dem alte Muster transformiert werden.

»Wenn Du ein Schiff bauen willst, dann trommle nicht Männer zusammen, um Holz zu beschaffen, Aufgaben zu vergeben und die Arbeit einzuteilen, sondern lehre die Männer die Sehnsucht nach dem weiten, endlosen Meer.«

ANTOINE DE SAINT-EXUPÉRY

GERALD SCHWAIGER, MAS MBA

Einfach Leichter Führen

Er ist Unternehmensberater, Senior Projekt- und Programmmanager, Interimsmanager, Tutor, Mentor, Coach, High-Performance-Teamentwickler, Leiter und Entwickler von mehreren Teams und Multi-Millionen-Euro-Projekten in internationalen Unternehmen mit Ausbildungen im Executive Management und konstanter Weiterbildung. Als Coach und Mentor von Gründern mit einem Multimillionenumsatz und mehreren Jahrzehnten Erfahrung in der Beratung und Entwicklung von Führungskräften und Teams ist Gerald Schwaiger sowohl Vordenker als auch Realist mit konkreten Umsetzungsempfehlungen und bringt Menschen erfolgreich ins Handeln.

Von der Wertschätzung zur Wertschöpfung

Wie moderne Führung heute geht

Wir sprechen häufig darüber, dass wir wertschätzend miteinander umgehen sollten und dass dies ja so selbstverständlich sei. Aber ist es das wirklich?

In vielen Unternehmen beobachte ich genau das Gegenteil. Es herrscht eine angespannte Stimmung. Viele Mitarbeiter haben bereits innerlich gekündigt oder machen »Dienst nach Vorschrift«. Es scheint, dass wir es wirklich verlernt haben, gut miteinander umzugehen und dafür sogar finanzielle Einbußen als Unternehmer hinnehmen. Hinzu kommt eine sich stetig verändernde Arbeitswelt mit zunehmender Komplexität und Dynamik der Märkte. Die Digitalisierung und Automatisierung schreitet immer weiter voran und den Wandel in der Gesellschaft mit zunehmendem Fachkräftemangel erleben wir gerade alle hautnah mit. Letztlich bedeutet das, dass sich jetzt nicht mehr nur der Bewerber attraktiv machen muss, sondern auch in stärkerem Maße der Arbeitgeber, um auf dem heutigen Arbeitsmarkt gute Fachkräfte zu finden.

> Es scheint, dass wir es wirklich verlernt haben, gut miteinander umzugehen und dafür sogar finanzielle Einbußen als Unternehmer hinnehmen.

Hinzu kommt der Wertewandel der sogenannten Generationen Y und Z. Diese Generationen stellen hohe Ansprüche an den Sinngehalt der Arbeit und an die Qualität des Zusammenarbeitens. Ein ökologisch, sozial und ökonomisch nachhaltiges unternehmerisches Handeln wird von diesen bevorzugt, ja geradezu erwartet und gefordert. Werte wie Freiheit, Anspruch und das Interesse an Teamwork gewinnen immer mehr an Bedeutung.

Zunehmend beobachte ich aber auch mangelndes Durchhaltevermögen und eine geringe Frustrationstoleranz. Wer heutzutage nicht mehr mit seinem Arbeitgeber zufrieden ist, der geht ganz einfach zu einem neuen. War es früher noch klar, dass man bis zur Rente bei seinem Arbeitgeber blieb, ist dies heute alles andere als selbstverständlich, eher schon die Ausnahme. In dieser neuen Arbeitswelt kamen immer neue Buzzwords zum Vorschein wie agile Führung, New Leadership oder positive Führung. Doch was ist der zentrale Punkt? Wie sollte sich eine Führungskraft nun verhalten und was wird von ihr erwartet, um Mitarbeiter zu motivieren und somit längerfristig an das Unternehmen zu binden?

Sicher ist, dass der Mensch im Mittelpunkt stehen sollte.

Sicher ist, dass der Mensch im Mittelpunkt stehen sollte. Denn der Zweck eines jeden Unternehmens ist es, Gewinne zu erzielen. Und wer erzielt diese Gewinne? Natürlich die Mitarbeiter mit ihrem Know-how, ihrer Kreativität und ihrer Einsatzbereitschaft. Deshalb sind tatsächlich die Mitarbeiter der zentrale Schlüssel.

OK, also alles ganz einfach. Ich muss nur die Mitarbeiter in meinem Unternehmen wertschätzen und dann läuft alles wie am Schnürchen?

Ja, so einfach ist es. Nicht weniger und nicht mehr. Wertschätzung ist kostenlos und zugleich unbezahlbar. Wertschätzung ist die Basis für jede gute Beziehung und Wertschätzung erzeugt sogar Wertschätzung.

Wertschätzung ist kostenlos und zugleich unbezahlbar.

Doch wie mache ich dies genau? Nun, ich muss zum einen wissen, wie »führen« geht. Und ich muss mich auf der anderen Seite auch selbst führen können. Denn nur wenn ich mich selbst führen kann, kann ich auch andere führen. Beides kann man lernen! Die Motivation der Mitarbeiter kommt dann wie von selbst. Denn ich kann niemanden motivieren, jeder kann sich nur selbst motivieren, indem ich wahrhaft führe und ein gutes Vorbild bin. Auch das so viel zitierte Vertrauen entwickelt sich am allerbesten dadurch, dass ich als Führungskraft das tue, was ich sage.

1. Wie geht Selbst-Führung?

a) Verantwortung übernehmen

Ich muss die Verantwortung für mein Tun übernehmen. Es sind weder die Umstände noch jemand anderer Schuld, wenn etwas nicht klappt, sondern ich alleine. Wenn das so ist, kann ich sofort Dinge ändern und verbessern.

b) Selbstwert

Hier gilt es, das Augenmerk auf mich selbst zu legen. Wie gehe ich mit mir selbst um, wie kommuniziere ich mit mir selbst? Denn erst wenn ich mich selbst wertschätzen lerne, kann ich auch andere wertschätzen.

c) Ziel- und Werteorientierung

Ich selbst als Führungskraft muss wissen, was meine Lebensvision ist, welche tiefen Werte und fundamentalen Ziele ich habe. Und ich muss wissen, ob und wie mein Job in dieses große Bild passt.

2. Wie geht Mitarbeiter-Führung?

Viele Führungskräfte werden zu Führungskräften ernannt, weil sie zuvor einen guten funktionalen Job gemacht haben oder lange genug im Unternehmen sind. Doch sie wissen eigentlich überhaupt nicht, wie man Teams führt.

Eine der wichtigsten Voraussetzungen ist, dass man Menschen mögen muss. Ja, ich meine wirklich muss. Das heißt, ich muss mit meinen Mitarbeitern viel Zeit verbringen, um sie gut kennenzulernen und eine vertrauensvolle Beziehung aufzubauen. Und das muss ich gerne tun, denn nur so kann ich die Aufgaben einer Führungskraft auch erfolgreich ausführen:

a) **Entscheidungsfreude entwickeln**
Eine Führungskraft ist dann eine Führungskraft, wenn sie auch entscheidet. Das ist eine ihrer wichtigsten Aufgaben. Auch wenn sie keine Entscheidung trifft, ist dies eine Entscheidung. Entscheidungen sollten unter Abwägung aller Alternativen getroffen werden, aber sie müssen getroffen werden. Entscheidungsfreude kann man trainieren.

b) **Für klare Ziele sorgen und das »Warum« klären**
Mitarbeiter können ohne klare und inspirierende Zielsetzung keine starken Resultate erzielen und ohne Resultate können sie sich nicht selbst überprüfen, wachsen und mit sich selbst zufrieden sein. Nichts motiviert die Mitarbeiter mehr, als ein tiefes und inspirierendes »Warum« in ihrer Arbeit zu finden.

c) **Delegieren und Verbindlichkeiten schaffen**
Durch die Delegation werden Aufgaben abgegeben, Mitarbeitern vertraut und die Eigeninitiative gefördert. Auch hier müssen wieder das Ziel genau definiert, ein Termin gesetzt und die Erwartungen geklärt werden. Es darf keine Überraschungen geben. Wichtig ist hier die regelmäßige Ergebnisbeurteilung. Wer Mitarbeitern kein Feedback gibt, zeigt ihnen, dass man ihre Arbeit für wertlos hält.

d) **Menschen fördern und entwickeln**
Menschen entwickeln sich bei jenen Aufgaben, die größer und schwieriger sind als die bisherigen. Dabei dürfen die Mitarbeiter weder unter- noch überfordert werden. Fördern Sie Stärken immer und ständig – die eigenen ebenso wie die der

Mitarbeiter. Ignorieren Sie hingegen Schwächen, falls irgend möglich. Stärken stärker stärken stärkt.

e) **Teamentwicklung**
Hier geht es darum, das Team als Ganzes weiterzuentwickeln. Es sollte jeder im Team wissen, wie sein Kollege »tickt«. Nur dann kann ein abgestimmtes und optimiertes Teamergebnis erzielt werden. Heterogene, individuelle Stärken können so ein homogenes, starkes Gesamtergebnis schaffen. Klären Sie auch die Erwartungen untereinander und die an die Führungskraft.

Keiner wird als Führungskraft geboren und es nützt auch nichts, berühmte Führungspersönlichkeiten nachzuahmen. Führung kann und muss man lernen. Nur so können Mitarbeiter motiviert werden. Nur so können Unternehmensziele erreicht werden. Nur so können sich Unternehmen in der »neuen Arbeitswelt« dauerhaft behaupten und den positiven Unterschied machen.

CLAUDIA ARHEIT

Die Expertin für Teamentwicklung und Mitarbeiterführung Ohne Wertschätzung keine Wertschöpfung

In ihren Team-Workshops und Einzelcoachings entwickelt sie seit vielen Jahren Teams und Führungskräfte in Unternehmen erfolgreich weiter, damit diese als Führungspersönlichkeit

- die Motivation des gesamten Teams steigern,
- die Stärken eines jeden Teammitglieds gezielt nutzen und
- die Führung ihrer Teams optimieren.

Hierbei geht sie gezielt in die Tiefe, um auch nachhaltig den Erfolg zu sichern und auszubauen.

Ihre Kunden bewerten sie regelmäßig mit fünf Sternen. Sogar die Presse schreibt, dass sie als »Expertin genau weiß, worauf es bei der Teamentwicklung ankommt«.

Die neue Währung in Führung und Business

Endstation

Als ich sein Büro betrat, war es merkwürdig still. Für einen Augenblick dachte ich, ich sei alleine. Doch er lehnte bleich und mit leerem Blick am Fensterrahmen und sah schweigend hinaus. Mir war klar, dass etwas Einschneidendes passiert sein musste. Diese Stille fühlte sich so bedeutsam an, dass ich es nicht wagte, sie durch ein einziges Wort zu ruinieren. So setzte ich mich auf die andere Seite seines Schreibtisches und wartete ab. Es dauerte eine gefühlte Ewigkeit, bis er sich vom Fensterrahmen löste und mir gegenüber Platz nahm. »Es geht nicht mehr!« war der einzige Satz, den er für Minuten über die Lippen brachte.

»Er« war Geschäftsführer eines mittelständischen Unternehmens und ein Geschäftsmann, wie er im Buche stand: groß, gut aussehend, mit besten Manieren, perfekt gekleidet, ruhig und souverän. Heute glich Bernd einem Schatten seiner selbst. Ich war seit Kurzem sein Executive Coach, den er, wie er anfangs meinte, »eigentlich« nicht brauchte. Vielleicht wusste sein Unterbewusstsein schon damals mehr ...

»Und?« machte ich einen vorsichtigen Versuch. »Ich weiß nicht mehr, wer ich bin!« kam seine leise Antwort. »Ich weiß nicht mehr, was richtig und was falsch ist. Wofür bin ich angetreten? Ich hab keine Kraft mehr!« Die Verzweiflung in seiner Stimme war echt.

Wir ordneten sein Gefühlschaos. Er hatte sich mit einigen Abteilungsleitern heftig überworfen. Sich emotional so »hineinziehen« zu lassen, war nicht seine Art. Sein Kernteam hatte eine wichtige

Deadline übersehen und gewaltigen Ärger produziert. Seine Frau war aufgrund seiner Dauererschöpfung mittlerweile nur noch genervt. In einem Streit war zum ersten Mal das Wort »Trennung« gefallen. Wo er auch hinsah, nichts funktionierte.

Bernd wurde im Gespräch bewusst, wie sehr er sich verändert hatte. Seine offene, positive Herangehensweise, für die er anfangs so beliebt war, war schleichend gewichen. Immer häufiger fühlte er sich in letzter Zeit emotional getriggert. Dann verschloss er sich sofort und suchte rein rationale Wege, um Probleme zu lösen. Doch offensichtlich ließen sie sich so nicht lösen. Er hatte die verunsicherten Gesichter von Mitarbeitenden wohl wahrgenommen, doch er blieb bei seinem distanzierten Verhalten und rechtfertigte es innerlich mit seiner Führungsverantwortung.

Bernd erkannte: Er hatte seinen eigenen Führungsstil, seine Werte und persönlichen Bedürfnisse immer häufiger ignoriert, um alte Glaubensmuster nicht hochkommen zu lassen – denn er hatte woanders schon einmal versagt. Er unterdrückte seine Gefühle, bis der Kessel explodierte. Er gab zu, keine innere Orientierung mehr, dafür aber große Angst zu haben und gerade nicht mehr zu wissen, wie er weitermachen sollte – und vor allem *wollte*. Er spürte: Diesmal ging es um alles. An diesem Nachmittag klärten wir seine Optionen. Aufgeben war keine davon. Stattdessen ließ er sich von meinem Motto inspirieren:

**»Wenn Du im Dunkeln stehst, hast Du zwei Möglichkeiten:
Du machst Licht, wo Du stehst – oder Du gehst in die Sonne!«**

Bernd beschloss, erst einmal »Licht« zu machen, um Antworten zu finden. Nach dieser Entscheidung spürte ich deutlich seine aufkeimende Erleichterung, sich endlich gründlich mit sich selbst in der Tiefe auseinandersetzen zu dürfen.

Wendepunkt

Viele Menschen, die als selbstständige Unternehmerinnen und Unternehmer oder als Führungskräfte Verantwortung tragen, sollten sich ab und an fragen, ob der eingeschlagene Weg (noch) der richtige ist. Wer sich in regelmäßigen Abständen Stille gönnt und mit Abstand reflektiert, kann immer wieder bewusst selbstständig Kurskorrekturen vornehmen. Doch wer in anspruchsvollen Zeiten gefühlt nur noch Zeit zum Reagieren, statt zum vorausschauenden Agieren hat, verliert die eigene Kraft und Klarheit leicht aus dem Fokus. Viele Selbstständige und Führungskräfte erleben diesen Wendepunkt deshalb irgendwann unfreiwillig über Schmerz. Es kommt zu Niederlagen, Überforderung, Ohnmachtsgefühlen. Irgendeine Form der Eskalation setzt den Schlusspunkt unter eine Entwicklung, die man hätte sehen können – wenn man denn hingeschaut oder besser »hingefühlt« hätte.

> **Wer sich in regelmäßigen Abständen Stille gönnt und mit Abstand reflektiert, kann immer wieder bewusst selbstständig Kurskorrekturen vornehmen. Doch wer in anspruchsvollen Zeiten gefühlt nur noch Zeit zum Reagieren, statt zum vorausschauenden Agieren hat, verliert die eigene Kraft und Klarheit leicht aus dem Fokus.**

So unangenehm dieser Moment auch ist, so gut lässt er sich als extrinsischer Anschub nutzen, um innerlich endlich aufzuräumen. Die größten Krisen sind in Wahrheit alte, ungelöste Themen mit neuen Schauspielern auf neuer Bühne – aber altbekanntem Drehbuch. Wer den Mut hat, dieses Drehbuch endlich umzuschreiben, den erwartet danach ein deutlich erfüllteres und freudvolleres Leben und Business.

Formate wie Coaching, Profiling und Psychologie ermöglichen die Erlösung emotionaler Belastungen, eine Befriedung der Vergangenheit und Vergebung für vermeintliche Fehltritte. Sie lassen die persönliche Identität, das eigene Sein und Warum entdecken und geben klare Antworten auf Fragen wie: Wer bin ich? Wie und wofür will ich leben und arbeiten? Was erfüllt mich und gibt mir Kraft? Emotionale Intelligenz, Resilienz und Selbstfürsorge sind keine Trends, sondern unverzichtbare Grundlage erfolgreichen Leaderships. Die Kenntnis der eigenen

Identität und Vision und eine darauf abgestimmte Selbstführung stellen damit die erste und unverzichtbare Stufe guten Managements dar. Wer (sein Business) erfolgreich führen will, braucht gutes Self-Leadership, das Regeneration, Reflexion und angstfreie Kurskorrekturen für alle ermöglicht. Wer Quellen der Klarheit und Kraft sucht, um Ziele konsequent und mit Freude umsetzen zu können, das sind sie.

Geheime Zutat

Ich bin genau diesen Weg selbst gegangen. Als Speaker, Autorin, Profilerin, Mentorin, Therapeutin, Empowerment-Trainerin und -Coach gebe ich meinen Erfahrungsschatz seit vielen Jahren u.a. mit meinem ADULTSHIP®-Programm an Menschen weiter, die auf kurzem, aber effektivem Wege nachhaltige Transformation und Freude im Leben und im Business erleben möchten. Ohne Klarheit keine Richtung, ohne Kraft keine Umsetzung.

Ohne Klarheit keine Richtung, ohne Kraft keine Umsetzung.

Auch Organisationen merken zunehmend: Erfolg geht heute anders. Die Generationen Y und Z fordern Sinn und eine Verschmelzung von Leben und Business. Wertschätzung setzt in Wahrheit schon immer Kreativität und Loyalität frei – nicht erst seit Laloux. »Liebe« als Business Leitlinie ist die geheime Zutat, die vielen Selbstständigen, Führungskräften und Organisationen für sich und andere (noch) fehlt, und stellt als oben beschriebenes »Empowerment« die neue Währung in Führung und Business dar. Unternehmen, die das verstanden haben, sind überdurchschnittlich erfolgreich. Genau das will ich als Organisationsentwicklerin erreichen.

Bernd habe ich noch eine Weile gecoacht. Er hat gekündigt. Es gab zu wenig Brücken zwischen Erwartungen und Möglichkeiten. Er hat zu Klarheit und Kraft zurückgefunden und ist heute erfolgreicher Geschäftsführer eines eigenen Unternehmens. »Licht zu machen war wirklich wichtig.«, sagt er im Rückblick. Nicht jeder muss danach in die Sonne. Bernd schon. Heute sagt er: »Ich habe noch nie so dankbar, freudvoll und bewusst gelebt!«

Foto: Dominik Pfau

CHRISTINA DÖPPER

Empowerment für Selbstständige und Führungskräfte, Organisationsentwicklerin
Mit Klarheit und Kraft das beste Business führen

Durch Schicksalsschläge im Außen entwurzelt, machte sich Christina Döpper früh auf die Suche nach ihrer eigenen Identität und erfüllenden Berufung – mit Erfolg. Seit vielen Jahren begleitet sie Menschen und Unternehmen als Mentorin, Profilerin, Therapeutin und Organisationsentwicklerin, sowie als Trainerin und Coach u. a. mit dem eigenen ADULTSHIP®-Programm dabei, (zurück) in Klarheit und Kraft zu finden, um Führung und Business erfüllend und freudvoll erfolgreich umzusetzen. Ihre zweite Passion ist die Kommunikation, die sie als Speaker, Sängerin und Autorin immer wieder feinfühlig unter Beweis stellt.

www.autentaris.com

Dein Erfolg beginnt bei Dir

Hast Du schon einmal davon gehört, dass erfolgreiche Menschen sich für ihren Erfolg entschuldigen oder nach Gründen suchen, warum sie so erfolgreich waren oder sind? Oder dass sie die Flinte ins Korn geworfen haben, weil etwas nicht so funktioniert hat, wie sie es sich vorgestellt haben, um sich danach ewige Vorwürfe zu machen?

Thomas Alva Edison war Elektroingenieur und Unternehmer mit Schwerpunkt auf dem Gebiet der Elektrizität und Elektrotechnik. Er war der Erfinder der Glühbirne und soll gesagt haben: »Ich habe nicht versagt. Ich habe mit Erfolg zehntausend Wege entdeckt, die zu keinem Ergebnis führen.«

Über **Henry Ford** habe ich gelesen, dass sein fixes Ziel, schon bald für die Motorisierung von Millionen Menschen zu sorgen, schlichtweg als verrückt galt. Und dann revolutionierte er mit seinem T-Modell die Welt.

Steve Jobs glaubte immer an die Macht seiner Vision. Das Ergebnis war Apple.

Was haben diese erfolgreichen Menschen uns vorgelebt? Sie haben an sich und ihre Arbeit geglaubt, haben ihr Ziel verfolgt, vorübergehende Rückschläge nicht als Scheitern betrachtet, sondern als Ansporn, durchzuhalten. Diese Menschen hatten den festen Entschluss, erfolgreich zu sein.

Betrachten wir diese Erfolgsrezepte einmal näher.

Verfolge Dein Ziel

Wenn wir in einem Schiff über das Meer segeln, ohne zu wissen, wohin wir fahren, ist nicht klar, ob und wo wir landen. Wir wissen nicht genau, wo wir uns gerade befinden, es bleibt alles ungefähr. Natürlich können wir mit dem Strom schwimmen. Irgendwo werden wir ankommen. Bestimmen wir hingegen den Kurs, navigieren wir in die richtige Richtung und erkennen schneller, wie weit wir von unserem Ziel entfernt sind und was uns näher heranbringt. Wie in einem Projekt, können wir die einzelnen Meilensteine festlegen und entsprechend handeln. Trotzdem sind wir frei in unserer Entscheidung, das Ziel unterwegs anzupassen, zu verändern oder eine ganz neue Richtung einzuschlagen.

Mit einem Ziel vor Augen erreichen wir unseren Hafen schneller und haben trotzdem in jedem Moment alle Möglichkeiten, unseren Weg zu verändern, neu zu justieren, andere Pläne zu schmieden und zu verwirklichen.

Fazit: Mit einem Ziel vor Augen erreichen wir unseren Hafen schneller und haben trotzdem in jedem Moment alle Möglichkeiten, unseren Weg zu verändern, neu zu justieren, andere Pläne zu schmieden und zu verwirklichen.

Misserfolge und Rückschläge sind Lernerfolge

Wir haben früh gelernt, Misserfolge durch die Brille des Scheiterns zu betrachten. Wie wäre es, wenn wir diese Brille einfach mal absetzten und einen Fehler, Misserfolg oder Rückschlag als Reife-Pusher betrachten, der uns in die Lage versetzt, zu schauen, wie wir es anders, besser und erfolgversprechender machen könnten? Ein Powerturbo, der uns zeigt, was wir vielleicht übersehen, nicht beachtet, zu schnell umgesetzt oder zu ungenau betrachtet haben. Wie wäre es, diese Momente als Möglichkeit willkommen zu heißen, um zu lernen und um uns weiterzuentwickeln, schlauer zu werden, unseren Horizont zu erweitern. Oft zeigen sich die größten Chancen in den größten Herausforderungen.

Fazit: Habe keine Angst zu scheitern – das sind die Situationen, in denen wir am meisten lernen, uns am schnellsten weiterentwickeln und dadurch zu unserem nächsten Erfolg beitragen.

Glaub an Dich

Wieso wundern wir uns oder werden ärgerlich, wenn andere Menschen keine Veranlassung sehen, den Wert unserer Arbeit zu erkennen, an uns zu glauben oder bestenfalls sogar begeistert von uns zu sein? Meist glauben wir nämlich selbst nicht an uns oder zweifeln an unserer Leistung. Warum also sollten andere Menschen von uns und unserer Arbeit überzeugt sein, wenn wir selbst es nicht sind?

Menschen, die an sich und an das glauben, was sie tun, gehen ganz anders mit Herausforderungen um. Sie engagieren sich, haben eine positive Einstellung zu ihrer Tätigkeit und übernehmen die volle Verantwortung – auch für Misserfolge. Sie lernen aus Rückschlägen, legen Eigeninitiative an den Tag, können sich begeistern und handeln aus einer souveränen, selbstverständlichen Haltung heraus und erwerben so die nötige Kraft und Kompetenz, um Ziele zu erreichen und sehr gute Ergebnisse zu erzielen. Alles beginnt in unserem Kopf und ist das Ergebnis unserer Denkweise.

- Sehen wir das halb volle oder das halb leere Glas?
- Ist es unser Ziel, etwas zu gewinnen oder wollen wir nicht verlieren?
- Sehen wir die Chancen oder die Hindernisse?
- Tun wir alles, um gesund zu sein oder tun wir es, um nicht krank zu werden?
- Arbeiten wir, weil es nicht anders geht oder wollen wir auch Erfolg haben?

Es ist ausschließlich eine Entscheidung – unsere Entscheidung. Und unser Unterbewusstsein tut alles, um uns auf die allerbeste Weise zu unterstützen: Es lenkt die Energie dahin, wohin wir unsere Aufmerksamkeit richten. Wenn wir uns auf etwas konzentrieren, vermehrt es sich. Im übertragenen Sinn lässt es sich auf die einfache Formel bringen: Erfolg zieht Erfolg an. **Das halb leere Glas zieht das halb leere Glas an.**

Fazit: Wir sind die Einzigen, die dieses Gesetz in die Realität umsetzen können. Fangen wir also gleich damit an.

Reden allein reicht nicht!

Der einzige Nachweis, der zählt, sind unsere Handlungen. Viele Menschen haben wunderbare Pläne und Vorhaben, sprechen viel über das, was sie wollen, verharren jedoch im Nichtstun. Und es folgen die erstaunlichsten Ausreden, warum etwas nicht ging oder möglich war. Gute Absichten versanden, wenn keine Taten folgen, und ohne den ersten Schritt geht die Reise nicht los. Wir kennen das doch alle: Da haben wir eine sensationelle Idee, die wir nicht verwirklichen, um irgendwann festzustellen, dass jemand anders mit genau derselben Sache einen Erfolg gelandet hat.

Wir sind die Einzigen, die dieses Gesetz in die Realität umsetzen können. Fangen wir also gleich damit an.

Fazit: Nicht warten, sondern machen! Ergreifen wir die Chance und legen los.

Gib Dein Bestes!

»Mach es gleich richtig«, war der wertvolle Rat meiner Urgroßmutter, den ich früher nicht zu schätzen wusste. Erst als ich verstand, wie bedeutend es ist, sich die Dinge zu eigen zu machen und unser Bestes zu geben, erschloss sich mir, wie viel Freude die tägliche Arbeit machen kann. Wenn wir unser Bestes geben, erfüllt uns eine tiefe Befriedigung. Wir verschwenden keine Energie, um gegen irgendetwas anzukämpfen.

Damit konzentrieren wir uns vollständig auf unsere Aufgabe, keine Energie fließt für andere Dinge ab, und wenn wir unser Herzblut hineinlegen und es so gut machen, wie wir können, ist auch die Qualität entsprechend. Ist die Qualität vorhanden, wird das positiv sichtbar. Wir werden sichtbar, unsere Leistung wird sichtbar. Und unsere Befriedigung, das Beste gegeben zu haben, motiviert uns selbst. Auch hier wird das Gesetz der Resonanz sichtbar: Alles, was wir empfangen, steht in Relation zu dem, was wir geben.

Fazit: Lassen wir unsere Taten für uns sprechen.

Das Beste zu geben, hat immer Konjunktur!

ANGELA BABEL

Coach | Mentorin | Speakerin
für Führung, Persönlichkeitsentwicklung und Karriere

Angela Babel ist seit über 20 Jahren gefragter Coach, Speakerin und Sparringspartnerin im Bereich Führung, Persönlichkeitsentwicklung und Karriere für das TOP-Management. Langjährige eigene operative und strategische Erfahrung im TOP-Management und ihre Tätigkeit als Unternehmensberaterin im In- und Ausland, in Mittelstand und Konzern, machen sie zur kompetenten Sparringspartnerin im Business. Seit 2003 ist Angela Babel als Senior Partnerin und Mitinhaberin einer bekannten europäisch agierenden Karriereberatung tätig. Profunde psychologische Aus- und Weiterbildungen komplettieren ihr Profil als Top Coach. Angela Babel unterstützt und berät ihre internationalen Kunden erfolgreich, umfassend und praxisorientiert in beruflicher und persönlicher Weiterentwicklung.

Botschafterin der Freundschaft und der Dankbarkeit!

Es ist mir ein großes Bedürfnis, diese Botschaft bezüglich der Freundschaft und der DANKBARKEIT in die Welt, ins Universum und in den Kosmos zu übermitteln. Wir befinden uns schon länger in einem Zeitalter der Shifts und spüren es auch.

Freundschaft beginnt erst bei SICH SELBST – deshalb ist es wichtig, sich selbst sein bester Freund zu sein, sich und das eigene innere Kind liebevoll anzunehmen. Umarme Dich selbst und sage **JA zu DIR** und liebe Dich so wie Du bist, denn Du bist das **ALLERBESTE**. Wahrhaftige ehrliche Freundschaften sind wie ein wunderschöner Diamant, der uns erleuchtet und uns erstrahlen lässt. Freundschaften sollte man wertschätzen, achten und nutze – nicht benutzen. Freundschaft ist etwas Sanftes, etwas Wertvolles und deshalb kann man sich glücklich schätzen, wenn man auf Freunde zurückgreifen kann.

Freundschaft beginnt erst bei SICH SELBST – deshalb ist es wichtig, sich selbst sein bester Freund zu sein, sich und das eigene innere Kind liebevoll anzunehmen.

Albert Einstein sagte: ***»Ein Freund ist ein Mensch, der die Melodie deines Herzens kennt und sie dir vorspielt, falls du sie vergessen hast.«***

Was gibt es Schöneres als eine wahre Freundschaft, die Musik des Herzens zu verstehen und das innige, herzliche, ehrliche Miteinander zu genießen. Humorvolle Freundschaft bedeutet nicht nur zusammen zu feiern und zu lachen, sondern auch füreinander da zu sein. Einfach zu unterstützen, ohne etwas dafür zu fordern oder verlangen.

Dienlich **für eine gute private und geschäftliche Beziehung.**

- **Selbstannahme:** Nur wenn man sich selbst annimmt, wertschätzt und akzeptiert, kann man auch andere Menschen annehmen – das ist die Voraussetzung.
- **Selbstbewusstsein:** Selbstbewusstsein, Selbsterkenntnis und Selbstvertrauen in seine Wertigkeit und Einzigartigkeit.
- **Liebe:** Selbstliebe ist das Fundament für alles, auch, um eine gute Beziehung zu führen.
- **Vertrauen:** Selbstvertrauen – innen wie außen – das stärkt das äußere Vertrauen, denn ohne Vertrauen ist eine Paarbeziehung oder auch Geschäftsbeziehung sehr kompliziert.
- **Loslassen:** Die Quintessenz ist: Falls Du keine guten Gedanken oder Gefühle bezüglich einer toxischen Beziehung mehr hast, dann lass diese Person ziehen. Du machst Platz für etwas Neues – neue Freunde!
- **Vergebung:** Glaubt mir bitte, Vergebung ist das A und O, das habe ich selbst erfahren habe, darum vergebe Dir und allen anderen, das erzeugt Freiheit!
- **Ehrlichkeit:** Echte Beziehungen sind ein ausgeglichenes Geben und Nehmen. Es braucht Vertrauen und Offenheit.
- **Herzlichkeit:** Lasse Deine Freund:innen Deine Herzlichkeit spüren und teile ihnen mit, dass Du für sie da bist. Auch wenn es mal etwas Regen in einer Beziehung gibt, spüre die Herzenergie, denn hier erfährst du die Wahrheit.
- **Übung:** Spüre die pulsierende Liebe in Deinem Herzen und spreche: »Mein Herz ist im Zustand der Vergebung. Ich vergebe mir und allen (oder nenne den Namen einer gewissen Person), denen ich zu vergeben habe.« Vergeben funktioniert nur aus dem Herzen heraus!
- **Meditation:** Ich setze den Anker, bin bei mir in der Mitte und mit meinem höheren Selbst zentriert. Ich bin selbst mein bester Freund oder meine beste Freundin, denn ich bin mir wichtig

und so wie ich bin, so bin ich großartig, wunderschön, glücklich und mehr als gut genug. Ich bin wie durch ein Wunder immer zum richtigen Zeitpunkt am richtigen Ort. Ich bin liebenswert, beliebt und geliebt, denn das Leben liebt mich.

Nun kommen wir zum Zauberwort – es heißt Dankbarkeit!!

In einem Artikel der Harvard Health heißt es, dass es wissenschaftlich bewiesen ist, dass es Menschen, die Dankbarkeit ausüben, im Allgemeinen besser geht, auch gesundheitlich. Dankbarkeit wirkt sich positiv auf die Gegenwart und die Zukunft aus. Du bedankst Dich schon für etwas, als ob es bereits geschehen wäre, denn die Dankbarkeit ist machtvoll und hat eine sehr kraftvolle Schwingung.

Nun kommen wir zum Zauberwort – es heißt Dankbarkeit!!

Bedank Dich bei Freunden, bei Kunden, beim Einkaufen – bedank Dich bereits in einer Bitte mit einem DANKE für die **zukünftige Hilfe und Unterstützung**.

Denn die Dankbarkeit ist das Gedächtnis des Herzens, des Lichtes und der Liebe. Sei dankbar für DEIN Leben. Das Leben wird Dich dafür belohnen, da Du dich bereits für viele schöne Dinge in Deinem Leben bedankst. Es ist einfach ein tolles Gefühl, **dankbar** durch das Leben zu gehen. Nehme Dir immer zum Ziel, Gutes zu tun, gut zu denken, zu sprechen, zu fühlen und gut zu handeln.

Ich bin dankbar, dass ich meine Talente, meine Agilität, mein Potenzial und meine Berufung leben kann.
Ich bin dankbar für meine Selbstbestimmung, Glück und die grenzenlose Freiheit.
Ich bin dankbar für mein Vertrauen, meinen Glauben, meine Kraft und die göttliche Macht in mir selbst.
Ich bin dankbar für mein Leben, das ich liebe, denn das Leben liebt mich auch.

Ich bin dankbar für die Leichtigkeit, Lebensfreude, Fülle, den Spaß, das Vergnügen und den Reichtum.
Ich bin dankbar für die ehrlichen, großzügigen Freunde und die guten Menschen.
Ich bin dankbar für Stil, Niveau und Klasse.
Ich bin dankbar für die täglichen positiven Veränderungen, durch die ich mit Klarheit und konzentriert Entscheidungen treffen kann.
Ich bin dankbar für die Gesundheit in Körper, Geist und Seele und für das Leben im Hier und Jetzt.
Ich bin dankbar, dass ich im Inneren stabil, strukturiert, zufrieden und sicher fühle.
Ich bin dankbar, dass ich ein Glücks- und Erfolgsmensch bin.
Ich bin dankbar, dass ich intuitiv, konzentriert und in Wahrheit handle.
Ich bin dankbar, dass ich mein Wunschgewicht bereits habe und mich in meinen Körper wohlfühle.
Ich bin dankbar, dass mein Unterbewusstsein immer mit positiven Gedanken und Gefühlen aufgeladen ist.
Ich bin dankbar für die Liebe und das Licht, Frieden, Freude und Harmonie.
Ich bin dankbar für die Reinigung, durch die meine Matrix immer klar geeinigt und in göttlicher Ordnung ist.
Ich bin dankbar für mein Charisma, für meine innere und äußere Schönheit.
Ich bin dankbar, alles loszulassen, was nicht mehr zu mir gehört, selbstbewusst zu sein und Eigenverantwortung zu übernehmen.
Ich bin dankbar, dass ich ein Leader der Liebe bin und dies immer sein werde.
Ich bin dankbar für die Fülle im Inneren und im Äußeren, den Reichtum und den Wohlstand.

Die Präsenz der Dankbarkeit bringt uns in eine höhere Schwingung und macht uns sehr froh und glücklich. Das Ziel meiner **Botschaft** lautet, ganz viele Menschen zu bereichern, die Kraft und die Macht der **Freundschaft und DANKBARKEIT wiederzubeleben**.

Mit herzlicher Dankbarkeit, dass Du diese Zeilen gelesen hast, wünsche ich, dass sie Dir viel Glück, Kreativität und Heilung bringen!

SILVIA GIEGERL

Immobilien-Expertin in den Bereichen Verkauf, Vermietung und Investment

Sie hat fast 1000 Immobilien erfolgreich vermittelt, zu ihren Kunden zählen ca. 1500 zufriedene Immobilienverkäufer und -käufer und sie hat ca. 50.000 professionelle Immobilienfotos gemacht. Seit 25 Jahren ist Silvia Giegerl in der Immobilienvermarktung tätig. Sie ist Immobilienfachwirtin, Bausachverständige, Wertermittlerin, Bildredakteurin und Fotografin, Mediatorin, Expertin für energetisches Housecleaning, Prana-Heilerin, Autorin und Firmeninhaberin.

www.sg-immobilien-Consult.de

info@sg-immoconsult.de

Erfolgreich & glücklich: Spiritualität und Business perfekt kombiniert

Die Frage, warum dir viel Arbeiten nicht automatisch Erfolg und Erfüllung bringt, ist besonders wichtig für alle Coaches, Selbstständigen und Unternehmer:innen. Hier kommt ein Bericht aus meinem eigenen Leben und über die eine entscheidende Erkenntnis, die alles verändert hat.

Ich bin immer hoch motiviert und voller Elan meinem Herzen gefolgt und habe meine Unternehmen aufgebaut. Eine Designagentur, ein veganes und faires Mode-Label und ein Coaching-Business. Zielstrebig habe ich viel gearbeitet und definitiv auch viel erreicht. Nebenbei durfte ich auch zwei wundervolle Kinder bekommen. Man könnte denken, dass das die perfekte Basis ist, um glücklich und erfüllt zu sein.

Und ja, das alles hat mir wirklich sehr viel Spaß gemacht und ich habe immer aus tiefer Überzeugung gehandelt. Aber es war auch anstrengend und ich bin oft über meine Grenzen gegangen, lange Zeit sogar, ohne es zu bemerken. Mein Gefühl war: Ich muss nur noch diese eine Sache schaffen, dann erreiche ich mein Ziel. Wenn ich das alles erledigt habe, bin ich angekommen. Wenn dieses Crowdfunding oder jene Messe vorbei ist, dann ist es entspannt. Wenn erst die neue Mitarbeiterin da ist, dann muss ich weniger selbst machen. Wenn erst die Kinder größer sind, dann ist es einfacher. Wenn wir erst gebaut haben, dann ...

Irgendwann habe ich zurückgeschaut und bemerkt, dass es nie wirklich geklappt hat. Bis auf kurze Phasen der Erholung war immer irgendetwas stressig. Es waren ganz unterschiedliche Dinge. Geschäftlich und auch privat. Daher konnte ich erst im Rückblick erkennen, dass sich das wie ein roter Faden durch mein Leben gezogen hat.

Vielleicht kennst du das, dass sich dein Business irgendwie anstrengend anfühlt. Dass du kämpfst und es dir manchmal alles zu viel ist. Dass du dann vielleicht auch nicht mehr weißt, was jetzt eigentlich dein Weg ist oder der nächste Schritt. Dass Gefühle wie Angst, Wut oder Selbstzweifel hochkommen und du dich nicht in deiner Kraft fühlst. Ich habe sogar Zeiten von Antriebslosigkeit erlebt, in denen ich mich selbst nicht wiedererkannt habe.

Ich will dir gleich sagen: Du bist wundervoll und mit dir ist alles in Ordnung. Du kannst nichts dafür, dass das so ist. Die Ursachen dafür liegen in unserer Kindheit. Jedes Kind lernt von seiner Umgebung – von den Eltern, den Großeltern und in der Schule. Wir machen nach, was uns vorgemacht wird. Aussagen nehmen wir als pure Wahrheit an, z. B. »Von nichts kommt nichts« oder »Das Leben ist hart«. Dazu kommen schlechte Erfahrungen, die sich noch stärker in unser Unterbewusstsein einprägen. So entsteht in uns ein Bild darüber, wer wir selbst sind und wie die Welt ist. Alle diese unterbewussten Programme formen dich und dein Leben. Und sie entfernen dich von deinem vollen Potenzial, das in deiner Seele liegt.

Damit du dir diesen Prozess besser vorstellen kannst, male ich dir ein Bild. Als Baby kommst du ganz rein auf diese Welt. Du bist als reine Seele hier, die einfach in ihrer Einzigartigkeit strahlt wie ein funkelnder Diamant. Nun liegt dieser Diamant in einer Schale. Mit jeder schlechten Erfahrung legt sich ein Stein in deine Schale. Im Laufe deines Lebens füllt sich die Schale mit immer mehr Steinen. Dein Diamant ist nun kaum noch zu sehen. Er liegt sehr verschüttet darunter und du hast den Zugang vielleicht ganz verloren. Die Schale steht für dein Unterbewusstsein. Du kannst jetzt verstehen, warum du von diesen Programmen und Mustern beeinflusst wirst. Du bist nicht mehr mit deiner Seele verbunden. Das ist die Ursache, warum sich dein Leben anstrengend anfühlt.

Mir war irgendwann klar, dass ich die Steine aus meiner Schale heraus haben wollte. Ich begann Themen aus meiner Kindheit zu heilen – mein inneres Kind und die Beziehung zu meinen Eltern. Ich reflektierte mich selbst und meine Gedanken und Gefühle ganz genau. Das veränderte enorm viel. Allerdings geriet ich dadurch in eine Spirale der ständigen Selbsthinterfragung und des dauernden Aufarbeitens. Und irgendwann wurde auch das anstrengend und fühlte sich nicht mehr nach einer Verbesserung an.

Jetzt kommt die Erkenntnis, die so wichtig für mich war, dass sie alles veränderte. Bleiben wir bei dem Bild mit dem Diamanten in der Schale. Es ist gut zu wissen, dass wir in uns Steine haben und dass wir sie wieder auflösen können. Und doch ist es nicht nötig, alle Steine herauszunehmen, bevor du wieder mit deiner Seele verbunden sein kannst. Das ist wirklich wichtig. Es ist nicht nötig und es ist auch nicht möglich! Solange du suchst, wirst du immer etwas finden, was noch in deinem Unterbewusstsein sitzt.

Und doch ist es nicht nötig, alle Steine herauszunehmen, bevor du wieder mit deiner Seele verbunden sein kannst. Das ist wirklich wichtig. Es ist nicht nötig und es ist auch nicht möglich!

Es ist dafür möglich, dich genau jetzt mit deiner Seele zu verbinden. Es ist möglich, deine wahren Fähigkeiten zu leben, auch wenn nicht alle Themen deiner Kindheit geheilt sind. Das ist so genial. Das ewige Spiel: »Wenn erst ..., dann kann ich glücklich sein« ist damit beendet. Du kannst es beenden. Jetzt sofort. Weil du jederzeit den Kontakt zu deinem Diamanten herstellen kannst – genau jetzt – zu deiner tiefen Essenz, deiner höchsten Identität, deiner Seelenkraft.

Der Schlüssel dazu ist der Einklang von Körper, Geist und Seele. Wenn du diesen herstellst, hast du den direkten Zugang zu deiner Seele. Dadurch entsteht totale Klarheit in dir. Sie zeigt dir deinen Weg und was für dich stimmig ist. Du bist angekommen, unabhängig von den Situationen um dich herum. Sie gibt dir auch deine anziehende Ausstrahlung, die dazu führt, dass die richtigen Kunden oder Mitarbeiter zu dir finden. Die Impulse deiner Seele leiten dich in Harmonie mit dem Universum zu deiner Erfüllung und deinem Erfolg.

Du bist hier, um deinen Platz einzunehmen und deiner Bestimmung zu folgen – dem Ruf deines Herzens. Und dort wartet so viel mehr auf dich, als du dir erträumt hast. Du bist einzigartig und authentisch, wenn du deine Seele verkörperst und daraus dein Business und dein Leben erschaffst.

Die Impulse deiner Seele leiten dich in Harmonie mit dem Universum zu deiner Erfüllung und deinem Erfolg.

Meine Erfüllung habe ich in dem Moment gefunden, als ich meine Seele wiedergefühlt habe. Und der Erfolg folgt dann automatisch, wenn du sie lebst.

Wie das auch für dich funktioniert, findest du auf meinem YouTube-Kanal unter meinem Namen oder auf Instagram unter @soulmillionaires.

Ich freue mich sehr, dich dort zu sehen.

Deine *Irina*

IRINA SCHÖNLEBER-HARTIG

Erschaffe das Leben und Einkommen, das du willst, wie du es willst.

Als spirituelle Business-Mentorin begleitet Irina Schönleber-Hartig Coaches, Selbstständige und Unternehmer:innen dabei, ihr Business mit Leichtigkeit erfolgreich zu führen. Ihre Arbeit beruht auf den neuesten Erkenntnissen aus der Quantenphysik und der Gehirn- und Bewusstseinsforschung. Es geht hierbei um die Umprogrammierung des Unterbewusstseins und die bewusste Erschaffung von Zielen. Spiritualität und Leichtigkeit stehen für sie nicht im Widerspruch zum Business, sondern bilden vielmehr die Basis dafür. Denn Erfolg und Erfüllung entstehen zu 95 % aus dem richtigen Mindset und nur zu 5 % aus Strategien wie Marketing oder anderem.

www.lovesign.de

Drei Schlüssel wie du jede Beziehung meisterst

Wäre das nicht zu schön, um wahr zu sein? Beziehungen sind doch das, was unser Leben ausmacht. Doch warum sind sie dann oft so schwer zu leben?

Egal, ob die Beziehung zu unseren Eltern, zu unseren Kindern oder zu unseren Mitarbeitern. Immer wieder gibt es Momente, in denen es so scheint, als ob wir nicht weiterkommen. Ganz zu schweigen von der Beziehung zu uns selbst. Die innere Stimme, die gegen unsere Ziele arbeitet, an unserem Selbstwert nagt und sich in den unpassendsten Momenten meldet. Kennst du das? Doch warum ist das so?

Genau das hat mich mein Vater auch gefragt. Mit 21 Jahren besuchte ich mit meinem Vater eine Diskothek und er sagte zu mir: »Weißt du, Bianca, für alles im Leben gibt es eine Anleitung. In der Schule hast du den Lehrer, wenn du dir etwas kaufst, steht drin, wie du es bedienst, aber wie man eine Beziehung führt, wie man das mit den Kindern und dem Partner umgeht, dafür gibt es nichts.« Mein Vater war zu diesem Zeitpunkt das zweite Mal geschieden und ich hatte das Gefühl, dass er es wirklich ernst meinte, was er da sagte.

Ich habe mir erst mal nicht so viele Gedanken darüber gemacht, es blieb aber in meinem Gedächtnis, da mein Vater sonst nie über so etwas mit mir gesprochen hatte. Erst viele Jahre später, als auch ich das zweite Mal verheiratet war und wieder an diesen besagten Punkt kam, an dem es nicht weiterzugehen schien, ist mir dieser Satz von ihm wieder eingefallen. Ja, verdammt, warum müssen Beziehungen denn immer so kompliziert sein. Ich bin Mutter von fünf Kindern, meine vier Jungs stammen aus meiner ersten Ehe und mein Mädchen aus meiner jetzigen. Seit 2006 beschäftige ich mich mit den Themen Familienstellen, Schattenarbeit und vielem mehr. Ich durfte immer wieder lernen und auch bei meinen Kunden sehen, dass eine gute Beziehung von außen erst einmal nach innen führt. Doch mit meiner jahrelangen Erfahrung hatte ich immer wieder das Gefühl, dass mir ein Puzzleteil fehlte.

Im Sommer 2019 veränderte sich alles. Es war an einem warmen Sommertag.

Die Kinder spielten und ich versuchte mir nicht anmerken zu lassen, wie schwer mir mein Tag fiel. Wieder mal wussten wir nicht, wie es weitergeht. Zu wenig Geld, zu viele Probleme, mir war wirklich alles zu viel. Ich schlich mich nach oben ins Schlafzimmer und sackte zusammen. Meine Tränen rollten über mein Gesicht und die einzige Frage in meinem Kopf war, WARUM??? Warum ist das Leben so schwer? Plötzlich wurde es tief still um mich herum. Es kam ein inneres, sicheres Gefühl in mir auf und auf einmal hört, spürte oder sah ich die Lösung. Als würde ein sekundenschneller Film vor meinem inneren Auge ablaufen. Augenblicklich wurde alles anders. Das erste Bild, das ich sah, sind die drei Schlüssel, die ich mit dir teilen möchte. Ich sah das Bild, das wir alle mit ins Leben bekommen haben.

Die drei Schlüssel

Der erste Schlüssel: unser Herz

Das Wichtigste, womit wir in diese Welt eingetreten sind, ist unser Herz. Das Leben beginnt mit dem ersten und endet mit unserem letzten Herzschlag. Und oft hören wir so Sachen wie »höre auf dein Herz«, doch ist die Stimme oft so leise, dass wir sie überhören.

> **Wenn wir mit der Intelligenz unseres Herzens verbunden sind, können wir die beste Version unserer selbst werden.**

Warum das Herz so wichtig ist? Als ich mich mit der wissenschaftlichen Arbeit über das Herz bei HeartMath beschäftigt habe, die mittlerweile viele Studien über das Herz gemacht haben, wurde mir schnell klar, dass das Herz mehr tut, als nur Blut zu pumpen. Forscher fanden heraus, dass das physische Herz ein Zentrum für Informationsverarbeitung ist. Es sendet Informationen ans Gehirn und den ganzen Organismus. Wenn wir mit der Intelligenz unseres Herzens verbunden sind, können wir die beste Version unserer selbst werden.

3 überzeugende Fakten:

- Das Herz bildet sich im Fötus vor dem Gehirn.
- Das Herz fängt von allein an zu schlagen.
- Das Herz ist ein autorhythmisches Organ.

Der zweite Schlüssel: unser Atem

Wenn wir das Licht der Welt erblicken, ist der Atemzug das erste Wichtige, was wir hier auf Erden tun. Atmen heißt Leben. In einer Minute atmen wir 10 bis 20-mal, wenn wir gerade keinen Sport machen. Die Atmung läuft völlig automatisch ab. Wir sind jeden Tag, jede Stunde, jede Minute mit uns selbst zusammen und wenn wir eine Balance zwischen Herz und Gehirn herstellen – und dazu gehört auch das Atmen –, können wir die Fähigkeit entwickeln, wieder ein Gespür für uns selbst zu haben. Wir können nachzuspüren, was gerade wichtig ist und die Antworten für Probleme im Außen im Inneren finden. Die Atmung ist ein geniales Tor zur Selbstregulierung.

Atmen heißt Leben.

Der dritte Schlüssel: das Wahrnehmen

Auch das Wahrnehmen finden wir am Beginn unseres Lebens. Schau dir mal die kleinen Babys an: Sie nehmen wahr, was ist. Sie schreien, wenn sie wahrnehmen, dass etwas nicht stimmt, wenn sie z. B. Hunger haben. Ok, das sollten wir jetzt nicht eins-zu-eins nachmachen. :-) Aber egal, wo du dich gerade befindest, nimm das Ganze einmal aus einer höheren Perspektive wahr. Von dort nimmst du deine Gedanken und Gefühle wahr, ohne dir gleich wieder eine Geschichte zu erzählen, warum die Dinge so sind, wie sie sind. Von dort kannst du wahrnehmen, was dein Leben dir gerade zeigt. Welchen Spiegel hält es dir vor? Halte an und schaue dich um, nehme wahr und atme. Und jetzt bringst du alle drei zusammen.

Spüre im Außen, was du in deinem Inneren brauchst und noch nicht entwickelt hast.

Das ist für mich die schnellste Art, die ich kennengelernt habe, deine Beziehung zu dir selbst zu stärken. Vielleicht gibt es ja doch so eine Art Anleitung. Spüre im Außen, was du in deinem Inneren brauchst und noch nicht entwickelt hast. Denn wenn wir ändern wollen, was wir im Spiegel des Lebens sehen, bringt es nichts, den Spiegel zu ändern, sondern wir müssen uns ändern. Nimm dir jetzt direkt drei Minuten Zeit und spüre bei dir selbst, welches Geschenk diese drei Schlüssel mit sich bringen.

1. Berühre dein Herz und richte deine Aufmerksamkeit auf dein Herz. Stell dir vor, du würdest von diesem Bereich aus ein- und ausatmen.
2. Atme etwas langsamer und tiefer als gewöhnlich. Fünf Sekunden ein und fünf Sekunden aus.
3. Spüre Dankbarkeit für diesen Moment und nimm wahr, ohne zu bewerten – einfach beobachten. Wenn du ein schwieriges Gespräch hast oder dich gestresst fühlst, nimm dir die drei Minuten und verwandle deine Beziehung zu dir selbst. In deinem Lebensspiegel werden sich immer mehr starke Beziehungen zeigen.

BIANCA MARZECKI-OSANA

Starke Beziehungen – der Reichtum Deines Lebens

Bianca Marzecki-Osana hilft Dir, die eigenen Beziehungen zu leben und zu pflegen, denn sie machen das Leben wirklich lebenswert – sie sind der wahre Reichtum, den Dir das Leben schenken kann. Damit gilt Bianca als die wahre Reichtumsexpertin. Sie ist Mutter von 5 Kindern und CEO in einem Familienbusiness, das sie seit 1996 erfolgreich leitet.

Seit 2006 wirkt sie als Expertin in tiefgreifenden Lebensthemen. Seither konnte sie in zahlreichen Coachings Dutzenden Menschen beruflich und privat helfen, in ihre Mitte zu kommen.

Als internationale Speaker-Slam-Weltrekordhalterin ist Bianca Marzecki-Osana ein gern gesehener Gast in Podcasts, bei Online-Kongressen und in Presseberichten mit nationaler Reichweite.

Wenn es noch nicht gut ist, ist es noch nicht das Ende!

Du, der dieses Buch in der Hand hältst, ich kenne dich nicht und ich weiß, dass du mich noch nicht kennst. Was ich jedoch weiß, ist, dass alle Menschen im Grunde die gleichen Bedürfnisse und Wünsche haben. Auch wenn diese sich in manchen Bereichen unterscheiden, sind wir alle gleich. Ich kann dich durch ein Buch zwar nicht kennenlernen, aber ich möchte, dass du mich kennenlernst. Du sollst meine Geschichte, meine Herausforderungen und meinen Weg erfahren und für dich etwas mitnehmen – für deinen weiteren Weg. Mein Ziel ist es, dass du am Ende des Buches meine Geschichte im Gedächtnis behältst und Mut schöpfst. Mut, an dich selbst zu glauben, Mut, weiter zu handeln und nicht aufzugeben. Dieser Mut fängt mit einer Entscheidung an. Deiner Entscheidung.

> Mut, an dich selbst zu glauben, Mut, weiter zu handeln und nicht aufzugeben.

Meine Geschichte begann in einem 10.000-Seelen-Dorf im Süden Deutschlands. Ich wuchs mit meinen Eltern, meinem Bruder und meinen Großeltern in einem schönen großen Hause auf. Ich musste mir nie über irgendetwas Gedanken machen. Meine Eltern lebten mir das zu der Zeit klassische Leben vor: jung heiraten, Kinder bekommen, ein finanzielles Standbein aufbauen, welches in ihrem Fall die Gründung einer Firma war und schließlich ein Haus bauen. Schon früh bekam ich durch die Selbstständigkeit meiner Eltern, den Bau des Hauses und die Veränderungen in der Wirtschaft mulmige Gedanken zum Thema Geld mit.

Für mich war der Weg nach erfolgreichem Abitur noch unbestimmt. Mein Traum war es, Fotografin zu werden oder in die Tourismusbranche einzusteigen, doch meine unterbewusste Geldprägung ließ mich damals glauben, dass man damit nicht das große Geld verdienen kann. So entschied ich mich für eine Ausbildung zur Steuerfachangestellten. Nach zwei Monaten als »Azubine« zog ich schließlich in meine erste eigene Wohnung und jobbte nebenher in verschiedenen Tankstellen, um meinen Lebensunterhalt aufzubessern und mir das ein oder andere Extra zu gönnen. Geld war zu dieser Zeit nie ein Thema für mich, da es scheinbar immer verfügbar war.

Mit 29 habe ich geheiratet und daraufhin mit meinem damaligen Mann zusammen in seinem Handwerksbetrieb gearbeitet. Ich unterstützte ihn im Büro bei Planung, Buchhaltung und den Lohnabrechnungen. Auch zu diesem Zeitpunkt waren Gedanken über meine finanzielle Zukunft und Vermögensschutz noch in weiter Ferne. Durch die Geburt meines Sohnes und seinen komplizierten gesundheitlichen Zustand verlor ich den Betrieb meines Mannes aus den Augen und fand mich letztendlich nach dem Wegbrechen großer Industriekunden und laufender Kosten in der Privatinsolvenz meines Mannes wieder. Durch anhaltende Komplikationen verschlechterte sich auch unser Verhältnis und so nahm ich mir kurze Zeit später mit meinem Sohn eine eigene Wohnung. Ich begann auf Teilzeitbasis als Steuerfachangestellte zu arbeiten und absolvierte nebenher einige Kurse, die mich persönlich wachsen ließen. Dort verinnerlichte ich zum ersten Mal, dass das persönliche **Mindset** einen immensen Einfluss auf alle Bereiche des Lebens hat – auch auf die finanziellen Möglichkeiten. An sich selbst zu glauben ist der Schlüssel zu jedem Erfolg. Ich verstand: »Es ist meine Entscheidung. Meine Gedanken und mein Handeln formen die Zukunft und wie mein Leben aussehen wird.« Ich baute dieses Wissen immer weiter aus, indem ich im Laufe der Jahre durch positive Affirmationen, kraftvolle Fragen und Techniken wie das Erstellen eines Vision-

Das persönliche Mindset hat einen immensen Einfluss auf alle Bereiche des Lebens. An sich selbst zu glauben ist der Schlüssel zu jedem Erfolg.

boards oder eines Mind-Movies meine Ziele kontinuierlich visualisierte. Das war ein großer Schritt in die Richtung des Lebens, das ich heute glücklich führe.

Einige Zeit später wechselte ich den Job, wurde die Vertretung der Prokuristin und war verantwortlich für Zahlenwerk und die Buchhaltung eines expandierenden Automobilzulieferers. Doch wie so oft kam das Leben dazwischen. Durch eine ungeplante Schwangerschaft stand ich vor der nächsten Herausforderung. Unterschiedliche Zukunftsvorstellungen machten eine gemeinsame Zukunft mit dem Vater meines zweiten Kindes unmöglich und führten zu den nächsten finanziellen und privaten Herausforderungen. Ich fing kurz nach der Geburt meiner Tochter eine Ausbildung zur Heilpraktikerin für Psychotherapie an. Ich merkte jedoch schnell, dass das Vollzeit-Muttersein und die Ausbildung zu viel waren und ich fokussierte mich vollkommen auf meine im Jahr 2011 gegründete Selbstständigkeit. Ich habe alles Geld, was ich aufbringen konnte in meine Aus- und Weiterbildungen investiert. Auch zu dieser Zeit waren Sparen und Vermögensaufbau noch Fremdwörter für mich, was schnell zur Ausschöpfung meiner Finanzen führte.

Durch meine gesundheitlichen Probleme und die Erkenntnis, dass ich allein nie so weit kommen würde, wie ich mir das gewünscht hatte, fing ich an, mich für alternative Einkommensmöglichkeiten zu interessieren. So lernte ich Network-Marketing kennen und lieben. Ich arbeitete jetzt vermehrt daran, meinen Büroservice auszubauen und machte nebenher Coachings, Trainings und Workshops. Dies alles mit Kindern zu stemmen war anstrengend, doch ich gab nie auf. Ich war erfolgreich mit dem, was ich tat. Jedoch verlor ich aufgrund von zwischenmenschlichen Problemen und anderen Umständen die Routine und schlussendlich auch Kunden, Umsätze und Provisionen. Letztendlich waren meine Einnahmen geringer als meine Ausgaben und ich schloss mit dem Network-Marketing ab. Ein weiterer Neubeginn, zunächst im Angestelltendasein, brachte mich dazu, wieder zuversichtlich an neue Möglichkeiten und Wege zu glauben. Parallel habe ich es durch das Kontenmodell und andere einfache Tricks langsam geschafft, Rücklagen beiseitezulegen, mit denen ich meinen Kindern und mir wirklich schöne Urlaubswochen ermöglichen konnte. Daraus lernte ich erstmals, dass nicht die finanzielle Situation ausschlaggebend ist, sondern wie ich mein Geld spare und investiere. Auch in den folgenden Jahren habe ich mehrmals aufgrund von beruflichen und gesundheitlichen Schicksalsschlägen immer wieder neu anfangen dürfen und mir stets das Gute und ein positives Ende vor Augen gehalten. Ganz nach dem Motto »Wenn es noch nicht gut ist, ist es noch nicht das Ende«.

> »Wenn es noch nicht gut ist, ist es noch nicht das Ende«.

Ich möchte dir hiermit Mut machen. Mut, an dich selbst zu glauben, groß und kontinuierlich weiter zu handeln. Glaube stets an dich. Ich bin in Gedanken bei dir und bin mir sicher, dass du alles schaffen kannst. Jeder kann gesundheitlichen und finanziellen Herausforderungen mit einer positiven Grundeinstellung begegnen. Einer meiner Lehrer sagt immer »Erinnere dich an deine Zukunft«, ... Wie möchtest du dich in deiner Zukunft sehen? Du kannst leiten, wo es hingeht, denn diese Entscheidung triffst nur du allein – jeden Tag aufs Neue. Worauf wartest du? Deine Träume warten nur darauf, zu deiner Realität zu werden! Entscheide dich jetzt dafür, dein Traum-Leben zu leben.

> »Erinnere dich an deine Zukunft.«

ALEXANDRA WELSCH

Expertin für wirksamen Rücklagen- und Vermögensschutz

Hast du dich schon einmal gefragt, warum es SO schwer ist, die kleinen Dinge zu tun, die das Leben positiv verändern würden? Was wäre, wenn zum Beispiel 5 Sekunden ausreichen, um dein Leben zu verändern? Die eine Entscheidung, die dein Leben zum Positiven verändert.

Sie hat diese Entscheidung getroffen! Immer wieder.

Alexandra Welsch arbeitet seit über 25 Jahren im Steuer- / Finanzbereich und berät Unternehmen und private Anleger:innen im deutschsprachigen Raum. Sie ist Autorin, Visionärin und Finanzengel. Sie liebt Menschen und Finanzen und hilft heute Menschen, ihr Geld aufzubauen, zu halten und zu vermehren. So können Rücklagen und Vermögen wirksam vor Inflation und Krisen geschützt werden.

www.Alexandra-Welsch.com

Info@Alexandra-Welsch.com

Wenn es noch nicht gut ist, ist es noch nicht das Ende!

Freiheit ist eine Entscheidung – mach einfach dein Ding

Mein Wendepunkt

Es ist ein (fast) ganz normaler Montag. Mit meinem dunkelblauen Mercedes fahre ich in die graue Tiefgarage, steige aus und betrete den ebenfalls grauen Fahrstuhl. Anders als sonst wehrt sich heute in mir etwas, diesen Ort zu betreten. Der lange Flur mit seinen vielen Türen erscheint mir endlos. Endlich in meinem Büro angekommen, lege ich die Füße auf den Tisch und schaue aus dem Fenster. Es regnet. Während ich nach draußen starre, sehe ich, wie in Trance mein Leben an mir vorbeiläuft, als plötzlich ein Gedanke meinen Körper durchzuckt. »Ich will keiner dieser Unglücksraben sein, die ihr Leben damit verschwendet, nur für Geld zu arbeiten.« In meiner Trance sehe ich mich als Kind, wie ich als Sänger und Schauspieler andere Menschen emotional berühre. Was ist in der Zwischenzeit passiert? Warum sitze ich jetzt hier?

Industriekaufmann zu lernen, war der Wunsch meiner Eltern gewesen. Ich sollte die Firma übernehmen. Das wollte ich auf keinen Fall. An dem Stress meines Vaters zerbrach unsere Familie. So wollte ich nicht leben. Um dem zu entfliehen, studierte ich BWL. So war ich weit genug weg, um meinen eigenen Weg zu finden.

Und jetzt sitze ich hier. Wie auf Autopiloten bin auf dem besten Weg, in die Fußstapfen meines Vaters zu treten. Dabei war ich schon längst weiter, hatte einen anderen Plan. Nun hat mich die Prägung meiner Kindheit und Jugend eingeholt. Jetzt hatte ich einen gut bezahlten, sicheren Job mit hervorragenden Karrieremöglichkeiten. Von außen betrachtet war alles perfekt. Was mir fehlte, war Freude und Sinn. Ich verstand die Welt nicht mehr und dachte: Jeder Tag ohne Freude, ohne das zu tun, was ich liebe, ist für mich ein verschenkter Tag.

Die Entscheidung zu kündigen und mich von materiellen Dingen zu trennen, war mein erster Schritt in die Freiheit. Ein paar Monate später fand ich mich als Jugend- und Sportanimateur in einem der schönsten Robinson Clubs wieder. Wie in meinen Träumen stand ich abends auf der Bühne und berührte Menschen. Meine wichtigste Lernerfahrung: Das Einzige, was zählt, ist der Moment – kine Titel, keine Zertifikate, keine materiellen Dinge.

Einer dieser Abende war außergewöhnlich. Es geschah etwas, das von da an wie ein Leitstern die Richtung meines Lebens bestimmen sollte. Wie immer stand ich auf der Bühne. In meiner Rolle des Danny sang ich das Lied »Sandy« aus dem Musical Grease, als die Menschen im Publikum begannen, von innen heraus zu leuchten. Anfangs wusste ich nicht, was das bedeutete. Heute weiß ich, dass ich die Gabe besitze, das Leben von Menschen positiv zu beeinflussen.

Das Einzige, was zählt, ist der Moment.

Dieses Erlebnis brachte mich zurück auf meinen eigenen Weg und zu dem, was ich heute tue. Es ist meine Berufung, Menschen zu berühren, um sie zu inspirieren, ihr Leben zum Besseren zu wenden. Seit diesem Erlebnis stelle ich meine Stärken und meine Gaben bewusster in den Dienst anderer Menschen. Was mich täglich stärkt, ist der tiefe Glaube daran, damit etwas Sinnvolles zu bewirken. Was mich unterstützt, ist mein tiefes Vertrauen in mich selbst, mein Vorstellungsvermögen für mögliche Wege und vor allem meine Empathie.

Berufung – dein WARUM

Ich glaube daran, dass jeder Mensch eine Berufung und eine einmalige Gabe hat. Inzwischen habe ich es unzählige Male erlebt, dass Menschen, die ihre Berufung leben, nicht nur glücklicher, sondern auch deutlich erfolgreicher sind. Der Grund dafür ist, dass sie selbst zunächst mit dem, was sie tun, glücklicher sind. Sie verdienen ihren Lebensunterhalt auf eine wesentlich leichtere Weise. Das bedeutet nicht, dass sie weniger tun, oft ist ihr Aufwand viel größer. Entscheidend ist das Gefühl, das sie dabei haben – es fühlt sich nicht nach Arbeit an. Genau hier liegt der Schlüssel für ein erfülltes Leben. Unsere Lebensqualität hängt stark davon ab, womit wir unseren Lebensunterhalt verdienen. Wir verbringen sehr viel unserer begrenzten Lebenszeit damit, Geld zu verdienen. Auf mich macht es den Anschein, als ob sich die meisten Menschen zu Beginn ihrer beruflichen Laufbahn die falsche Frage stellen. Anstatt sich zu fragen, woran sie Freude haben, was für sie Sinn macht, fragen sie sich, wo sie mit möglichst geringem Aufwand möglichst viel Geld verdienen. Das scheint anfangs auch noch erfüllend, weil es darum geht, sich ein finanzielles Polster zu schaffen. Doch an dieses Geld gewöhnen sie sich sehr schnell und dann folgt häufig eine innere Leere und die Frage nach dem Sinn. Künstler machen es umgekehrt, sie fragen sich zuerst, woran sie Freude haben und was für sie Sinn macht. Meist brauchen sie dann eine Weile, um ein gutes Einkommen zu haben. Langfristig betrachtet, ist das aber erfüllender.

Auf mich macht es den Anschein, als ob sich die meisten Menschen zu Beginn ihrer beruflichen Laufbahn die falsche Frage stellen.

Weil weder der eine noch der andere Weg der »richtige« ist, nenne ich das, was ich dir empfehle, das **»Künstlerprinzip«**. Hierbei geht es um die Verbindung zwischen Kopf und Herz und die damit verbundene Absicht, erfüllt zu leben. Das Ziel ist es, deine Berufung, dein WARUM zu finden. Deine Berufung ist viel mehr als ein Job, mit dem du Geld verdienst. Deine Berufung ist der Ausdruck deiner Persönlichkeit und der wahre Weg zu Freiheit und Erfolg.

Das Ziel ist es, deine Berufung, dein WARUM zu finden.

Dank der Digitalisierung gibt es heute unendlich viele Möglichkeiten, das zu tun, was dir entspricht. Befreie dich von alten Glaubenssätzen über dich und davon, wie die Welt funktioniert. Das, was du dir vorstellen kannst, kannst du auch tun. Höre auf, dich tagtäglich zu »verkaufen«, nur um sicher Geld zu verdienen. Du wirst mit deinem wahren Selbst gebraucht, mit deinen Stärken und deiner Kreativität. Sei du selbst – alle anderen gibt es schon. Arbeite an deinen Stärken und fange an, dir immer mehr selbst zu vertrauen.

Gehst du deinen eigenen Weg, wirst du bald merken, dass du innerlich ruhiger wirst und dein Stress nachlässt. Aufgrund dieser Ruhe werden die Menschen sich an dir orientieren, das macht dich erfolgreicher. Es ist nicht wichtig, was du tust, sondern warum du es tust. Freiheit beginnt in deinem Kopf – mit der emotionalen Klarheit deiner Vision. Anstatt auf Autopiloten zu funktionieren, solltest du bewusst über deine Bedürfnisse nachdenken. Genau hier liegt die Chance für dein besseres Leben. Du bist nur eine Entscheidung, einen Schritt davon entfernt, ein unabhängiges und glückliches Leben zu führen ...

Freiheit beginnt in deinem Kopf – mit der emotionalen Klarheit deiner Vision.

DIPL.-KFM. JÖRG RISTAU, GESTALTTHERAPEUT, NLP MASTER

Sein Motto: Fische gehören nicht auf den Baum – sonst glauben die Fische, sie seien dumm.

Klassisches BWL-Studium, Auslandsaufenthalt, Karriere im Vertrieb – alles schien in den richtigen Bahnen zu laufen. Plötzlich die Kündigung und der Wechsel zum Jugend- und Sportanimateur bei Robinson Club.

Seine Erkenntnis: Er war ein Fisch auf einem Baum und glaubte, klettern zu müssen. Es war nur anstrengend. Er wollte immer erfolgreich sein, aber auf seine eigene, sinnvolle Weise.

Sein Fazit: Die Kunst des Erfolges ist zu wissen, wer man in Wahrheit ist und was man wirklich will – um sich dann konsequent auf den Weg zu machen. Er unterstützt Menschen dabei, auf ihre individuelle Weise erfolgreich und glücklich zu leben.

www.jörg-ristau.de

Veränderung kultivieren: Die Geheimnisse erfolgreicher Menschen und expandierender Unternehmen

Als Experte für Flexibilität, Digitalisierung und Change höre ich immer wieder eine Frage: Sie sagen, Veränderung sei gut, aber warum bekomme ich dann so ein komisches Gefühl in der Magengegend, wenn ich mit einer neuen Situation konfrontiert bin?

Vielleicht geht es Ihnen ja auch so? Sie sind in einem anderen Land und jemand spricht Sie in einer fremden Sprache an. Sie treffen auf eine Gruppe von Menschen, von denen Sie niemanden kennen (vielleicht bei einem Seminar oder einem Workshop) oder in Ihrem Unternehmen werden die alten Prozesse durch eine neue Abrechnungssoftware ersetzt.

Beobachten Sie einmal Ihre Reaktion. Sie bekommen höchstwahrscheinlich ein mulmiges Gefühl in der Magengegend. Das ist erst einmal unangenehm. Und tatsächlich glauben viele Menschen, dieses Gefühl sei eine wichtige Warnung, auf die sie dringend hören müssten. Die Folge davon ist eine weitverbreitete Veränderungsangst. Das geht bei einigen Leuten so weit, dass sie überzeugt sind, neue Entwicklungen seien grundsätzlich schlecht oder sogar gefährlich. Aber diese Überzeugung ist falsch. In der modernen Welt ist ein negatives Bauchgefühl bei Veränderungen nicht mehr angebracht. Ich werde gleich verraten, woran das liegt und einen simplen Trick teilen, mit dem Sie nie wieder Angst vor Veränderung haben müssen.

In der modernen Welt ist ein negatives Bauchgefühl bei Veränderungen nicht mehr angebracht.

Zunächst lassen Sie uns das Gefühl einmal genauer beleuchten.

Dieses reflexartige Gefühl in der Magengegend kommt aus der frühen Zeit der menschlichen Entwicklung und es möchte uns Folgendes sagen: Achtung, hier kommt eine Situation, mit der warst du vorher noch nie konfrontiert! Daher weißt du nicht, wie du auf diese Situation reagieren sollst.

Achtung, hier kommt eine Situation, mit der warst du vorher noch nie konfrontiert! Daher weißt du nicht, wie du auf diese Situation reagieren sollst.

Wenn aber der Körper in einer Situation nicht instinktiv das richtige Reaktionsverhalten kennt, droht ihm ein höherer Energieverbrauch. Und nichts kostet den Körper so viel Energie, wie nachzudenken und erst verschiedene Lösungswege ausprobieren zu müssen. In der Frühzeit der menschlichen Entwicklung, als Energie unheimlich kostbar für den Menschen war, konnte es fatal sein, die letzte verfügbare Energie auf unnütze situative Handlungen zu verschwenden. Und dann gibt es ganz unmittelbare fatale Fehler. Ein Fehler in der damaligen Zeit konnte beispielsweise sein, das unbekannte Tier mit dem weichen Fell und den großen Krallen zu streicheln. So etwas konnte irreversible Folgen haben. Das Gefühl in der Magengegend ist also eine Warnung, dass wir noch einmal nachdenken sollten, ob wir einen Fehler machen, wenn wir uns in eine unbekannte Situation begeben.

Ist diese vorzeitliche Warnung heute noch für uns relevant? Kaum. Natürlich dürfen wir auch in der heutigen Welt nicht leichtsinnig handeln und bei hoher Geschwindigkeit einfach die Hände vom Steuer nehmen. Aber die Gefahren, vor denen uns das Gefühl hauptsächlich warnen möchte, die gibt es in unserer Umwelt gar nicht mehr. Schauen wir uns den modernen Körper mal an. Er hat zu viel und nicht wenig Energie, wie man an den Fettpölsterchen gut erkennen kann. Und ein gefährliches Tier läuft dem modernen Menschen auch nicht mehr ungeschützt über den Weg. Er zahlt sogar Eintritt, um so einem Tier mal in der Realität (hinter Gittern) zu begegnen.

Das Gefühl ist also evolutionär überholt. Und trotzdem bleibt es tief in uns verankert und hindert uns daran, Veränderung zu begrüßen und damit neue wichtige Schritte im Leben zu gehen. Die Situation ist reichlich paradox, denn Veränderung ist etwas, das uns Menschen ausmacht. Wir sind Meister darin, auf Veränderung zu reagieren oder Veränderung im Sinne einer Weiterentwicklung herbeizuführen. Und dennoch haben wir Angst vor ihr. Wären wir nicht Meister der Veränderung, wäre die Gattung Mensch längst ausgestorben und unsere Spezies hätte sich nicht über den gesamten Erdkreis verbreitet, sondern hockte immer noch im gleichen Tal in der Savanne Afrikas. Menschen kommen sogar so gut mit Veränderung zurecht, dass unsere Artgenossen in den heißesten Sand- und den lebensfeindlichsten Eiswüsten nicht nur überleben, sondern erfolgreich leben können.

Wir sind Meister darin, auf Veränderung zu reagieren oder Veränderung im Sinne einer Weiterentwicklung herbeizuführen.

Auch die erfolgreichsten Unternehmen sind diejenigen, die auf Veränderung flexibel reagieren können. Diese Flexibilität fällt nicht jedem Unternehmen leicht, denn Unternehmen werden von Menschen geleitet und die bekommen ein komisches Gefühl in der Magengegend, wenn Sie vor einer Veränderung stehen. Was dann passiert, kann man exemplarisch am Bankensektor sehen. Hier haben die etablierten Traditionsbanken aus Veränderungsangst und Trägheit nicht auf die neuen Möglichkeiten und die Weiterentwicklung in der Konsumentenerwartung durch die Digitalisierung reagiert. Andere Unternehmen waren flexibler und haben diese Veränderungen zur Erschließung neuer Märkte genutzt. Im Ergebnis ist ein vor sieben Jahren (!) gegründetes FinTech-Unternehmen wie Revolut heute höher bewertet als die Royal Bank of Scottland oder die Deutsche Bank.

Veränderung ist uns Menschen eigentlich inhärent und die notwendige Flexibilität schon in die Wiege gelegt. Diese Anpassungsfähigkeit ist ein hervorragendes Asset, das es uns ermöglicht, auf eine sich dauernd verändernde Umwelt und evolvierende Märkte zu reagieren. Unsere biologisch im Wesentlichen gleiche Spezies konnte unter den Bedingungen der Steinzeit, des Mittelalters und der heutigen, hochkomplexen, digitalisierten Gesellschaft existieren. Wen schreckt da schon die ein oder andere Neuerung ab?

Wäre da nur nicht dieses Gefühl in der Magengegend ...

Und hier kommt der Trick, um diesem Gefühl der Veränderungsangst ein für alle Mal die Macht über Ihr Unternehmen oder Ihr Leben zu nehmen:

Wenn Sie das nächste Mal in einer neuen Situation sind oder vor einer neuen Herausforderung stehen und Sie spüren dieses mulmige Gefühl, dann bedanken Sie sich bei ihm, denn es möchte Sie schützen. Und dann prüfen Sie kurz, ob wirklich eine Gefahr besteht. Falls nicht, handeln Sie trotz des Gefühls! Sie werden staunen, was Sie von den anderen Workshopteilnehmern lernen können. Und möglicherweise ist auch die neue Abrechnungssoftware eine Verbesserung, weil sie auf lange Sicht eine große Arbeitserleichterung darstellt.

Auch die erfolgreichsten Unternehmen sind diejenigen, die auf Veränderung flexibel reagieren können.

Hand aufs Herz: Was gibt es zu verlieren außer überschüssiger Energie? Und das wäre ja sogar noch gut für die Figur.

Foto: Justin Bockey

DR. DANIEL HALFT

Dr. Daniel Halft – er ist Visionär und Inspirator für Flexibilität und Weiterentwicklung. Seine aktivierenden und ausgezeichneten Vorträge machen Mut, als Unternehmen, Organisation oder Mensch den immer schneller voranschreitenden Wandel anzuerkennen und ihn zum eigenen Vorteil zu nutzen. Er zeigt, Veränderung ist nicht nur unvermeidlich, sondern sie wird zum entscheidenden Wettbewerbsvorteil. Dr. Daniel Halft ist vielfacher Autor und Herausgeber zu den Themen Digitalisierung, Veränderungsmanagement und flexibles Mindset sowie Co-Autor des Internet-Blogs *Legal Hacks* im Lawyers Magazine.

Raus aus der Sackgasse

Du bist festgefahren. Es kommt dir vor, als würde die Lebensparty ohne dich stattfinden. Du entdeckst eine Energielosigkeit, die dir Angst macht. Du fühlst dich allein, findest alles so alltäglich, so gewöhnlich, so normal, so gähnend langweilig. Nach außen, nach den Meinungen anderer, solltest du der glücklichste Mensch auf Erden sein. Du hast einen verantwortungsvollen Job, wohnst mit deiner Familie in einem schönen Haus und alle sind gesund. Du hast viel erreicht und zweimal im Jahr fahrt ihr zusammen in den Urlaub. Demnächst planst du noch ein Ferienchalet in den Bergen zu kaufen. Doch du spürst eine Leere in dir und du fragst dich: »Warum bin ich nicht zufrieden? Woher kommt der Gedanke: War das alles?«

Du haderst mit dir und hast Mühe mit deinem jetzigen Leben. Du schimpfst mit dir und morgens hast du Mühe, aus dem Bett zu kommen. Warum überhaupt aufstehen? Arbeiten, um Geld zu verdienen, erfüllt dich nicht mehr. Du siehst keinen Sinn mehr in dem, was du tust. Du siehst keine Möglichkeit, dich weiterzuentwickeln. Du bist limitiert von Maßnahmen, Strukturen und Vorgaben anderer und du wirst nicht um deine Meinung gefragt. Gelandet in einer Sackgasse, für die es anscheinend keinen Ausweg gibt, siehst du für dich kein Vor und Zurück, kein Links und kein Rechts. Du stehst still.

Sackgassen gehörten auch zu meinem Leben. Ich kenne sie aus 17 Jahren Angestelltenleben, dann aus meiner selbstständigen Tätigkeit als Kinesiologin. Dazu kommen die in der Beziehung wie auch in der Kinderbegleitung und immer wieder fühlte ich mich in der Zwickmühle.

Wie habe ich es immer wieder geschafft, aus ausweglosen Situationen herauszukommen?

Es gilt zwei Ebenen zu beachten: die körperliche und die geistige. Grundsätzlich geht es darum, deine inneren Antreiber zu entdecken. Was sagen sie dir? »Sei perfekt?«, »Sei beliebt?«, »Mach schnell?«, »Streng dich an?«, »Mach es allen recht?« oder sagen sie dir: »Sei stark!«

Besonders in Arbeitssituationen zeigen sich die inneren Antreiber. Diese sind nicht grundsätzlich schlecht, sie können auch nützlich sein. In stressigen Situationen verursachen die Antreiber noch weiteren Stress und du fühlst dich in die Enge getrieben.

Warum ist es so wichtig, deine Antreiber zu kennen? Geprägt von unserer Kindheit neigen wir dazu, uns unbewusst von ihnen führen zu lassen. Wir erleben oft gleiche Geschichten und fragen uns, warum. Obwohl wir Schmerz vermeiden wollen, tappen wir immer wieder in die gleichen Fallen. Und das hat weder mit Dummheit noch mit zu wenig Empathie zu tun, sondern mit erlernten Mustern aus deinem bisherigen Leben. Entlarve den inneren Antreiber und finde so den Weg aus der Sackgasse.

Entlarve den inneren Antreiber und finde so den Weg aus der Sackgasse.

Wer viel und gerne arbeitet, vergisst oft seinen Körper. Auch er kann in eine Sackgasse geraten. Erste Signale wie Müdigkeit, unruhiger Schlaf, schlechte Verdauung und Nackenverspannungen werden oft kaum beachtet. Der Körper muss sich häufig aus Zeitgründen mit Sandwiches, Burgern und jeder Menge Kaffee zufriedengeben. Irgendwann ist der Tank leer und der Körper erschöpft und kraftlos.

Ein berühmter Redner hat den Körper mit einem Auto verglichen. Dem Auto gönnen wir den besten Treibstoff, damit es volle Leistung bringen kann und kein Schaden entsteht. Und was gönnen wir unserem Körper? In Zeiten von Leistungsdruck und Zeitnot muss er oft mit dem Nötigsten auskommen. Obwohl wir müde sind, wird weitergemacht.

Wer aus der Sackgasse raus will, braucht Energie. Eine gute Möglichkeit bieten hier natürliche, frische Supplemente. Sie helfen dem

Körper in kürzester Zeit wieder zu der nötigen Leistungsfähigkeit zurückzukehren. Neben der Ernährung ist auch Bewegung bedeutend. Eine Runde im Park zu laufen oder durch den Wald zu spazieren, wirkt sich positiv auf die Stimmung aus. Doch wer in einer Sackgasse steckt, braucht oft Überwindung und mehrere Anläufe, damit wieder Freude an der Bewegung aufkommt. Hier hilft meist der Weg der kleinen Schritte. Der Start mit einem Spaziergang fällt leichter als eine ehrgeizige Joggingrunde. Doch der Antreiber »sei stark« wird hier ein Veto einlegen. Sich erlauben »es darf auch leicht gehen«, erklärt dem Verstand, dass es nicht nützlich ist, wieder Gas zu geben. Es braucht mehrere Wiederholungen, um eine Gewohnheit zu ändern. Deshalb bleiben wir stecken.

Ungesunde Ernährung und zu wenig Bewegung sind Wegweiser in die körperliche Sackgasse.

Ungesunde Ernährung und zu wenig Bewegung sind Wegweiser in die körperliche Sackgasse. Wer aus der Sackgasse raus will, **muss als Erstes erkennen**, dass er in einem Teufelskreis gefangen ist. Das zu leugnen, wäre wie in der Sackgasse mit angezogener Handbremse Gas zu geben und zu hoffen, dass sich etwas bewegt. Ist die Ausweglosigkeit einmal erkannt, kommt eine schwierige Aufgabe. Vor allem Menschen mit einem starken »Ich bin stark«-Antreiber beurteilen Sackgassen als Niederlagen. Sie haben versagt. Sich zu erlauben, dass Sackgassen sein dürfen, birgt viel Lernpotenzial. Wer jedoch gegen die Blockade kämpft, hält sie fest. Viel Energie geht verloren. Kraft, die sie bräuchten, um aus der Sackgasse zu kommen. Die Lösung liegt darin, **die Situation anzunehmen**, wie sie ist. Die Lage nicht zu beurteilen, heißt, sie nicht einzuordnen in gut oder schlecht. Es findet kein Widerstand, kein Kampf statt. Erst dann kann sich etwas bewegen und verändern.

Nicht das, was wir uns wünschen, kommt zu uns, sondern das, was wir bereit sind anzunehmen.

Nicht das, was wir uns wünschen, kommt zu uns, sondern das, was wir bereit sind anzunehmen. Ist die **Bereitschaft für Veränderung** da, entwickelt sich die Wahrnehmung für die Lösung. Bewegung kommt in die festgefahrene Situation. Indem reflektiert wird, wird uns bewusst, welche Rotlichtampeln überfahren wurden. Wir erkennen, dass unsere Bedürfnisse und unser Körper vernachlässigt wurden und wir so in der Sackgasse gelandet sind.

Jetzt ist Zeit zum Handeln. Oft ist die Lösung so einfach wie beim Auto: Den Rückwärtsgang einlegen, um aus der Stichstraße herauszukommen. Wer aus der Sackgasse raus ist, fühlt sich wie neu geboren. Er, der Mensch, hat sich neu entdeckt, den Mut gehabt, Neues zuzulassen. Sein Selbstvertrauen wurde gestärkt – er hat die Lösung selbst gefunden. Er fühlt eine neue Sicherheit. Sollte er wieder in eine Sackgasse geraten, so weiß er, es ist nicht das Ende. Die Erkenntnis, dass Sackgassen keine Einbahnstraßen sind, sondern ein enormes Potenzial für persönliches Wachstum bieten, gibt Kraft und macht Mut.

Voll Elan morgens aus dem Bett springen und es kaum erwarten können, was der Tag Schönes bringt, ist das Licht am Ende der Sackgasse.

Voll Elan morgens aus dem Bett springen und es kaum erwarten können, was der Tag Schönes bringt, ist das Licht am Ende der Sackgasse.

SUSANNA DÜTSCHLER-IMBODEN

Susanna Dütschler-Imboden wurde im Rilke-Dorf Raron im Rhonetal geboren. Sie startete als Kauffrau ins Berufsleben, dann folgte die erfolgreichen Jahre in ihrer Praxis als Kinesiologin. Dank ihrer Hellfühligkeit erzielte sie rasche Erfolge und Menschen reisten von immer weiter her an. Nebst der Praxis baute sie als Pionierin in der Schweiz einen Vertrieb für frische Naturprodukte auf. Sie verbindet Unternehmertum mit ihrer Herzensangelegenheit. Sie hilft Menschen, die inneren Antreiber zu entlarven, sodass sie ihre großen Erfolge genießen können und dabei gesund, glücklich und im Gleichgewicht bleiben. Und wenn es um Finanzen geht, ist sie die Expertin in Goldfragen.

www.sdi.vision

Wir alle verstecken uns vor uns selbst

Die Menschen brauchen endlich wieder mehr Mut, die eigenen Potenziale zu nutzen und zu entfalten

Viele Menschen haben eine sehr konkrete Vorstellung, was sie in der Zukunft erreichen wollen oder was sie sich wünschen, sowohl beruflich als auch privat. Trotzdem schaffen es nur wenige, diese Ziele und ihren Traum zu erreichen. Auch ich habe schon sehr lange konkrete Vorstellungen, was ich beruflich erreichen möchte, wo ich privat hinmöchte, wie ich zukünftig leben möchte. Trotz dieser klaren Vorstellungen habe ich es viele Jahre nicht geschafft, auch nur annähernd in diese Richtung zu kommen.

Wir verstecken uns vor unseren wahren Potenzialen aus Angst davor, was wir wirklich erreichen könnten, jeder für sich selbst.

Jetzt kann man sich überlegen, woran das liegt. Die ersten Gründe, die einem einfallen: Ich muss erst noch irgendwelche Qualifikation erreichen, ich habe keine Zeit dafür, was sollen meine Freunde denken etc. Wir finden immer genügend Gründe, um nicht anzufangen, unsere Potenziale nicht zu nutzen und nicht aktiv an unserer Zukunft zu arbeiten. Wenn man allerdings diese Gründe einmal wirklich hinterfragt und betrachtet, wird man schnell feststellen, dass die allermeisten von ihnen nur vorgeschoben sind. Sind wir doch mal ehrlich. Wir haben einfach Angst vor Neuem und vor der Veränderung. Wir verstecken uns vor unseren wahren Potenzialen aus Angst davor, was wir wirklich erreichen könnten, jeder für sich selbst.

An der eigenen Zukunft zu arbeiten bedeutet Veränderungen, bedeutet Wege einzuschlagen, die ich bisher nicht gegangen bin.

Vielleicht muss ich auch Wege einschlagen, obwohl ich diesen Weg noch gar nicht kenne. Oder ich muss sogar neue Wege schaffen, weil niemand so einen Weg zuvor gegangen ist. Davor haben die meisten Menschen Angst. Dieses Ungewisse, von dem ich nicht weiß, was eventuell auf mich zukommt. Aber auch wenn man bereits aktiv seinen Weg in die eigene Zukunft sucht oder schon geht, gibt es Menschen, die einfach stehen bleiben oder zurückgehen. Warum? Weil sie scheinbaren Vorbildern hinterherlaufen, deren Weg nicht zu einem selbst passt oder weil das eigene Umfeld einen zurückhält.

Ich beschreibe den Weg in die Zukunft gerne immer mit folgendem Bild: Stell Dir einmal vor, Du stehst vor einem tiefen Tal. Auf der anderen Seite des Tals siehst Du Deine Zukunft. Du hast eine klare Vorstellung, wo Du beruflich hinmöchtest, wie Du Dein zukünftiges Leben leben möchtest. Auf Deiner Seite des Tals sind Dir Deine Potenziale durchaus bewusst. Du weißt, was Du theoretisch erreichen kannst. Du bist motiviert und voller Tatendrang. Die Frage ist nur, wie kommst Du von dieser Seite des Tals auf die andere? Du weißt nicht, was Dich auf dem Weg durch das Tal erwartet. Welchen Weg nimmst Du? Wenn Du Dich jetzt also auf den Weg machst, dieses Tal zu durchqueren, kannst Du nur erahnen, was auf Dich zukommt. Und wenn Du Dich umschaust, stellst Du fest, dass noch viele andere neben Dir stehen und sich in der gleichen Situation befinden. Manche sind mutig und haben sich schon auf den Weg ins Tal gemacht. Was machst Du jetzt? Du hast jetzt drei Möglichkeiten. Du kannst stehen bleiben, wie viele andere, und Dir sagen, dass es zu schwierig ist, dass Du es nicht schaffst, und Du redest Dir ein, dass es hier auf dieser Seite des Tals auch ganz schön ist. Du kannst aber auch jemandem hinterherlaufen, der sich schon auf den Weg gemacht hat. Woher weißt Du aber, dass Dich dieser Weg an Dein Ziel führt? Woher weißt Du, ob der Weg für Dich persönlich nicht zu schwierig oder zu leicht ist und Du aufgeben musst? Es bleibt also nur die dritte Möglichkeit: Du musst Deinen eigenen Weg gehen.

Wenn Du unten im Tal angekommen bist, gibt es die nächste Herausforderung: einen reißenden Fluss. Der Fluss steht für die vielen Menschen in Deinem Leben, Deinem Umfeld. Wenn Du einfach hineinläufst, wirst Du mitgerissen und kommst niemals am anderen Ufer an. Nur wenige kommen wirklich auf der anderen Seite des Tals an. Viele bleiben irgendwo stehen, einige gehen wieder zurück zum Gewohnten, und die meisten lassen sich vom Strom des Umfelds mitreißen. Fazit: Wir verstecken uns vor uns selbst, weil wir anderen blind hinterherlaufen, ohne auf uns selbst zu hören und auf unsere eigenen Fähigkeiten und Potenziale zu vertrauen.

Wir verstecken uns vor uns selbst, weil wir anderen blind hinterherlaufen, ohne auf uns selbst zu hören und auf unsere eigenen Fähigkeiten und Potenziale zu vertrauen.

Dieses Bild zeigt sehr gut, was uns auf dem Weg in die Zukunft erwartet. Wir brauchen Mut, uns in das Ungewisse fallen zu lassen, den Mut, sich überhaupt erst mal auf den Weg zu machen, nicht am Abgrund stehen zu bleiben. Und wie der Weg aussieht, wissen wir nicht. Auch wissen wir nicht, wie wir den Fluss durchqueren sollen, ohne mitgerissen zu werden. All diese Ungewissheiten hindern uns alle daran, uns in Richtung unserer Ziele zu begeben. Ich kann euch aber versprechen: Es lohnt sich. Es warten Glück, Erfüllung und Erfolg auf euch!

Wie kann es mir nun dennoch gelingen, am anderen Ende des Tals anzukommen? Ich möchte Euch hier drei wichtige Schritte mitgeben, die es Dir ermöglichen Deine eigene Brücke über das Tal zu bauen und so schneller und sicherer am anderen Ende anzukommen.

1. Kenne Deine Potenziale

Wenn Du Dir den Bau einer Brücke einmal vorstellst, so sind Deine Potenziale die Brückenlager an den beiden Enden des Tals. Es sind die Fundamente für einen sichern Bau. Nur wenn Du das Potenzial kennst, das in Dir steckt, kannst Du etwas erreichen. Du musst Dir dessen selbst bewusst sein. Stell Dir Fragen wie: Was kann ich gut?

Was macht mir Spaß? Wobei habe ich mich selbst schon einmal überwunden? Was macht mich aus, aus der Sicht anderer?

2. Selbstwirksamkeit

Genauso wichtig wie die Fundamente der Brücke ist ihr Gerüst: die Erfahrung der Selbstwirksamkeit. Unser Potenzial zu kennen, bringt uns nicht weiter. Das ist erst mal nur Theorie. Mindestens genauso wichtig sind die Erfahrungen, die wir mit unseren Fähigkeiten und unserem Potenzial gemacht haben. Nur wenn wir in unsere Fähigkeiten und unser Potenzial vertrauen, wird das Gerüst der Brücke auch tragfähig. Begib Dich also in Situationen, in denen Du Deine Fähigkeiten und Dein Potenzial nutzen kannst, um so an Dir selbst zu beobachten, was Du damit erreichen kannst. Je weiter diese Situationen außerhalb Deiner Komfortzone liegen, desto stärker sind der Erfahrungsschatz und das anschießende Vertrauen in Deine Fähigkeiten. Wenn Du Deine Komfortzone nicht gerne verlässt, suche Dir am Anfang Situationen, die am äußersten Rand Deiner Komfortzone liegen.

3. Alles ist jetzt

Lebe im Moment! Statt sich ständig Gedanken zu machen, was in der Vergangenheit alles blöd war oder in der Zukunft festzuhängen und darüber nachzudenken, dass Du morgen dieses oder jenes machen musst, verweile im Moment. Konzentriere Dich darauf, was jetzt gerade wichtig ist. Du stehst vor einer neuen Situation? Dann frag Dich, welche von einen Fähigkeiten Dir jetzt gerade weiterhilft. Und diese Fähigkeit setzt Du dann auch ein. So machst Du es mit jeder Situation, die vor Dir liegt. Und die Entscheidung erfolgt immer im Moment. Damit legst Du Brett für Brett auf Deine Brücke und kommst so Stück für Stück der anderen Seite näher.

Lebe im Moment!

Diese drei Schritte bauen aufeinander auf. Wenn Du einen Schritt überspringst, wird die Brücke in Deine Wunschzukunft nicht tragfähig und bricht zusammen.

Ich wünsche Dir viel Spaß und Erfolg beim Bau Deiner Brücke!

Dein *Christian Karlstedt*

CHRISTIAN KARLSTEDT

Alles ist jetzt – Nachhaltige Potenzialentfaltung für Menschen und Unternehmen

Wie gehen wir mit unserer Zukunft um? Diese Frage beschäftigt uns alle. Aber statt über Umwelt, nachhaltiges Wirtschaften oder das Klima zu sprechen, geht Christian Karlstedt das Thema von einer anderen Seite an. Er sagt: »Ohne eine artgerechte und freie Potenzialentfaltung bei uns Erwachsenen, aber auch bei unseren Jugendlichen sieht es düster mit unserer Zukunft aus.« Er hat es sich zur Aufgabe gemacht, die Potenziale in jedem Einzelnen, in Unternehmen und in der Gesellschaft zu entwickeln und artgerechte Umfelder zu schaffen, damit dies auch nachhaltig gelingen kann.

Kinderbotschaft an Scheidungseltern

Es war einmal ...

Es begann wie im Märchen. Dir gegenüber saß ein Traum von Frau oder ein Held von Mann. Gemeinsamkeiten, Träume, Hoffnungen, Visionen und Ziele einten Euch am Weg der Zweisamkeit voller Abenteuer und prickelnder Herausforderung. Die Krönung? Kinder.

Doch dann ...

... kam doch alles anders – anders als geplant, anders als erhofft. Du bist eine Person mit Prinzipien, verantwortungsvoll, und deine Kinder liegen dir am Herzen. Deine Ehe ist gescheitert. Nicht so verlaufen, wie du es dir vor deiner Hochzeit erträumt hattest. Die Scheidung steht an und du fühlst dich ausgebrannt, zornig und enttäuscht. Deine Kinder kommen nur sehr schwer klar mit dieser Situation. Sorgen, wie es ihnen langfristig mit der Trennung von Papa oder Mama gehen wird, plagen dich neben hohen Gerichts- und Anwaltskosten. Die Kleinen gehen in dem Trennungstrouble ziemlich unter, auch wenn das das Letzte ist, was du willst. Du sehnst dich danach, dein Ehe-Kapitel abzuschließen und einen guten Neustart hinzukriegen. Wünschst dir Ruhe und Frieden und endlich wieder ein geregeltes Leben. Das Geld, das aktuell Gerichte und Anwälte verschlingen, sollte lieber der Förderung deines Nachwuchses zugutekommen.

Da fehlt es gerade noch, dass das Gericht deine und eure Erziehungsfähigkeit und Verantwortung als Vater und Mutter hinterfragt. Es empfiehlt, eigentlich fordert es sogar, dass ihr euch elterlich beraten lasst. Mit deinem Ex-Partner oder deiner Ex-Partnerin gibt es aber nichts mehr zu bereden. Die Gräben sind zu tief. Der andere Anwalt glaubt tatsächlich alles, was dein/e Ex sagt. Was ist, wenn er besser ist als deiner? Was ist, wenn das Gericht deinem/r Ex auch mehr glaubt als dir?

Alles dreht sich nur darum, wer schlimmer verletzt wurde und wer mehr kriegt oder weniger verliert. Du willst aber nicht noch mehr verlieren, als du ohnehin schon verloren hast. Wohn- und Obsorgeangelegenheiten, Besuchsrechte, Alimente, Organisation des Alltags: Alles ist neu zu regeln, obwohl du dich schon in der Vergangenheit als der bessere Elternteil bewiesen hast. Oder? Andererseits brauchen deine Kinder laut Gericht ihr zweites Elternteil genauso sehr wie dich. Wie ist das Ganze zu bewerkstelligen, wo du doch so gar keine Lust mehr hast, mit der/dem Ex zu sprechen und er oder sie dich noch dazu boykottiert?

Es wird wieder werden ...

Es gilt die alte Märchenweisheit:

> **»Ende gut, alles gut. Und wenn nicht alles gut ist, ist es auch nicht zu Ende!«**
> UNERKANNTE WEISHEIT

Es braucht Lösungen. Die Zeit nach der Scheidung steht ja erst bevor! Du kannst ja nicht alles alleine bewerkstelligen. Vielleicht ist das sogar die härteste Phase überhaupt? Für deine Kinder ist sie das jedenfalls. Wie würden sie damit zurechtkommen, wenn du und ihr als Eltern keine Lösungen findet, die für alle passen? Ein unbeschwertes, glückliches Leben steht dir zu! Und deinen Kindern erst recht! Ein sorgenfreies Leben in harmonischen und geordneten Bahnen haben sie und auch du wahrlich verdient.

Wer kann da helfen? Was würden sich deine Kinder wünschen?

Als Kinderbotschafterin und Wahrnehmungspsychologin bin ich im Namen und Auftrag deines Kindes für dich da. Ich weiß genau, wie furchtbar sich eine Trennung anfühlen kann, ganz egal, ob als Verlassene oder als Verlassender. Ich will, dass du als Person, als Mama oder Papa, für dich und deine Kinder wieder in deine Kraft kommst. Vor allem soll es deinen Kindern mit der gesamten – immerhin für sie gänzlich neuen – Lebenssituation gut gehen. Kinder brauchen unbedingt eine Chance – und zwar von beiden Elternteilen!

> Als Kinderbotschafterin und Wahrnehmungspsychologin bin ich im Namen und Auftrag deines Kindes für dich da.

Mehr als ein Jahrzehnt durfte ich im Auftrag von Jugendämtern mit Kindern und Erwachsenen mit sogenannten »Multiproblemfamilien« arbeiten. Im Rahmen des österreichischen Kinder- und Jugendhilfegesetzes durfte ich Familien in ihren Sorgen und Problemen mit unterschiedlichen psychischen Herausforderungen, Gewalt- und Suchtthemen begleiten. Ich arbeitete mit Müttern, die von ihren Kindern geschlagen wurden, mit Kindern, die gestohlen und notorisch gelogen haben, mit Eltern, die gewalttätig waren, mit Vätern, die von ihren Kindern abgelehnt wurden oder die ihre Kinder ablehnten sowie mit Erwachsenen und Jugendlichen, die drogenabhängig oder sonst wie seelisch erkrankt waren. Häufig waren Scheidungen Auslöser für diese tragischen Lebensumstände.

Meine Expertise in der Kinder- und Jugendhilfe basiert auf psychologischem, juristischem und pädagogischem Wissen, gepaart mit hoher Sensitivität, Empathie und Klarheit. Immer wieder durfte ich feststellen, dass psychische Schmerzen von Kindern und Jugendlichen in und nach Trennungssituationen massiv gelindert werden konnten, wenn Eltern gelernt haben, wie man auf Erwachsenen- und Elternebene miteinander so umgeht, dass man einander als ganzen Menschen leben lässt.

Eine Lobby für Kinder ...

Als Kinderbotschafterin schaue ich auf dich und das zweite Elternteil aus den Augen eurer liebenden Kinder, die in euer Leben gekommen sind, weil sie Gutes für euch beide und auch für sich selbst wollen. Als Kinderbotschafterin begleite ich dich und deinen Noch-Partner im Namen und Auftrag eurer Kinder durch diese strittige und schwierige Lebensphase.

Im Sinne betroffener Scheidungskinder diene ich der kindlichen und elterlichen Lebensqualität bildlich beschrieben als eine Art »Mama-und-Papa-Expertin«, die aus den Augen einer allparteilichen, wohlwollenden Oma für die Kinder – die schwächsten Glieder im Scheidungsprozess – Partei ergreift und auf das Wohl aller Beteiligten schaut. Mit dieser freundlichen Grundhaltung arbeite ich mit den Trennungseltern gemeinsam daran, dass Mutter und Vater auf Elternebene bestmöglich für den Nachwuchs da sein können. Ziel ist es, eine respektvolle elterliche Zusammenarbeit und Gesprächsbasis in allen für eure Kinder wichtigen seelischen, körperlichen und organisatorischen Lebensbelangen zu erreichen, auch wenn eure Situation aktuell noch so aussichtslos erscheinen mag.

Ziel ist es, eine respektvolle elterliche Zusammenarbeit und Gesprächsbasis in allen für eure Kinder wichtigen seelischen, körperlichen und organisatorischen Lebensbelangen zu erreichen, auch wenn eure Situation aktuell noch so aussichtslos erscheinen mag.

Österreich hilft da mit! Gemäß § 95 und § 107 des Außerstreitgesetzes verpflichten die Gerichte Scheidungseltern zu einer bestimmten Anzahl von Stunden Elternberatung, um den Bedürfnissen von betroffenen, leidenden Kindern gerecht zu werden. Im übrigen deutschen Sprachraum handelt es sich um eine von Scheidungsgerichten gern gesehene Verantwortungsübernahme von Eltern. Bildung fördert, Bildung stärkt, Bildung schützt – sowohl Kinder als auch Eltern.

Unterstützung, Anregungen, Tools und Tipps findest du investitionsfrei auf **www.isabel-ebner.com** und auf **www.familywork.click**.

Dort findest du:

- Zugang zum kostenfreien Workshop »Wie du trotz Trennung oder Scheidung mehr Ruhe und Harmonie in dein Familienleben bekommst und für dein Kind mögliche Langzeitfolgen von Trennungskindern und Scheidungskindern verhinderst«.
- Die kostenfreie Elternfibel »Elternberatung. Antworten auf die häufigsten Fragen zum Thema Scheidung mit Kindern. Wie du Unterstützung für eine liebevolle Familiengestaltung auch nach Trennung und Scheidung findest«. **https://www.familywork.click/die-elternfibel/**
- Die Möglichkeit, dir ein gratis Erstberatungsgespräch zu buchen, bei dem schon strategie- und lösungsorientiert auf deine individuelle Situation eingegangen wird.

Aber Achtung! Bildung ist Persönlichkeitsentwicklung und bedeutet immer Investition! Du investierst dein altes, ausgelaufenes Ich und kreierst eine neue Identität, ein neues Ich, das Erfolg dann als Erfolg sieht, wenn alle davon profitieren. Viel Freude dabei!

ISABEL EBNER

Kinderbotschafterin, Psychologin & Autorin

Nach 10 Jahren sozialpädagogischer Betreuung sogenannter »Multiproblemfamilien« im Rahmen und Auftrag der Kinder- und Jugendhilfe begleitet die Kinderbotschafterin und Wahrnehmungspsychologin scheidungswillige Eltern und ihre betroffenen Scheidungskinder während und nach dem Trennungsprozess. Den Kindern gibt sie eine starke Stimme und schaut aus deren liebenden Augen auf das fortbestehende Wohl aller am Familiensystem Beteiligten, insbesondere auf das der Kleinen. Für diese bedeutet die Scheidung der Eltern eine gänzlich neue Situation, die sie für den Rest ihres Lebens begleitet, das sie möglichst unbeschadet und unbeschwert leben können sollten.

Ziele setzen und erreichen: Vom Mount Everest und anderen persönlichen Gipfeln

Am 29. Mai 1953 war es so weit. Nach zwei fehlgeschlagenen Versuchen standen Sir Edmund Hillary, Imker aus Neuseeland, und Tenzing Norgay, nepalesischer Sherpa, als erste Menschen nachgewiesenermaßen auf dem Gipfel des Mount Everest, dem höchsten Berg unseres Planeten.

Seit den 1920er Jahren wurden Anläufe dokumentiert, das »Dach der Welt« – auch die »Stirn des Himmels« (Nepali) oder die »Mutter des Universums« (Tibetisch) genannt – zu erklimmen. Insbesondere George Leigh Mallory, britische Bergsteiger-Legende, verfolgte dieses Ziel hartnäckig. Ob Mallory es je auf den Gipfel geschafft hat, ist unklar. Er und sein Begleiter Andrew Irvine verschwanden 1924 bei einem Besteigungsversuch nicht weit unterhalb des Gipfels in einer Wolke und wurden nicht mehr gesehen. Mallorys sterbliche Überreste wurden 1999 auf ca. 8150 m ü. M. gefunden.

> **Am Anfang unseres Weges steht die Definition unseres Ziels – dessen, was wir wirklich wollen.**

Die Stärken, die diese Pioniere führten, waren dieselben: *Beharrlichkeit. Durchhaltewillen. Ein fester Blick auf das Ziel.*

Am Anfang unseres Weges steht die Definition unseres Ziels – dessen, was wir wirklich wollen. Dies ist die erste Herausforderung. Denn so oft driften wir zwischen (vermeintlichen) Erwartungen, Meinungen, Aufgaben, Umständen, Konformität und dem Bedürfnis nach Zugehörigkeit durch unser Leben und lassen uns lieber Ziele setzen als sie selbst zu benennen.

Wir verkümmern zu Ziel-Empfängern und machen es uns in dieser passiven Rolle bequem. Und meldet sich in unserem Innern dann doch mal diese Stimme, die fragt, was wir für unser Leben erstrebenswert finden und wirklich wollen, ignorieren wir sie gekonnt oder erklären uns noch im selben Moment, warum das zumindest jetzt gerade nicht zu verwirklichen ist. Wir überlegen uns, was die anderen denken könnten, wenn wir es doch täten, dabei liegt die Entscheidung für ein Ziel, für unseren eigenen nächsten Gipfel, nur bei uns, nicht bei unserem Chef, unserem Partner, unseren Eltern, Kindern, Freunden, der Gesellschaft, dem Staat oder sonst wem. Wir allein sind für unsere Ziele verantwortlich – und jedes »Ja, aber ...« oder »Vielleicht später« ist nur eine Ausrede.

Wir allein sind für unsere Ziele verantwortlich – und jedes »Ja, aber...« oder »Vielleicht später« ist nur eine Ausrede.

Dabei bedarf ein wirkliches Ziel nicht einmal einer Erklärung. Mallory soll auf die Frage, warum er den Mount Everest besteigen wolle, gesagt haben: »Weil er da ist« (»Because it's there«). Darüber hinaus brauchte er keinen Grund, warum er dort hinauf wollte. Er war überzeugt davon, dass er den Gipfel erreichen kann, sonst hätte er sich nicht auf diesen harten Weg gemacht und es trotz Rückschlägen wieder und wieder versucht. Dasselbe gilt für Sir Edmund Hillary, der 29 Jahre später auf dem Gipfel stand. Beide besaßen die Beharrlichkeit und den unbedingten Willen zum Durchhalten, zur Erreichung ihres zuvor unmöglich scheinenden Ziels. *Warum* sie dies wollten, war unwichtig; wichtig war lediglich, *dass* sie es wollten. Und die Intensität ihrer Willenskraft, Beharrlichkeit und Entscheidungsverantwortung haben Ressourcen freigesetzt, von denen sie vermutlich vorher nicht einmal wussten, dass sie sie besaßen.

Ich kenne viele Menschen, die eifrig in der Ebene ihres Lebens herumwerkeln. Interessanterweise tun sie dies, obwohl es sie nicht wirklich zufrieden macht. Es eröffnet ihnen keine neuen Perspektiven und führt sie nicht zu Wachstum. Doch die Natur – nicht nur die menschliche – ist auf Wachstum ausgerichtet, es gehört zu unseren

Grundbedürfnissen. Dennoch fürchten wir uns vor dem Aufbruch, dem unbekannten Weg und seinen Unsicherheiten – und nicht zuletzt dem Ziel selbst. Wir finden zahlreiche Erklärungen, warum es besser für uns ist, im Tal zu bleiben. Es ist unsere horizontale Komfortzone, in der wir uns sicher fühlen – und wir verkennen, dass Sicherheit eine Illusion ist. Mit der Zeit gewöhnen wir es uns ab, den Blick auf einen nächsten möglichen Gipfel zu richten oder gar einen Fuß auf einen Weg zu setzen, der bergauf geht.

Es ist unsere horizontale Komfortzone, in der wir uns sicher fühlen – und wir verkennen, dass Sicherheit eine Illusion ist.

Doch genau diese neue Blickrichtung aktiviert unseren angeborenen Entdeckergeist. Lässt uns aus unserem gewohnten Umfeld und damit auch unseren Gewohnheiten heraustreten, uns neue, unmöglich erscheinende Ziele anpeilen, auch wenn wir nicht sofort wissen, wie wir sie erreichen. Lenkt unseren Fokus auf unseren nächsten Gipfel und offenbart uns andere Optionen und neue Wege. Lässt uns wachsen, vielleicht sogar über uns selbst hinaus.

Es gibt unzählige Biografien und Erfolgsgeschichten von Menschen, die bislang unmöglich Geglaubtes realisiert haben. Ihnen allen gemeinsam sind dieses beharrliche Verfolgen ihres Ziels und der Wille, nicht aufzugeben. Beharrlichkeit ist eine einzigartige mentale Kraft. Sie ist Ausdruck der Verantwortung, die wir für unsere Entscheidung übernehmen, den Gipfel zu erreichen. Sie ist unabdingbar, um die Herausforderungen auf dem Weg anzunehmen und sie zu meistern. Sie lässt uns weitermachen, wenn die unvermeidlichen Hindernisse und Schwierigkeiten auftauchen. Sind Beharrlichkeit und Durchhaltewillen unsere Begleiter, suchen wir neue Routen, stehen wieder auf, werden kreativ und nichts und niemand kann uns aufhalten.

Sie setzt voraus, dass wir etwas wirklich wollen, dass das Ziel, das wir verfolgen, tatsächlich unser Ziel ist und nicht das von anderen.

Beharrlichkeit ist weder angeboren noch erblich. Niemand kann Beharrlichkeit für uns entwickeln, außer wir selbst. Beharrlichkeit bedeutet, dass wir zäh, standhaft und hartnäckig bleiben, auch wenn es schwierig wird. Sie setzt voraus, dass wir etwas wirklich wollen, dass das Ziel, das wir verfolgen, tatsächlich unser Ziel ist und nicht das von anderen. Dass wir uns mit ihm identifizieren. Dass positive Gefühle aufkommen, wenn wir uns vorstellen, dass wir es erreicht haben. Dass wir es uns nicht ausreden oder schlecht machen lassen. Dass uns kein Stein auf dem Weg dorthin stoppen kann. Ist es wirklich unser Ziel, wollen wir es erreichen und gehen beharrlich und konsequent darauf zu – und der Weg dorthin offenbart sich beim Gehen.

Durchhaltewille und Beharrlichkeit entfalten ihre Kraft, wenn unser Ziel klar ist. Wollen wir Neues erreichen und wachsen, müssen wir uns wirkliche Ziele setzen, große Ziele, die unsere sind, mit denen wir uns identifizieren, die wir so sehr erreichen wollen, dass wir uns anstrengen, dass wir auch Rückschläge hinnehmen und uns immer wieder erneut auf den Weg machen. Das heißt nicht, blindlings loszulaufen, keine notwendige Ausrüstung mitzunehmen, Hindernisse und Gefahren zu ignorieren oder keine Angst zu haben. Es bedeutet, uns trotz bestehender Risiken und Ängste auf den Weg zu unserem Ziel zu machen, weil unser Wille, es zu erreichen, stärker ist. Egal warum. Und egal, was die anderen denken mögen.

Wir alle haben das Potenzial, auf dem Gipfel unseres persönlichen Mount Everest zu stehen.

Wir alle haben das Potenzial, auf dem Gipfel unseres persönlichen Mount Everest zu stehen. Setze Dir Dein nächstes großes Ziel, lass es nicht aus den Augen und mach Dich auf den Weg!

BRIGITTE MÜNCH

Strategin für Klarheit, Wachstum und Erfolg

Sie schöpft aus ihrer einmaligen internationalen Erfahrung als Tech-Juristin, Verhandlerin, Mediatorin, Führungskraft, Kulturnavigatorin, Mentorin, Hamsterradläuferin, Musikerin, Sportlerin, Optimistin, Trainerin, Coach und Rednerin. Ihre Begeisterung für Menschen, ihre Geschichte(n) und ihr Potenzial treiben sie an und sind ansteckend. Ausgezeichnet als Führungspersönlichkeit, die für unternehmerischen Erfolg und ihr Engagement für andere stehen, inspiriert Brigitte Münch Menschen und Unternehmen mit Klarheit und Weitblick und führt sie zu positiver Veränderung, Wachstum und Erfolg.

Unternehmenswerte frisch geröstet oder die 5-Bs von Alexander Niggemann

Wünschst Du Dir manchmal auch in die Zukunft blicken zu können?Und dadurch schon fünf Tage später eine klare Entscheidung zu treffen? Dann solltest auch Du meine 5-B Strategie für mehr Erfolg, Zeit und Wachstum kennenlernen und für Dich umsetzen.

Wie es dazu kam, dass die 5-B Strategie entstanden ist, ist eine nette Geschichte. Man könnte fast sagen, dass sie mich gefunden hat. Vor einigen Jahren plante ich ein Führungskräfteseminar, das einmal so ganz anders sein sollte. Also nicht nur informativ, sondern auch lebendig und vor allem mit Spaß verbunden. In dieser Zeit war ich beruflich in Düsseldorf unterwegs und genoss in meiner Mittagspause einen Kaffee. Aber nicht irgendwo, sondern genau dort, wo ich einige Jahre zuvor selbst ein Seminar zum Thema Kaffeerösten geschenkt bekommen und besucht hatte. Und wie ein Geistesblitz verband sich plötzlich all mein Wissen über agile Managementmethoden, Vertrieb, Kreativität und vieles mehr. Endlich fügten sich Theorie und Praxis zu einem Gesamtbild zusammen und ich hätte zu Beginn meiner Mittagspause niemals gedacht, dass dies die Geburtsstunde meiner 5-B Strategie sein sollte.

Jetzt fragst Du Dich sicherlich, was die 5-B Strategie genau ist und wie sie funktioniert. Sehr gerne möchte ich Dir das verraten. Das Schöne ist, dass sie leicht zu lernen und anzuwenden ist. Unabhängig davon, ob Du bereits ein Unternehmer bist oder auf dem Weg dahin, einer zu werden. Die Strategie kennt keine Grenzen, sie gibt Dir die Chance, beruflich wie privat zu wachsen. So kannst Du sofort und ohne große Umwege gleich mit Deinem eigenen BOLD WHY,

Deinem kühnen WARUM starten. Dein WARUM ist das, was Dich antreibt, was Dich motiviert und damit auch das, was Dein kühnes Ziel beinhaltet, Dein BOLD GOAL.

Wenn Du Dein kühnes Ziel formuliert hast, wie zum Beispiel »Wie gelingt es mir, mein Produkt an die richtige Zielgruppe zu verkaufen?«, oder »Wie kann ich mein Produkt noch interessanter gestalten, damit man auf mich aufmerksam wird?«, dann beginnt genau jetzt die 5-B Strategie. Wie genau lautet Dein Ziel oder bist Du noch dabei, es zu finden?

B wie Buddys

Damit Deine kühne Idee in die Tat umgesetzt werden kann, ist es wichtig, dass Du eine Bestandsaufnahme dessen machst, was Du selbst bereits an Ressourcen hast. Im nächsten Schritt beziehst Du Deine Familie, Deine Freunde und Bekannten in die Überlegung mit ein, die Dich wunderbar ergänzen können. Schließlich schaust Du noch über den Tellerrand hinaus. Denn es gibt noch so viele fremde Quellen und Menschen, die Dich in der Erreichung Deines Ziels unterstützen können. Du musst sie nur aktivieren. Dabei ist es spannend zu schauen, wer mit Dir auf Augenhöhe ist oder von wem Du noch eine Menge lernen kannst. Fällt Dir da gerade spontan schon jemand ein?

> **Never walk alone! Oder: Nutze die Energie der Schwarmintelligenz!**

B wie Brain

Nun wird Dein persönlicher Wissensbestand genutzt. Hierbei schaust Du zunächst wieder, welche Fähigkeiten Du selbst mitbringst. Zum Beispiel die Fähigkeit, ein Konzept zu erstellen, einen roten Faden vorzubereiten, agile Managementmethoden anzuwenden und vieles mehr. Hab Spaß daran, einfach alles herauszuholen, was in Dir steckt. Und wenn Du

> **Geh nie kopflos an ein Projekt heran!**

an Deine Grenzen stößt? Kein Problem, ich bin mir sicher, dass Dich auch hier wieder die richtigen Menschen begleiten können.

B wie Body

Der Körper kann hier stellvertretend für zwei wichtige Bereiche gesehen werden. Zum einen geht es darum, dass Du natürlich auch langsam in die Umsetzung Deiner Idee gehen möchtest. Hierfür wird die Hardware benutzt, wie zum Beispiel Räumlichkeiten, Technik, Medien und vieles mehr.

In einem gesunden Körper steckt ein gesunder Geist!

Zum anderen geht es aber auch um Dich und Deinen Körper. Wer große Pläne hat, sollte auch fit dafür sein und bleiben. Daher ist es großartig, wenn Du gesundheitsbewusst unterwegs bist und Deine Fitness, Kraft und Ausdauer einzuschätzen weißt. So wird es Dir möglich sein, auf Deiner Zielgeraden zu bleiben und diese in vollen Zügen auszukosten.

B wie Blackbox

Die Blackbox ist so etwas wie Dein Fahrtenschreiber. Ähnlich der Ablage »Papierkorb« sammeln sich hier viele verschiedene Nebenprodukte aus gemachten Erfahrungen und scheinbar nicht verwertbaren Produkten. Aber genau diese Blackbox birgt unendlich viele große und kleine Schätze, die darauf warten, gefunden zu werden. Wie das genau funktioniert? Ähnlich dem Detektiv Columbo kannst Du Dich mit Stift und Notizblock auf den Weg machen oder eine von vielen Methoden wählen, die bis hin zu Kameraaufzeichnungen und Studios führen. Die Betrachtung und Analyse des Inhaltes kann eine enorme Bereicherung und Grundlage für die Umsetzung des letzten Bs sein.

Mehr Wert als Du denkst!

B wie Business

Nun besteht die Kunst darin, konsequent aus den zuvor genannten vier Bs ein ureigenes Konzept des Prototyps zu erstellen. Dieses wird in Form eines Storyboards dargestellt. Lass Deiner Kreativität hier freien Lauf. Das führt dazu, dass Du beide Gehirnhälften anregst. So verbinden sich nicht nur die 5-Bs, sondern auch all Deine Fähigkeiten miteinander. Nach der Erstellung des Prototyps sowie dessen Visualisierung geht es in die Testphase. Nun wird es spannend. Hierfür benötigst Du fünf Testpersonen Deiner Zielgruppe. Und mit dieser Auswertung gelingt es Dir, den Blick in die Zukunft zu erhalten und eine Entscheidung treffen zu können. Dir wird unmittelbar klar, wie es weitergehen soll. Die 5-B Strategie verkürzt auf diese Weise einen bisher langen Prozess von der Idee zur Realisierung über die Analyse und Entscheidungsfindung auf nur wenige Tage. Der Weg zu Deinem erfolgreichen Business ist geebnet und Du kannst loslegen. Genau jetzt kann aus Deinem Bold Why, Dein vergoldetes Ziel und Warum werden! Deine Goldmedaille, dein Golden Goal! Herzlichen Glückwunsch!

Mehr Wert als Du denkst!

Der wahre Wert Deines Erfolges liegt von Anfang an in Dir und kann durch Deine Handschrift einzigartig werden. Genau das hat der Künstler Andy Warhol eindrucksvoll bewiesen. Trägt Dein Unternehmen bereits Deine Handschrift?

Dann solltest Du nicht länger warten und jetzt mit meiner 5-B Strategie damit beginnen, um Dir und Deinem Unternehmen mehr Erfolg, Zeit und Wachstum zu schenken. Geht nicht, gibts nicht! Denn meine Vision ist es, Ideen und Ziele mit Erfolgsanspruch lebendig zu machen.

Dein *Alexander Niggemann*

ALEXANDER NIGGEMANN

Experte für frische Unternehmenswerte

Alexander Niggemann ist Experte für Unternehmenswerte und als Speaker, Autor, Moderator und Entwickler der 5-B Strategie tätig. Als Ideengeber für Business Events, wie »Unternehmenswerte frisch geröstet« und dem »#CatchUpCall« ist Alexander Niggemann ein Vorreiter in der Branche und ein anerkannter Experte für Personal Branding und Business-Entwicklung. Seine Masterclass und persönliche Coaching helfen Unternehmen bei der Erreichung ihrer Ideen und Ziele.

Mehr Werte und Impulse findet man hier:

https://www.linkedin.com/in/alexander-niggemann/

https://alexanderniggemann.com

info@alexanderniggemann.com

Traut euch!

Kennt ihr das? Ihr fahrt freitags zur Arbeit mit dem Auto und hört Radio. Dann sagt die Radiosprecherin: »Endlich Wochenende. Noch wenige Stunden und ihr habt es geschafft.« Wie blöd ist das denn? Das kann doch nicht sein, oder? Ist die Gesellschaft so verbohrt, dass wir alle im falschen Job sind und nicht in unserer Berufung?

Traut euch. Ich bitte euch: Folgt eurer Berufung. Tretet euch selbst in den Arsch, wenn ihr es noch nicht gemacht habt. Folgt eurer Berufung. Warum werde ich hier so deutlich? Weil ich es selbst erlebt habe. Ich war zehn Jahre nicht in meiner Berufung, war nicht glücklich und ich weiß, wovon ich spreche. Ich hatte kein Geld, ich war nicht glücklich, ich war nicht erfolgreich. Das zieht einen Rattenschwanz nach sich, wie ihr euch sicher vorstellen könnt. Also ich sage es noch mal: Traut euch und folgt eurer Berufung!

Ich bitte euch: Folgt eurer Berufung.

Mittlerweile bin ich in meiner Berufung angekommen. Ich brauchte auch einen Coach dazu, der mich dahin gebracht hat, wo ich heute bin. Ich habe ihn gebraucht, um herauszufinden, was ist meine Berufung, was mein Thema ist. Und so bin ich selber Coach geworden. Ich bin glücklich als Coach und helfe Menschen, ihren Weg in die Leidenschaft und in ihre Berufung zu finden. Ich habe noch einen draufgesetzt, als wäre es nicht schon cool genug: Ich habe noch eine weitere Berufung dazugewonnen.

Im Rahmen der Pandemie war ich im Impfzentrum tätig. Obwohl ich schon dreißig Jahre Berufserfahrung in der Pflege und viel mit Patienten und Menschen zu tun hatte, denen ich Spritzen geben und Blut abnehmen musste, habe ich im Impfzentrum noch mal zusätzliche Erfahrungen gemacht. Dort habe ich gemerkt, wie viele Leute Angst vor Spritzen und Nadeln haben. Ob es jetzt eine Impfung ist, eine Blutentnahme oder Zahnarztangst. Es ist katastrophal! Was dahinter steckt, kann man sich vorstellen: Während der Pandemie durften wir manchmal nicht zum Arzt, obwohl wir es vielleicht gerne gewollt hätten, denn Vorsorge ist wichtig. Das heißt, ihr wolltet zum Arzt, aber ihr konntet nicht, obwohl ihr musstet. Und genau so ist es bei den Menschen, die nicht können, weil sie Angst vor der Spritze oder der Blutentnahme haben. Der Arzt kann nicht in sie reinschauen. Er braucht manchmal einen Tropfen Blut oder vielleicht auch ein bisschen mehr. Er kann nicht jeden gleich ins Röntgen schicken, sondern er muss Blut abnehmen. Und manchmal brauchen wir auch eine Impfung. Lassen wir mal die Pandemie außen vor. Wir kennen alle die wichtigsten Impfungen, sei es Tetanus oder Hepatitis. Wir wollen in den Urlaub fahren? Dann müssen wir uns auch einen Pieks gefallen lassen.

Für viele ist es eigentlich nur ein Pieks, aber für manche, na ja, für manche ist es eine Katastrophe.

Für viele ist es eigentlich nur ein Pieks, aber für manche, na ja, für manche ist es eine Katastrophe. Sie laufen grün an, wenn sie nur daran denken. Und das Gleiche passiert beim Thema Zahnarzt. Regelmäßige Besuche beim Zahnarzt sind wichtig. Einmal oder zweimal im Jahr sollte man zur Vorsorge, aber manche trauen sich einfach nicht. Sie fallen vom Zahnarztstuhl. Sie denken, die Welt würde untergehen, wenn der Zahnarzt mit seinem Besteck ankommt.

Ich sage: Tut was, macht was! Wenn ihr da Probleme habt, könnt ihr gerne auf mich zukommen. Mein Name ist Ingo Weckermann. Ich bin seit dreißig Jahren erfolgreich im Gesundheitswesen tätig und kümmere mich um Menschen. Und ich habe zwei Appelle an euch: Der erste Appell ist, traut euch!

Folgt eurer Berufung und tut das, was ihr schon immer machen wolltet, weil ihr nur ein Leben habt. Ihr seid nur einmal auf diesem Planeten und wenn ihr jetzt nicht das Leben anpackt, das ihr haben wollt, dann ist es zu spät. Wenn auf eurem Grabstein steht »Das hätte ich alles machen wollen«, dann ist es zu spät, dann könnt ihr nichts mehr dafür tun. Und mein zweiter Appell beginnt genauso: Traut euch! Wenn ihr zum Beispiel Probleme mit Spritzen, mit Nadeln und Angst vor dem Zahnarzt habt, kommt gerne auf mich zu. Ich bin euer Mann, ich stehe dafür gerade, ich helfe euch und zeige euch den Weg. Ihr findet mich unter **www.ingoweckermann.com**.

Folgt eurer Berufung und tut das, was ihr schon immer machen wolltet, weil ihr nur ein Leben habt.

INGO WECKERMANN

Experte für Spritzenangst, EMDR-Coach

Seit 30 Jahren ist er im Dienste der Gesundheit unterwegs. Als gelernter Krankenpfleger kennt er sich nur zu gut mit den Belangen der Menschen aus.
Seit 2018 ist er Coach für Mindset und Berufung. Nachdem der selbst jahrelang auf der Suche nach seiner Berufung war, ist jetzt als Spitzencaoch in seiner Leidenschaft angekommen. Ingo Weckermann ist Experte für Spritzenangst, EMDR-Coach, Unternehmer und Visionär. Es begann alles mit einer Lebenskrise, in der er sich 2018 befand, aus der er selbst durch einen Coach herausgefunden hat.
Es ist seine Berufung, Menschen auf dem Weg in ihr Glück und ihre Leidenschaft zu begleiten.

Normal ist ein Programm Deines Wäschetrockners

Kennst Du das auch, wenn andere Menschen Dich zurechtweisen mit den Worten: »Nun komm mal wieder runter und werde normal.« Oh, und dann noch die Worte: »Ich erwarte von Dir, dass Du jetzt Deinen Schreibtisch aufräumst.« Später wird daraus ein »Ich verlange von Ihnen höchste Disziplin und Gewissenhaftigkeit. Morgen erwarte ich den Bericht auf meinem Tisch.«

Wie fühlst Du Dich, wenn Du auf diese Weise angesprochen oder geführt wirst?

Es sind Sätze, die wir schon aus der Kindheit kennen. Und wenn wir dann noch ein »Was bist Du wieder so vorlaut« und »Sei artig und lass das« in der Dauerschleife gehört haben, dann sind das wunderbare Glaubenssätze, die uns heute privat wie beruflich so richtig heftig im Weg stehen können und unsere Verhaltensmuster ausmachen.

Tu dies, dann bekommst Du das. Um artig zu sein, geliebt zu werden, Streicheleinheiten von Mama und Papa zu bekommen und auch durchaus von staatlicher Seite, haben wir abgeliefert. Stimmt's? Und heute, ganz ehrlich, erlebe ich das nur allzu oft verstärkt bei Frauen.

Ist das vielleicht ein Grund, warum wir so wenige Frauen in der Führungsebene vorfinden?

Ist das, was wir früher als Mädchen nicht sein oder tun sollten, das, was uns heute fehlt? Ich habe abgeliefert (nicht immer). Mich interessierte schon damals und heute noch mehr das »Dahinter«, das wirklich Wirkliche. Ich möchte verstehen, was nicht heißt, dass ich Verständnis habe, und ich habe erfahren, wie wichtig Vielfalt für ein Team ist, denn verschiedene Menschen haben unterschiedliche Blickwinkel.

Kennst Du die »eierlegende Wollmilchsau« in Perfektion?

Es ist kein Wunder, dass meine Vorgesetzten sich absolut sicher in meiner »Betreuung« aufgehoben fühlten, denn ich lieferte mindestens zu 100 %. Sie vertrauten mir, was mich ehrte. Wieder eine Streicheleinheit. Ich bekam immer mehr »Probleme« zu lösen, Aufgaben und Projekte. Geil, dachte ich. Ich bekam immer mehr Futter und als Quereinsteigerin in einer namhaften Werbeagentur bin ich gewachsen und gewachsen, von der persönlichen Assistentin des CEO zur Neugeschäfts- / PR-Managerin. Und das war nicht gut genug, denn allzu oft hörte ich in meinem Leben die Worte: »Sie haben ja nicht studiert, deshalb …«. Ich habe die HR-Abteilung komplett umstrukturiert, auf neue Beine gestellt und wieder übergeben. In regelmäßigen Abständen führte ich im Zuge einer Veranstaltungsreihe die Damen und Herren diverser Unternehmen, Vorstände, Manager:innen, Pressevertreter:innen, Politiker:innen und hochkarätige Key-Note-Speaker:innen zum »Austausch und Kennenlernen« zusammen. Und später mit Kind waren wir »Mütter« mit dem entsprechenden Stellenwert. Schubfach auf und gleich wieder zu. Das Schild blieb hängen. Wieder kämpften wir um Anerkennung und Wertschätzung. Und all das prägte mich. Hier musste sich etwas ändern und ich wurde aktiv: Ich brach alte, nicht mehr funktionierende Schranken auf – bei Menschen und in den Unternehmen. Ich begleitete das Unternehmen wegweisend durch das Audit »Vereinbarkeit von Beruf, Familie und Pflege« – damals ein dickes Brett mit Folgen.

Von wegen Massenmails und »Einheitsgrüße vom Bodensee« oder heute ein gern verwendeter Satz »dann schauen Sie doch mal auf unsere Homepage, da steht alles.« Ich inhalierte die Person und das Unternehmen. So konnte ich gezielt und passgenau Menschen anrufen, sie auch mit einer persönlichen, handschriftlichen Grußkarte erfreuen und eine Verbindung schaffen. Ja, da steckt eine Profilerin in mir.

Vertrauen und Wertschätzung ist die Basis eines Miteinanders, um gemeinsam mit Leidenschaft erfolgreich zu sein.

Vertrauen braucht Jahre, um es aufzubauen, aber Sekunden, um es zu brechen und für immer, um es zu reparieren. Vertrauen und Wertschätzung ist die Basis eines Miteinanders, um gemeinsam mit Leidenschaft erfolgreich zu sein.

Warum sind wir so, wie wir sind?

Pro Sekunde werden ca. 11 Millionen Sinneseindrücke in unserem Gehirn verarbeitet. Davon nehmen wir jedoch nur etwa 40 bewusst wahr. Jegliche Erfahrung, die mit einer Emotion gekoppelt ist, bleibt uns im Unterbewusstsein erhalten. Alles, was wir wahrnehmen, wird im Unterbewusstsein, im Spiegel des Gedächtnisses reflektiert. Wir bewerten also aufgrund unserer Erfahrungen. Somit ist alles eine subjektive Betrachtung. So sehen wir die Welt. Wir machen sie uns passend, zu unserer Erleichterung.

> **»Nicht das, was wir nicht wissen, ist es, was uns am Erfolg hindert, sondern das, was wir wissen und nicht den Tatsachen entspricht.«**
> JOSH BILLINGS

Es gibt in allen Generationen Unterschiede. Dies hat in meinen Augen mit der einzigartigen Person zu tun und nichts mit dem Jahrgang wie z. B. der Generation XYZ. Und schon jammern viele Führungskräfte und Manager:innen, dass diese Generation »nicht arbeiten« will. Sack auf, alle rein da, bewerten und gleich wieder verschließen. Somit bleibt das »Problem« im Außen und das Thema ist kein Thema mehr, bis die / der nächste Mitarbeiter:in das Unternehmen verlässt (auch erfahrene verlassen ein Unternehmen) und die Stelle unbesetzt bleibt, aber der Rekrutierungsprozess, die Kultur und die Ansprache gleich bleiben.

Und so prallen unterschiedliche Menschen mit unterschiedlichen persönlichen Prägungen und Erfahrungen unter unterschiedlichen Rahmenbedingungen in unterschiedlichen Umfeldern aufeinander.

- *Gehst Du der Ursache der Diskrepanz in der Kommunikation auf den Grund?*
- *Versetz Dich in die Position der anderen Person. Wie tickt sie?*
- *Bewerte nicht aus Deinem System heraus und bleibe offen.*

Menschen brauchen keine Bratwurst für einen positiven Anreiz. Wenn wir die Kommunikation verbessern, verbessern wir das Verständnis.

Menschen brauchen keine Bratwurst für einen positiven Anreiz. Wenn wir die Kommunikation verbessern, verbessern wir das Verständnis.

- *Wie führst Du Menschen im Unternehmen?*
- *Wie kannst Du die Fußfesseln der Mitarbeiter:innen abnehmen und die Rahmenbedingungen ihren Bedürfnissen anpassen?*
- *Wie kannst Du die erforderliche »Flexibility« (Das Ausbalancieren von Flexibilität und Sicherheit) vorleben?*
- *Weißt Du, wer Du selbst bist und wann ein »Too Much« Deiner Stärke zur Schwäche wird?*

Es geht in der Führung um eine Führung mit Sog. Es kommt auf den Zusammenhalt, den Team-Spirit, die effiziente, passgenaue Kommunikation, die Neugierde für den Menschen, den Respekt, die Wertschätzung, das Vertrauen, die Feedback-Kultur, die Transparenz, klar kommunizierte Ziele und die Bereitschaft zur Kooperation an, um gemeinsam den Erfolg zu erfahren. Mitarbeiter:innen wollen sich sinnstiftend einbringen, ein Teil des Ganzen sein, sich identifizieren können mit der Organisation.

Unternehmen, Institutionen etc. im wertschätzenden Austausch erzielen gemeinsam barrierenlösende, verbindende Ergebnisse. Silodenken war vorgestern. Selbstverständlich will jeder sein Gesicht bewahren und so bedarf es auch hier des Fingerspitzengefühls in der Kommunikation und das länderübergreifend.

> **»Wo kämen wir hin, wenn alle sagten, wo kämen wir hin, und niemand ginge, um einmal zu schauen, wohin man käme, wenn man ginge?«**
> KURT MARTI

Wir benötigen eine Kommunikation, die den Dialog antreibt und eine Vielfalt von Menschen, die unterschiedliche Sichtweisen als Bereicherung für gemeinsame Wege in eine neue Welt sieht. Nur in Vertrauenskulturen können große Würfe gelingen.

Sei Zukunftsgestalter:in, Menschenversteher:in, Sparringspartner:in, Problemsolver:in, Mentor:in, die / der die Performance-Exzellenz und das Bleibepotenzial in den Unternehmen erhöht, die Menschen und Unternehmen auch länderübergreifend verbindet.

Erlebe mich aktiv hier (QR-Code) und in diversen Videos, Beiträgen, Vorträgen und auf Social-Media-Plattformen auch unter dem Hashtag #elkemoment sowie im richtigen Leben.

Mein Credo: Menschen und Unternehmen verbinden.
Von Menschen. Mit Menschen. Für Menschen.

ELKE BEHRENDT

**Menschen und Unternehmen verbinden.
Von Menschen. Mit Menschen. Für Menschen.**

Elke Behrendt ist eine engagierte, verbindende, empathische »Never-Give-Up«-Menschenversteherin, eine Zukunftsgestalterin und Mutmacherin auf internationalem Terrain. Als Sparringspartnerin kitzelt sie vertrauensvoll aus Führungskräften und Management das Gefühl und das große Ganze für die Mitarbeiter:innen und das Unternehmen heraus.

Als Vortragsrednerin begeistert sie mit ihrer authentischen, lebendigen Art, durch Beispiele aus der Praxis und sie macht neugierig auf mehr. Ihre Erfahrungen sind so bunt wie die Welt. Sie war u. a. insgesamt 15 Jahre auf allen Kontinenten der Welt zu Hause. Begriffe wie Cultural-Change-Beraterin, Personal-Growth-Mentorin und Consultant sind in ihren Augen nur Titel. Sie hat allein über 1000 Mitarbeiter:innen aus ca. 50 Nationen auf der »Mein Schiff«-Kreuzfahrtschiffflotte gefördert, ermutigt, in engagierte diverse Teams zusammengeführt und Führungskräfte geschaffen. Sie ist der vertrauensvolle Spiegel des Managements.

https://www.linkedin.com/in/elke-behrendt-4540944b/

https://www.facebook.com/elke.behrendt.5/

willkommen@elke-behrendt.com

Mut zu mehr Lebensfreude

Was ist für dich Lebensfreude? Glücklich zu sein, Spaß zu haben oder viel mehr? Hast du dich schon mal gefragt, warum für mehr Lebensfreude auch Mut erforderlich ist?

Für mich bedeutet Lebensfreude,

- so sein zu dürfen, wie ich bin.
- zu leben, ohne mich zu verstellen.
- Spaß zu haben, das, was ich mache, gerne zu tun.
- Oder einfach Freude und Glück zu empfinden und auch auszustrahlen.
- Ja und manchmal auch ein wenig verrückt zu sein

Verrückt? Was bedeutet denn ver-rückt? Eigentlich ist es nur eine etwas andere Sichtweise. Normal ist das, was alle machen, weil man es immer schon so macht. Die Frage ist, ist das immer richtig? Wäre es nicht manchmal besser, es etwas anders zu machen und aus der Reihe zu tanzen?

Siehst Du das auch so?

Aber trauen wir uns in der Realität das Leben nach unseren Wünschen lebendig zu leben? Wie geht es dir damit? Hast du den Mut, egal, was andere von dir denken, vor allem das zu tun, was dir guttut? Dich nicht ständig anzupassen, um es ja allen recht zu machen und möglichst nicht aufzufallen?

Ja, ich weiß, es ist oft viel bequemer, nicht aufzufallen, lieber in der Komfortzone zu bleiben, keine Diskussionen zu führen, lieber die Erwartungen der anderen zu erfüllen, um ja von allen geliebt zu werden. Ist es das, was dich zufrieden macht, angepasst zu leben? Empfindest du dabei Freude, fühlst du dich bei diesem Gedanken lebendig?

Genau diese Fragen habe ich mir selbst Anfang 2020 gestellt, als plötzlich alles anders war. Als ich nicht mehr durch viele Aktivitäten abgelenkt wurde und ich die Leere und Unzufriedenheit in mir wahrnehmen konnte.

Nein, das war nicht das Leben, das ich mir erträumt hatte – mich ständig anzupassen, es allen recht zu machen. Wo waren denn meine Träume und Wünsche geblieben? Für mich stand damals fest: Es wird Zeit, mir die Frage zu stellen, was will ich?

Es war mir plötzlich egal, was andere denken.

Ich schloss einen Vertrag mit mir selbst ab. In diesem Vertrag gab es drei Dinge, die ich nie mehr tun wollte, und zwar unter keinen Umständen:

1. Nie mehr etwas tun unter dem Gesichtspunkt, dass andere mich dann nett finden und lieben.
2. Mich nie mehr klein machen und mir einreden lassen, dass etwas nichts für mich ist.
3. Mich nie mehr fragen, ob sich etwas schickt, ob ich es darf und was denn die andern von mir denken?

Das bedeutet für mich nicht, dass ich alle in meinem Umfeld »vor den Kopf stoße«, sondern nur, dass ich auch auf meine Gefühle achte und mich frage:

Was ist für mich richtig?
Was tut mir gut?
Was will ich?

Genau diese Erkenntnis wünsche ich dir auch. Diese Fragestellungen bedeuten auch abzuwägen, welche Entscheidung gerade jetzt angebracht ist. Mein Leben zu leben, bedeutet aber nicht nur, mein Ego zu leben, sondern auch mit den anderen in einer Gemeinschaft Kompromisse einzugehen.

Dies war kein einfacher Prozess und oft stellte ich mir die Frage: Kann ich jetzt zu dieser oder jener Anforderung an mich Nein sagen? Ich versichere dir, Ja zu sagen, ist oft einfacher. Es gibt keine Diskussionen und alle im Umfeld sind zufrieden. Nur eine Person ist unzufrieden und fühlt sich unwohl, weil sie etwas getan hat, was sie eigentlich nicht wollte, und das bist du!

Ja, es gehört Mut dazu, Nein zu sagen. Ja ist immer einfacher.

Glaubst du wirklich, dass du dann mit deiner Unzufriedenheit eine Bereicherung für dein Umfeld bist? Glaubst du, dass du dabei Lebensfreude empfindest? Aus meiner eigenen Erfahrung kann ich dir versichern, nein, das macht keine Freude. Ja, es gehört Mut dazu, Nein zu sagen. Ja ist immer einfacher.

Wenn Du das Gefühl hast, irgendetwas in deinem Leben ist nicht mehr stimmig, irgendwo bist du falsch abgebogen, hast deinen eigenen Lebensweg verlassen, dann stell dir die folgenden Fragen:

- Was will ich ändern? Vergesse dabei aber nicht, das Gute in deinem bisherigen Leben zu sehen und zu würdigen.
- Wie will ich es stattdessen haben? Beantworte dir diese Frage nicht nur oberflächlich, z. B. mit »mehr Zeit für mich«, sondern frage dich, was das für dich bedeutet und wofür du diese Zeit nutzen willst.
- Kannst du dir das, was du anders haben willst, vorstellen? Wie fühlt sich das für dich an?

Genau diese Fragen habe ich mir damals gestellt und bin dabei zu dem Ergebnis gekommen, dass ich nicht mehr die graue Maus im Hintergrund sein will, dass ich endlich aus meiner Komfortzone heraus in die Sichtbarkeit möchte.

Ja und dann waren sie da, die Zweifel und die Einreden Dritter: Das willst du doch nicht wirklich in deinem Alter. Meinst du wirklich, du schaffst das?

Ich wurde unsicher und dann war es wieder da, dieses kleine Teufelchen auf meiner Schulter und hat mir, wie schon seit meiner frühesten Kindheit ins Ohr geflüstert: »Das schaffst du nie, das kannst du gar nicht, du bist viel zu schüchtern. Du doch nicht.« Kennst du das? Hast du auch manchmal so ein kleines Teufelchen, das sich immer mal wieder meldet? Dann mach es wie ich. Ich habe mich davon befreit und dieses Teufelchen zu Grabe getragen. Diesen unglaublich befreienden Moment werde ich nie vergessen. Plötzlich war es wieder da, dieses Prickeln im Bauch, dieses Gefühl aus der Kindheit, wenn ich mal wieder zu viel Brausepulver gegessen hatte. Dieses unglaubliche Gefühl, wieder lebendig zu sein, das war Lebensfreude pur.

Hast du auch manchmal so ein kleines Teufelchen, das sich immer mal wieder meldet?

Genau das wünsche ich dir.

Das Leben bietet uns in allen Lebensphasen so unendlich viele Chancen, wir müssen sie nur erkennen und ergreifen.

Ich habe mir vorgenommen, mein Leben positiv zu sehen, egal, wie die äußeren Umstände sind. Meine Wünsche und Träume zu leben, so zu sein, wie ich bin. Keiner von uns ist auf dieser Welt, um das Leben einfach so »runterzuleben«. Es ist meine Aufgabe, mein Leben lebendig zu leben, und zwar jetzt, nicht später, nicht irgendwann, denn dann kann es zu spät sein.

Es ist meine Aufgabe, mein Leben lebendig zu leben, und zwar jetzt, nicht später, nicht irgendwann, denn dann kann es zu spät sein.

Von Mark Twain stammt die Aussage: **»Trenne dich nie von deinen Illusionen und Träumen, wenn sie verschwunden sind, wirst du zwar weiter existieren, aber aufgehört haben zu leben.«** Ich wünsche dir, dass du den Mut hast, deine Ziele umzusetzen, deine Träume zu leben, dein Leben lebendig mit ganz viel Lebensfreude zu leben. Es ist Zeit, mutig zu sein, glaub an dich, denn die Grenzen sind nur in deinem Kopf.

MARIANNE HEINE

Coach, Mut-Macherin zu mehr Lebensfreude

Marianne Heine unterstützt Menschen, Chancen zu erkennen und den Mut aufzubringen, diese zu ergreifen – egal, in welchem Alter. Sie zeigt den Menschen, dass sich die Grenzen für das tägliche Tun und Handeln nur im eigenen Kopf befinden. Sie ermutigt Menschen, ihren eigenen Weg zu gehen.

Ihr ist es wichtig, das Leben so zu leben, dass am Ende nicht der Gedanke aufkommt »Ach hätte ich mich doch getraut, auch meine Träume umzusetzen.«

Genau das vermittelt Marianne Heine ihren Kunden im Coaching, in Buchbeiträgen und Vorträgen.

www.marianneheine.de

So wird Ihre Webseite erfolgreich

Holen Sie Ihre potenziellen Kunden immer zuerst bei ihrem Problem ab

Jeder von uns kennt es: Wir haben ein aktuelles Problem, dass uns beschäftigt und benötigen dafür eine Lösung. Und mit »Problem« meine ich nicht unbedingt etwas Schwerwiegendes, sondern ganz übliche Alltagsherausforderungen. Es kann sich z. B. dabei um ein Familienmitglied handeln, das momentan in der Schule nicht so gut ist und Nachhilfe benötigt oder der geliebte Familienhund ist schon etwas in die Jahre gekommen, die Gelenke quietschen und er benötigt eine Therapie, damit es ihm wieder besser geht. Es kann aber auch sein, dass Sie sich selbstständig gemacht haben und gar nicht wissen, ob und welchen Steuerberater Sie benötigen. Oder ganz viele andere Fragen, die bei uns allen Tag für Tag im Leben auftauchen.

Sie lesen dieses Buch wahrscheinlich, weil Sie eine Dienstleistung oder ein Produkt anbieten. In der Regel bedeutet das auch, dass Sie eine Lösung auf ein bestehendes Problem bieten können. Um das etwas genauer zu verdeutlichen, nehmen wir mal die drei Themen, die ich oben erwähnt habe.

Sie sind z. B. als Nachhilfelehrerin oder -lehrer tätig oder als Hundephysiotherapeutin oder -therapeut. Vielleicht helfen Sie als Steuerberaterin oder -berater Ihren Kunden durch den Steuerwirrwarr und erstellen die Steuererklärung nach dem jeweils geltenden Recht und holen das Beste heraus. Welche Dienstleistung oder welches Produkt sie auch immer anbieten, in der Regel lösen Sie damit ein Problem, dass jemand anderes hat. Und damit Ihre potenziellen Kunden Ihr Angebot finden, sind Sie hoffentlich auch im Internet sichtbar. Am besten in Form einer Homepage und auf den Social-Media-Kanälen.

Und genau an dieser Stelle entscheidet es sich, ob Sie erfolgreich werden oder in der Masse Ihrer Mitbewerber untergehen. Dabei liegen die Faktoren, die über Ihren Erfolg oder Nicht-Erfolg entscheiden, auf der Hand. Sie sind nicht schwer umzusetzen, aber trotzdem beachten viele Selbstständige sie nicht. Ich kenne das aus den vielen Mentorings mit meinen Coachingkunden. Diese kommen zu mir, weil ihr Geschäft einfach nicht ins Rollen kommt. Sie versuchen die verschiedensten Dinge, geben Geld für wirkungslose Werbung bei Facebook, Instagram, Google oder LinkedIn aus und trotzdem will einfach niemand oder nur eine geringe Menge der erreichten »Zielgruppe« das Angebot kaufen.

Wenn ich mir dann die Webseiten und Social-Media-Kanälen meiner Coachingkunden ansehe, stelle ich in der Regel immer wieder mit Schrecken fest, dass es auf der Homepage hauptsächlich um eines geht: ihn selbst.

Wenn ich mir dann die Webseiten und Social-Media-Kanälen meiner Coachingkunden ansehe, stelle ich in der Regel immer wieder mit Schrecken fest, dass es auf der Homepage hauptsächlich um eines geht: ihn selbst. Als erstes kommt ein großes Bild meines Coachingkunden, daneben ein langer Text. Da wird in den schillerndsten Farben die ganze Vita beschrieben und die eigene Expertise in den Vordergrund gestellt. Ich habe dann immer das Gefühl, dass meine Kunden sich dabei denken, der Webseitenbesucher käme gar nicht mehr daran vorbei, das Angebot wahrzunehmen, weil es wohl keinen Besseren mit dieser Expertise gibt.

Und das ist bereits ein großer Denkfehler. Warum? Weil Ihre potenziellen Kundinnen und Kunde sich beim Besuch Ihrer Webseite erst einmal überhaupt nicht für Sie interessieren. Ganz im Gegenteil. Sie interessieren sich erst einmal dafür, ob sie ihr aktuelles Problem lösen können. Das Erste, was sie auf vielen Landingpages zu lesen bekommen, sind die tollen Vitae der Webseitenbesitzer, aber keine Lösung für das eigene Problem. Dabei ist es genau an dieser Stelle notwendig, sofort auf das Problem einzugehen.

Warum ist das so? Das ist ganz einfach erklärt. Nehmen wir ganz einfach eines der oben genannten Beispiele. Stellen Sie sich vor, Sie haben einen Hund, der in die Jahre gekommen ist und Arthrose hat. Damit der Hund ein möglichst schmerzfreies weiteres Leben hat, suchen Sie im Internet nach genau diesen Themen. Sie geben in die Suchmaschine die Suchwörter »Hund, alt, Arthrose« oder etwas Ähnliches ein und kommen auf die Seite eines Hundephysiotherapeuten. Auf der Webseite erfahren Sie dann erst einmal alles zu dem Therapeuten oder der Therapeutin. Welche »Herzensaufgabe« es ist, Hunde zu behandeln, welche Ausbildung absolviert wurde, dass sie oder er unheimlich gerne mit den Fellnasen kuschelt (wirklich vorgekommen). Weiter unten auf der Webseite finden Sie dann die ganzen »technischen« Dinge, die in der Praxis eingesetzt werden, dazu noch komplett fachlich beschrieben, damit die Kompetenz des Therapeuten noch deutlicher heraussticht.

Der Kunde möchte und muss an allererste Stelle erfahren, wie Sie mit Ihrer Dienstleistung oder Ihrem Produkt das Problem lösen, ohne dass sich der Kunde durch die ganze Webseite klicken muss.

Nun können Sie sich fragen: »Warum ist das falsch?«. Und die Antwort lautet: »Weil es an der falschen Stelle der Webseite kommuniziert wird, nämlich direkt am Anfang.« Und an dieser Stelle möchte Ihr potenzieller Kunde das noch gar nicht wissen. Der Kunde möchte und muss an allererste Stelle erfahren, wie Sie mit Ihrer Dienstleistung oder Ihrem Produkt das Problem lösen, ohne dass sich der Kunde durch die ganze Webseite klicken muss.

Sie können natürlich erwidern: »Ja, aber das steht alles an der Stelle X auf der Webseite und da braucht der Kunde nur hinzuklicken.« Aber denken Sie einmal an sich selbst. Wenn Sie etwas suchen. Wie lange verweilen Sie auf einer Webseite? Wenn Sie die Information zu Ihrem Problem nicht sofort finden, sind Sie innerhalb weniger Sekunden wieder weg und klicken schon auf das nächste Suchergebnis der Suchmaschine. Finden Ihre Webseitenbesucherinnen und -besucher nicht sofort die Information zur Lösung ihres

Problems, dann sind sie schnell wieder weg von Ihrer Webseite und es entgeht Ihnen damit erheblicher Umsatz. Holen Sie deshalb Ihre Kundinnen und Kunden auf Ihrer Webseite und Ihren Social-Media-Kanälen immer zuerst bei ihrem Problem ab und bringen Sie sich als Expertin bzw. Experte erst später auf der Webseite zur Geltung. Denn Ihr potenzieller Kunde möchte erst wissen: Können Sie das Problem lösen? Und erst im weiteren Verlauf stellt er sich die Frage: Was berechtigt Sie dazu, dieses Problem zu lösen.

> Finden Ihre Webseitenbesucherinnen und -besucher nicht sofort die Information zur Lösung ihres Problems, dann sind sie schnell wieder weg von Ihrer Webseite und es entgeht Ihnen damit erheblicher Umsatz.

Hört sich logisch an, oder? Und genau so funktioniert Storytelling Marketing. Aber diese Art der Kommunikation wird von sehr wenigen Selbstständigen umgesetzt und trennt damit die Erfolgreichen von den weniger Erfolgreichen. In meinen vielen Coachingseminaren stelle ich mit meinen Teilnehmern die Kommunikation auf ihren Webseiten genau auf dieses Prinzip um. Schon nach kurzer Zeit ist der Erfolg deutlich messbar und meine Kundinnen und Kunden sind deutlich erfolgreicher.

Gehören auch Sie ab sofort zu den Erfolgreichen. Gerne helfe ich Ihnen dabei.

RAINER ERFOLG

Experte für erfolgreiches Marketing und Unternehmertum

Seit über 25 Jahren beschäftige ich mich schon erfolgreich mit der Neugründung von eigenen Firmen und dem Aufbau von Geschäftsfeldern in bereits belegten Märkten. Das Herausarbeiten von Unterscheidungsmerkmalen zu den vielen Mitbewerbern und die anschließende erfolgreiche Platzierung von Marken und Produkten sind nur eine der Aufgaben, die mich tagtäglich herausfordern. Und dieses Wissen gebe ich weiter, damit auch neue Unternehmerinnen und Unternehmer von diesen Erfahrungen profitieren und ihr Business erfolgreich aufbauen können.

www.rainererfolg.com

info@rainererfolg.com

Der längste Urlaub deines Lebens: der Ruhestand

Urlaub! Die entspanntesten Wochen des Jahres mit Sonnenschein, leckerem Essen, Aufstehen nach dem Aufwachen ohne nerviges Weckerklingeln und vor allem mit ganz viel freier Zeit ohne lästige Verpflichtungen. Na, schon ein kleines Lächeln in den Augen bei diesen Worten …? Kein Wunder: Urlaub macht Spaß und die Vorfreude ist jedes Mal schon bei der Planung riesengroß.

Schade ist dabei eigentlich nur immer eines: Meistens geht der schöne Urlaub viel zu schnell vorbei. Wie viele Ferienwochen gönnst du dir denn normalerweise? Zwei Wochen? Drei Wochen? Oder auch mal einen ganzen Monat? Je länger, desto besser – oder? Vielleicht denkst du jetzt: »Wenn ich es mir leisten kann, dann je länger, je lieber!«

Vielleicht freust du dich zu erfahren, dass du den längsten Urlaub deines Lebens höchstwahrscheinlich noch vor dir hast: durchschnittlich 20 Jahre! Wow – was für Aussichten! Aber wie kann das denn bitte schön sein, 20 Jahre Urlaub?! Na, ganz einfach: Wir sprechen hier über deinen Ruhestand. Und genau wie bei deinem »normalen« Urlaub bestimmt auch im Ruhestand dein Konto darüber, wie bescheiden oder luxuriös deine Reise wird. Da du während dieser durchschnittlich 20 Jahre Ruhestand von deiner Rente und deinen Rücklagen leben wirst, solltest du rechtzeitig einen Blick in deine Urlaubskasse werfen.

Mein Ruhestand – das ist doch noch so lange hin

Eben! Und was folgt für dich daraus? Jetzt nichts zu tun, weil fürs Vorsorgen ja ohnehin noch genug Zeit sein wird? Ganz schlecht. Denn es stimmt nicht: Es wird – je später du anfängst – immer schwieriger und teurer. Und am Ende läuft dir dann die Zeit davon. Aber wie wäre es damit: Du lässt die Zeit für dich arbeiten, damit du ohne größere Entbehrungen während deines Arbeitslebens am Ende ein komfortabel finanziertes Rentenalter genießen kannst. Je nachdem, wie du heute die Weichen für deine Zukunft stellst, wartet dann entweder ein kleines Zelt auf dem Campingplatz, ein Zimmer im Drei-Sterne-Haus oder eine Suite im Luxushotel auf dich. Geht nicht? Doch!

Du lässt die Zeit für dich arbeiten, damit du ohne größere Entbehrungen während deines Arbeitslebens am Ende ein komfortabel finanziertes Rentenalter genießen kannst.

Jeder braucht einen Heiner

Du kennst Heiner nicht? Macht nichts. Schließlich kann mein Nachbar nicht überall sein. Ich hatte das Glück, dass ich ihm zur richtigen Zeit am richtigen Ort begegnet bin. Als wir uns kennenlernten, war ich ein junger Kerl und verdiente gerade zum ersten Mal in meinem Leben ein bisschen Geld. Als ich Heiner davon erzählte, gab er mir einen ganz einfachen Rat: »Frank, leg ab heute jeden Monat etwas von deinem Gehalt zurück für später. Und fasse dieses Geld nie wieder an, bis du in Rente gehst, dann wirst du genug Rücklagen für deinen Ruhestand angespart haben.« Das leuchtete mir ein. Und genauso habe ich es dann auch gemacht. Heute weiß ich: Heiner hatte so was von recht! Er hat mir einen der wichtigsten Finanztipps meines Lebens gegeben und dafür bin ich ihm bis heute sehr dankbar.

Wie schade, dass nicht jeder Mensch so einen Heiner in seinem Leben hat, der mit ihm über Geld spricht. Dabei ist genau das so wichtig: über Geld zu reden, sich zu informieren, sich auszutauschen mit anderen und dann eine eigene Strategie zu finden im

Umgang mit den Finanzen. Geldanlage – das ist keine komplizierte Raketentechnik. Das kann man lernen.

Such dir einen erfahrenen Lotsen

Hilfreich ist es dabei, einen erfahrenen Lotsen an deiner Seite zu haben. Einer, den du um Rat fragen kannst, dem du vertraust und der dir dabei hilft, bei deinen Planungen auf Kurs zu bleiben. Ich freue mich, dass ich für einige Menschen so ein Lotse sein darf. Aber auch ich kann – wie Heiner – nicht überall gleichzeitig sein. Deswegen habe ich ein Buch geschrieben: »Der längste Urlaub deines Lebens. Wie es mit dem Wohlstand im Ruhestand klappt« heißt es und ist im Gabal Verlag erschienen. Dieses Buch ist mir ein echtes Herzensanliegen, denn darin gebe ich all das Wissen weiter, das ich in mehr als 25 Jahren Berufserfahrung gesammelt habe. Dieses Buch ist wie ein Lotse: Es nimmt dich an die Hand und begleitet dich Schritt für Schritt auf deinem Weg, verrät alltagstaugliche Tipps und Tricks, verwandelt die Themen Geld, Altersvorsorge und Sparen in spannende und unterhaltsame Lese-Leckerlis. Natürlich ist es kein Zufall, dass ich beim Schreiben aus dem fast schon bedrohlichen Begriff »Rente« den »längsten Urlaub deines Lebens« gemacht habe. Denn wenn du es in deinem Kopf umdeutest, fühlt es sich gleich ganz anders an! Du freust dich darauf und gönnst dir eine richtig gute Zeit später. Du sicherst dir schon heute die Belohnung für dein Arbeitsleben – denn die hast du dir im wahrsten Sinne des Wortes »verdient«.

Du sicherst dir schon heute die Belohnung für dein Arbeitsleben – denn die hast du dir im wahrsten Sinne des Wortes »verdient«.

Der beste Tag ist heute

Wir unterschätzen häufig, was wir durch jahrelanges, stetiges Weglegen eines bestimmten Geldbetrages auf ein Extra-Konto erreichen können. Deshalb verschiebe den Beginn deiner Belohnung nicht auf später und irgendwann, sondern beginne so früh wie möglich damit: jetzt! Kläre deine Voraussetzungen und Möglichkeiten. Entscheide dich – und mache es! Es gibt nichts Gutes, außer man tut es. Das gilt auch hier. Für den Weg zum eigenen Vermögen brauchst du nur drei Dinge:

1. Einen Teil deiner Einnahmen, der nicht verplant ist.
2. Viel Zeit, in der du unbeirrt am eingeschlagenen Weg festhältst.
3. Den Entschluss, zu beginnen.

Reisetipps für Frauen

Am liebsten würde ich diesen Absatz gar nicht schreiben müssen. Es wäre wunderbar, wenn er einfach überflüssig wäre. Ist er aber leider nicht. Denn: In Deutschland ist die Altersarmut weiblich. Das hat viele Ursachen. Sie heißen unter anderem Gender-Pay-Gap und Rentenlücke. Deswegen, liebe Leserin, bitte ich dich von ganzem Herzen: Nimm deine Altersvorsorge selbst in die Hand, verlass dich nicht auf andere. Und vor allem: Beginn damit noch heute.

Nimm deine Altersvorsorge selbst in die Hand, verlass dich nicht auf andere. Und vor allem: Beginn damit noch heute.

Viel zu oft höre ich in meinen Beratungsgesprächen, dass Frauen zu mir sagen: »Von Geld verstehe ich nichts. Das macht mein Mann / Partner / Freund ...« Liebe Leserin, ich wünsche dir, dass du, wenn du eines Tages in Rente gehst, nicht in einem löchrigen, dunklen Hauszelt auf einer durchgeweichten Brache wohnen musst. Denn das ist es, was dir im Alter droht, wenn du nicht rechtzeitig vorsorgst. Für den längsten Urlaub deines Lebens wünsche ich dir nur das Beste – Gesundheit, Erfüllung, Lebensfreude. Und vor allem: finanzielle Spielräume für all deine Träume.

FRANK GRELL

Über Geld spricht man nicht? Von wegen! Frank Grell macht genau das: Über Geld reden – mit Fachwissen, Humor und Empathie. Seine Leidenschaft: Er begeistert dich für eine gute finanzielle Planung des längsten Urlaubs deines Lebens – deinen Ruhestand. Dafür kombiniert Frank Grell das Beste aus seinen beiden beruflichen Welten: Der Kaufmann für Finanzen, der in Preetz (Kreis Plön) ein Versicherungsfachgeschäft leitet, ist auch IHK-zertifizierter Mentaltrainer. Er weiß, wie es mit dem richtigen Mindset gelingt, so sperrige Themen wie Geld, Sparen und Vorsorge neu zu denken. Als Speaker, Impulsgeber und Seminarleiter motiviert und inspiriert der »Botschafter für Altersvorsorge« des Verbraucherschutzministeriums nicht nur zu einem Umdenken – er vermittelt auch alltagstaugliche Tipps für die konkrete Umsetzung.

www.finanzen-mit-kopf.de

Gesundheit bedeutet auch, die Seele zu berücksichtigen und sich Zeit zu nehmen …

In meiner Kindheit wollte ich noch Tierärztin werden. Heute bin ich Fachärztin für Gynäkologie, Lifestyle-Coach und Transformationstherapeutin. Ich arbeite nicht mehr rein schulmedizinisch, sondern biete eine holistische Behandlung an.

Doch wie kam es dazu?

Mein Weg als Ärztin

Bereits in meinem Grundstudium der Medizin interessierte ich mich für Gynäkologie. Ich absolvierte als Studentin zahlreiche Praktika bei Frauenärzten. Die Betreuung von Patienten, insbesondere Frauen, ist für mich einfach eine ganz besondere Form der Medizin. Ich beteiligte mich viel an Forschung in diesem Fachgebiet. In meinem zweiten Jahr als Studentin war ich das erste Mal bei einer Geburt dabei. Hier lernte ich die rumänische Art des Gebärens kennen.

In Deutschland würde ich eher von der »freundlichen Geburt« sprechen. Die Frau erhält Eins-zu-eins-Betreuung und verbringt viel Zeit mit der Hebamme. Der Arzt entzieht sich dem Geburtsvorgang so weit wie möglich und greift nur bei Komplikationen ein. Die Geburt läuft möglichst natürlich und mit viel Geduld ab. Man hat mehr Respekt vor der Geburt, denn die ist eigentlich eine Sache der Frau und nicht des Mediziners.

In Rumänien ist die Geburt eher medizinisch. Die Gebärende kommt auf den gynäkologischen Stuhl, hat nur wenig Bewegungsfreiheit und muss von Beginn an viel pressen. Falls notwendig, drücken die Ärzte sogar auf den Bauch der Schwangeren und oft kommt es zu operativen Maßnahmen. Ich sah hier eher schnelle, arztgeleitete Geburten, die der Patientin kaum Entscheidungsspielraum lassen. Das kann häufig zu Traumata nach der Geburt führen. Den Frauen wird hier die Kontrolle über ihren eigenen Körper genommen. Damals als Studentin nahm ich es nicht so wahr. Ich kam für ein Erasmus-Semester an die Universität zu Köln und konnte hier weitreichende Erfahrungen sammeln, wie Gynäkologie in Deutschland praktiziert wird.

Man gibt Patienten unglaublich viel Kraft, wenn man ihnen Entscheidungen überlässt.

So kam es dazu, dass ich mein medizinisches Standbein in Deutschland aufbaute. Ein Ereignis, das mir zeigte, dass ich den richtigen Weg als Ärztin eingeschlagen habe, war mein telemedizinisches Angebot für rumänische Frauen. In kürzester Zeit wurden Tausende Frauen darauf aufmerksam und es erfreute sich unglaublicher Beliebtheit. Die Nachfrage für das Beratungsangebot war extrem groß. Sie haben gesehen: Diese Beratung ist anders. Ich fühle mich wohl. Ich habe Vertrauen. Es war eine wundervolle Erfahrung, zu sehen, dass ich mich richtig entschieden hatte. Empathie und Liebe für die Medizin und die Patientinnen aufzubringen, ist der richtige Weg.

Die holistische Therapie

Schon in meiner Zeit als Studentin hatte ich das Gefühl, Patienten werden oft mit ihren Emotionen von Ärzten allein gelassen. Eines Abends kam eine Patientin, die vorgab, Juckreiz zu haben. Im Gespräch stellte sich schnell heraus, dass sie jemanden zum Reden brauchte und gar kein gynäkologisches Problem hatte. Erst stellte ich mir die Frage: Wieso kommt sie damit zu mir? Ich bin keine Psychologin. Doch mein Verständnis änderte sich schnell. Ich bin eine Ärztin und die Patientin hat eine Krankheit, in diesem Fall enormen Stress.

Das brachte mich zur holistischen Medizin. Holistisch bedeutet, dass man als Arzt Körper, Psyche und Seele berücksichtigt. Ich habe gelernt, auf den Patienten zu hören. Nicht nur auf ihn zu hören, sondern auch richtig zuzuhören. Denn daraus erfährt man häufig ganz andere Problematiken, die die Gesundheit des Patienten belasten. Das ist enorm wichtig für die Arzt-Patienten-Beziehung.

Richtig zuzuhören gibt einem Patienten meist mehr, als ihm einfach irgendwelche Medikamente zu geben.

Ich reichere seitdem meinen Erfahrungsschatz im Bereich der Psychologie, Naturheilverfahren und der alternativen Medizin an, lese mich in neue Themen ein und spreche mit Experten. Es gibt immer mehr Patienten, die nicht direkt ein Medikament einnehmen wollen. Als Arzt sollten sie nicht direkt sagen, dass etwas nicht geht. Ich finde es wichtig, den Patienten die volle Bandbreite ihrer Möglichkeiten aufzuzeigen. Nicht bei allen Beschwerden muss man direkt schulmedizinisch eingreifen. Beispielsweise beim Thema Kinderwunsch können auch alternative Verfahren zum Erfolg führen. Wichtig ist außerdem, nicht nur den Körper zu therapieren, sondern auch eine Betreuung für die seelische Verfassung des Patienten zu gewährleisten. Krankheiten bringen auch Ängste und Stress mit sich.

Häufig arbeite ich mit Patienten mit psychosomatischen Leiden, zum Beispiel chronische Bauchschmerzen. Im Gespräch besprechen wir dann, seit wann die Beschwerden auftreten, in welchen Situationen und so weiter. Wenn die Schmerzen beispielsweise immer in Zusammenhang mit der Arbeit auftreten, wird kein Medikament der Welt helfen. Solange sich die Patientin den Stress der Arbeit aussetzt und sich an der Situation nichts verbessert, werden auch die Beschwerden bleiben. Als Coach gilt es, die Lebenssituationen zu verstehen und Möglichkeiten aufzuzeigen. Ich gebe Hilfestellung zur Selbstheilung.

Mein heutiges Verständnis als Ärztin

Ein guter Arzt hört dem Patienten richtig zu. Man springt nicht direkt zur Diagnose und geht in die Therapie über, sondern man betreibt Recherche zur Ursache der Beschwerden. Ich möchte meinen Patienten mehr bieten als die drei Therapievorschläge, die im Lehrbuch stehen. Ich sehe, dass die Bereitschaft, alternative Behandlungsmöglichkeiten auszuprobieren, sehr hoch ist.

Das Schlimmste, was ein Arzt meiner Meinung nach tun kann, ist, den Patienten die Hoffnung zu nehmen.

Für mich sollte der Arzt der Zukunft holistisch arbeiten, rechtzeitig intervenieren und Erkrankungen vorbeugen. Ärzte, die rein pathologisch arbeiten, wie es sich die Politik derzeit wünscht, sollten nur in speziellen Zentren praktizieren. Wir sind Experten für Gesundheit und sollten Patienten dabei unterstützen, gesund zu bleiben.

Vorsorge bedeutet, man geht zum Arzt, bevor man Sorgen hat.

Zukunftsprojekt: Die Reise zur Geburt

Ich plane einen Online-Kurs, ein digitales Programm für Schwangere, das sie auf ihrem Weg zur Geburt begleitet. Darin geht es vor allem darum, sich mit den Ängsten der Frauen zu beschäftigen beziehungsweise diese aus dem Weg zu räumen. Die Geburt ist etwas Wunderschönes, das viele Frauen nur einmal in ihrem Leben erleben können. Wieso sollte der Weg dahin mit Beschwerden und Ängsten gepflastert sein? Es wächst ein Wunder. Die Patientinnen sollen die

Zeit genießen. Sie sollen komplett ohne Angst in die Geburt gehen und ihrem Körper und den Experten vertrauen. Dabei möchte ich sie mit Tipps, Videos und Beratungsangeboten unterstützen.

DR. LAURA GÖTZ

»Ich möchte Menschen helfen«, diese Prämisse begleitet seit jeher den Werdegang von Laura Götz, die mit Herz und Seele Humanmedizin studierte. Heute ist sie holistische Fachärztin für Frauenheilkunde, Autorin und Lifestyle-Coach mit Praxen in Köln und Leverkusen. Im Jahr 2020 erhielt sie den »German Medical Award« in der Kategorie Charity für die ehrenamtliche Behandlung von mehr als 10.000 rumänische Frauen in Videosprechstunden. Als Innovatorin in Meducation (engl. medical education) koordiniert Laura Götz mehrere Online-Projekte sowohl auf Englisch als auch auf Deutsch.

Gefangen im eigenen Kopf, oder: Wie das Leben ins Leben zurückkehren kann

Hochfunktionelle Menschen wie Du und ich agieren selbstständig in der Welt. Sie sind kommunikativ und haben eine schnelle Auffassungsgabe. Sie leben in einem zufriedenstellenden bis hohen Wohlstand. Partnerschaft und eventuell Kinder, Haus, Wohnung – stehen. Man ist weitläufig vernetzt und bedient die sozialen Kanäle.

Darüber, dass man weiß, dass etwas fehlt, spricht man nicht.

Ein paar Jahre psychotherapeutische Gespräche haben daran nichts geändert und werden es auch nicht. Auch die selbstverständliche Dauermedikation mit Psychopharmaka des einen oder anderen Familienmitglieds hilft nicht. Innen drin ist es ein graues Leben und jeder Mensch mit bunter Fassade und grauem Innenleben denkt, er sei der missglückte Einzelfall.

> Nicht der Materialismus ist der Feind eines erfüllten menschlichen Lebens, wohl aber die vielfältigen Möglichkeiten, grundlegende menschliche Bedürfnisse ersatzweise zu bedienen.

Wir sind nicht die erste defizitäre Generation. Auch das Leben unserer Eltern war schon unerfüllt trotz materiellen Wohlstands. Doch nicht der Materialismus ist der Feind eines erfüllten menschlichen Lebens, wohl aber die vielfältigen Möglichkeiten, grundlegende menschliche Bedürfnisse ersatzweise zu bedienen. Und was unsere Eltern uns nicht geben konnten, können wir selbst noch weniger unseren Kindern geben.

Überall ist zu sehen, dass etwas fehlt. Es ist nichts Materielles, aber auch nichts Spirituelles, nichts, was man essen, trinken, sehen, hören, spritzen, rauchen oder sonst wie ge- oder missbrauchen könnte.

Ein Beispiel: Stefan G., ein gefragter Entertainer, nimmt, von seiner Frau mit Trennungsdrohung unter Druck gesetzt, an einem Persönlichkeitscoaching teil. Mehrfach kündigt er an, den Prozess abbrechen zu wollen. Er versteht sich als Einzelgänger, der schon als Kind gegen seine boshaften Eltern gekämpft hat und in seinem Leben keinen Platz für Freundschaften sieht. »Am Ende wollen einen andere doch immer nur runterputzen.« In einer Hypnose-Sitzung erlebt er zum ersten Mal in seinem Leben einen Menschen, der ihm gegenüber Güte ausstrahlt. Er versteht, dass er dieses Gefühl in seinem ganzen bisherigen Leben nur als abstrakte Vorstellung, eine Art zynische Lüge kannte. Er kann fühlen, dass seine Eltern als Kriegsflüchtlinge dieses Gefühl selbst nicht kannten und ihm niemals geben konnten. Voller Grauen erkennt er, dass die Feindlichkeit seiner eigenen Kinder ihm gegenüber eine Reaktion auf das ist, was er ihnen auf gleiche Weise vorenthielt.

Menschliche Güte ist an dieser Stelle nur ein Beispiel für natürliche menschliche Eigenschaften, die zu unserem menschlichen Potenzial gehören, deren Platz in unserem Leben zwischen den Generationen verloren gegangen sein kann. Täglich haben wir das Leben um uns herum und fühlen, dass etwas fehlt, ohne erinnern zu können, was es ist. Wie soll man sich an den Geschmack einer Erdbeere erinnern können, wenn man sie noch nie genossen oder sich seit Jahrzehnten mit dem Verzicht abgefunden hat – so wie Menschen, die lange alleine leben, sich mit der Tristesse der Beziehungslosigkeit abgefunden haben.

In der Spitze kann es sich sogar anfühlen, als wären wir unfreiwillige Betrüger, die gezwungen sind, die Rolle der Erwachsenen zu spielen, obwohl wir mit dem dumpfen Gefühl umherlaufen, wir – jeder für sich selbst, ganz allein und ganz besonders – seien in der Kindheit nicht wirklich mit allem versorgt worden, was wir gebraucht hätten, um bewusst und willentlich ins Erwachsensein einzutreten.

Was leisten psychologische Diagnose- und Behandlungsschemata in dieser Situation? Menschen leiden nicht an Diagnosen und werden auch nicht gesund durch die Behandlung von Diagnosen. Ein Depressiver leidet nicht an einer Depression, sondern an emotionaler Leere, ein Burn-out-Patient leidet nicht am Burn-out, sondern an der Angst, keine Daseinsberechtigung mehr zu besitzen, wenn er sich nicht pausenlos beweist. Ein Mensch, dem die Hand gegenüber seinem Kind ausrutscht, ist meistens nicht aggressionsgestört, sondern am äußersten Rand der Hilflosigkeit. Sogenannte psychische Erkrankungen beruhen auf mangelnden emotionalen und sozialen Kompetenzen. Diese werden normalerweise in der Kindheit erworben, vorausgesetzt, es gibt entsprechende Vorbilder und einen unterstützenden kulturellen Rahmen. In unserer Gesellschaft ist dies jedoch nicht Teil der Ausbildung von Pädagogen, Erziehern oder Psychologen.

Menschen leiden nicht an Diagnosen und werden auch nicht gesund durch die Behandlung von Diagnosen.

Hier soll weder Schuld zugewiesen noch geklagt werden. Vielmehr ist die Frage: Gibt es einen Weg der Befreiung von Hilflosigkeit im Menschlichen? Können wir Menschen dazu befähigen, mit schwierigen Emotionen und traumatischen Erlebnissen umzugehen und diese fruchtbar zu machen für die Entwicklung einer starken Persönlichkeit – wenigstens für jene, die sich auf einen anderen Weg machen wollen?

Wenigen sind die fünf grundlegenden seelischen Bedürfnisse des Herdentieres namens Mensch bewusst:

- **Aufmerksamkeit,**
- **anteilnehmender, beruhigender Körperkontakt,**
- **Verbundenheit und Zugehörigkeit,**
- **Selbstwirksamkeit,**
- **Entgrenzung.**

Jedes von ihnen ist allein von umfassender Bedeutung. Für eine tägliche Sättigung dieser Bedürfnisse sind wir stets auf andere Menschen angewiesen. Viel »schlimmer« ist: Wenn wir selbst nicht dazu in der Lage sind, dafür die Verantwortung zu tragen, machen wir anderen Menschen die Hölle heiß. Jeder kennt sie,

- die Menschen, die uns mit ihrem Aufmerksamkeitsbedürfnis auf die Nerven gehen, aber auch die, die uns Sorgen machen, weil sie sich unserer Aufmerksamkeit entziehen.
- die seltsamen Formen von Sexualität, die Leere und Einsamkeit hinterlassen, wenn sie auf Übererregung und Erschöpfung zielen, wo es darum gegangen wäre, in Angst oder Erschöpfung tröstend umarmt und gehalten zu werden.
- die Sehnsucht nach Familie und Gemeinschaft mit verbindenden Träumen und Werten.
- die Leere von Handlungen und Tätigkeiten, bei denen man nicht direkt im Gesicht anderer sehen kann, dass es ihr Leben verbessert und die Hohlheit von Besitz, den man nur für sich selbst erwirbt.
- die nicht Ruhe gebenden Gedanken, Bewertungen und Beurteilungen im eigenen Kopf, die daran hindern, je mit sich selbst und anderen ins Reine zu kommen, wenigstens einmal vorübergehend Frieden zu finden (kennt nicht jeder mindestens einen Menschen, dessen überraschender Tod ein wenig so wirkte, als hätte er keinen anderen, gesellschaftlich akzeptablen Weg gefunden, der Hölle im eigenen Kopf zu entkommen).

Krieg (in der Beziehung, im Job, in der Gesellschaft) entsteht immer dann, wenn Menschen sich abhängig fühlen und glauben, die anderen müssten diese Bedürfnisse erfüllen. Alltägliche Dramen entstehen: Der Mann hasst seine Frau dafür, dass er nicht den Körperkontakt bekommt, nach dem sein Körper schreit. Der Kollege nervt in jedem Meeting, weil er redet, nur um zu reden. Der Impfgegner kann sich auf der Demo als Teil einer »gesunden« Gemeinschaft inszenieren und der Selbstmordattentäter nimmt uns mit auf seine Reise der Selbstwirksamkeit und materiellen Selbstbefreiung.

Persönlichkeitscoaching beinhaltet eine fundierte Reise zur Rückeroberung der persönlichen Ganzheit in intensivem Kontakt mit den eigenen Gefühlen und dem seit Jahrtausenden im Körper akkumulierten Erfahrungswissen (präzise: Intuition). Man sorgt jederzeit spontan für die fünf seelischen Grundbedürfnisse und befähigt zugleich, anstatt sie zu missbrauchen. Erst dann fühlt man sich im Leben wirklich angekommen.

Sichere dir ein kostenloses Erstgespräch auf:

https://fried-guenter-hansen.com oder erkunde die Angebote der Serious Mind Akademie (**https://serious-mind.de**).

FRIED-GÜNTER HANSEN

Der Reiseführer durch die Psyche

Über zwanzig Jahren begleitete er Hunderte von Menschen durch psycholytische Therapiesitzungen. Seine grundlegende Erkenntnis: Psychische Erkrankungen gibt es nicht wirklich, vielmehr handelt es sich stets um einen Mangel an emotionalen und sozialen Kompetenzen.

Menschen mit seelischen Defiziten können fehlende Erfahrungen ihrer Kindheit nach-nähren und die Fähigkeit zurückerlangen zu fühlen, was genau ihnen fehlt, und dafür zu sorgen, dass sie es bekommen. Daraus entwickelte er ein erfolgreiches Coaching-Programm zur Überwindung von posttraumatischen Belastungsstörungen, Burn-out und emotionaler Leere.

Kiefer, Geist & Zähne

Was Zahngesundheit mit Lebensqualität zu tun hat

Kopfschmerzen verhageln Dir mal wieder den ganzen Tag. Ohne Kaffee fehlt Dir die nötige Energie, weil der Schlaf nicht die gewünschte Erholung gebracht hat. Du versuchst mit einem schmallippigen Lächeln zu »strahlen«, dabei würdest Du so gerne einmal wieder so richtig herzhaft lachen. Die Unsicherheit wirkt sich auf Dein Verhalten aus, ob beruflich oder privat. Im Vorstellungsgespräch für Deinen Traumjob bekommst Du die »Zähne nicht auseinander« und Dein zukünftiger Chef vermisst den »fehlenden Biss« bei Dir. Dein Date ahnt nicht, was für ein wundervolles Wesen Du bist, weil Du Dich versteckst, Deine Mimik eingefroren scheint und Du sie krampfhaft zu kontrollieren versuchst. Du gehst lieber auf Nummer sicher und verzichtest auf die leckersten Köstlichkeiten, weil Deine Mundwerkzeuge Dir den Dienst quittieren könnten.

> **Wo Probleme sind, sind auch Lösungen. Eigentlich haben die Probleme die Lösung immer schon mit im Gepäck.**

Gesunde weiße Zähne stehen für Schönheit, Kraft und Energie und lassen allgemein auf einen guten Gesundheitszustand schließen, aber sie werden auch assoziiert mit einem entsprechenden Lebensstil, bestimmten charakterlichen Eigenschaften und sogar gesellschaftlichem Status. Ist das immer so einfach? Natürlich nicht! Ist dieses Urteil über Menschen fair oder gerechtfertigt? Mit Nichten! Es gibt zahllose Ursachen für mangelnde Zahngesundheit, einige davon haben wir mit unserem Verhalten selbst herbeigeführt, andere wiederum liegen nicht in unseren Händen. Wo Probleme sind, sind auch Lösungen. Eigentlich haben die Probleme die Lösung immer schon mit im Gepäck. Ich habe in meinem Job die größte Freude daran, die perfekte Lösung für meine Kunden zu finden. Warum? Weil ich weiß, was es bedeutet, wenn Du Dich frei fühlst zu essen, was Du willst, zu lachen, wenn Dir danach ist, unbeschwert in die Begegnung mit anderen Menschen zu gehen. Das ist ein Ziel, an dem ich zuweilen auch schon einmal »verbissen« arbeiten kann.

Viele gesundheitliche Probleme haben tatsächlich ihre Ursache im Mund- oder Kieferbereich. Und sie können unsere Lebensqualität enorm beeinträchtigen und unser physisches und psychisches Wohlbefinden empfindlich stören. In der Natur ist alles in Balance, die Dinge unterliegen ausnahmslos der Polarität. Sie verhalten sich zueinander wie beispielsweise der Ober- zum Unterkiefer. Alles in der Natur und damit alles in unserem Körper ist miteinander verbunden. Nichts bleibt ohne Wirkung. Stell Dir bitte mal vor, Du gehst zu Deinem Zahnarzt oder Deiner Zahnärztin wegen starker Kiefergelenksbeschwerden. Es wird festgestellt, dass Du starker »Knirscher« bist. Deine Muskulatur ist stark verspannt und Deine Zähne hast Du über die Jahre »abgeknirscht«. Die Balance von Oberkiefer zu Unterkiefer und von Zahn zu Zahn ist gestört. Ursache: Zähneknirschen. Wirkung: Kiefergelenksbeschwerden. Das ist aber nur eine Seite und damit einseitig und zu kurz gegriffen. Wenn wir also nur das Symptom Kiefergelenksbeschwerden behandeln, aber die eigentliche Ursache dafür vernachlässigen, können wir das Problem nicht nachhaltig beheben. Also schauen wir genauer hin. Was im Leben hat Dich aus dem Gleichgewicht gebracht, was läuft nicht rund? Anhaltender Stress, Traumata oder Ängste könnten die Ursache sein und zum Zähneknirschen führen.

In der Natur ist alles in Balance, die Dinge unterliegen ausnahmslos der Polarität.

Diese Zusammenhänge sind mir vor vielen Jahren bewusst geworden, als ich mich auf der Suche nach mehr Lebensqualität auf meine große persönliche Reise begeben habe. Durch unzählige Bücher, Seminare, Fort- und Weiterbildungen habe ich die Synergien des Lebens immer besser verstanden und kann diese heute in einem größeren Kontext betrachten. Für mein persönliches Leben war das ein so einschneidender Wendepunkt, dass ich meine Erfahrungen als logische Konsequenz daraus auch in meinen beruflichen Alltag übertragen habe. Das war auch der Start in meine berufliche Selbstständigkeit und ebnete mir den Weg vom Beruf zur Berufung.

Wir stehen uns häufig selbst im Weg, weil wir falsche Glaubenssätze über uns und die Welt verinnerlicht haben. In der Folge manifestieren sich manchmal auch irgendwelche chronischen Erkrankungen oder zumindest schlechte Gewohnheiten, die sich negativ auf unsere Lebensqualität auswirken können. Es ist uns oft nicht bewusst, dass wir selbst die Ursachen gesetzt haben, und wir wundern uns dann über die Auswirkungen auf unser Leben. Wir suchen im Außen nach Ursachen und Antworten, doch alle Antworten liegen in uns selbst. Könnte nicht jeder Einzelne von uns viel mehr Lebensqualität erlangen, wenn nicht Ängste, Selbstzweifel und das schädliche Gedankenkarussell uns daran hindern würden? Wenn wir wüssten, was wir wirklich, wirklich wollen, wenn Selbstverantwortung an die Stelle von Ohnmacht träte, gäbe es keine Ausreden mehr und niemanden, an den Du Deine Verantwortung abgeben könntest, niemanden, der für Dich antwortet. Du bist die Antwort auf all Deine Fragen, die Lösung für all Deine Probleme. Eines vorweg, ich glaube nicht daran, dass Schicksalsschläge und Krankheiten Strafen für vermeintliches »Fehlverhalten« sind. Nein, es handelt sich aus meiner Sicht um manchmal schmerzhafte »Einladungen« oder »Erinnerungen« Deines Lebens an Dich, dass Du nicht in Harmonie mit Dir selbst lebst, dass Du den Kurs korrigieren solltest. Auch wenn einige Ursachen von außen auf uns einwirken, kommt es darauf an, wie Du darauf antwortest – also ob Du zielgerichtet agierst oder nur reflexartig reagierst.

Wir stehen uns häufig selbst im Weg, weil wir falsche Glaubenssätze über uns und die Welt verinnerlicht haben. In der Folge manifestieren sich manchmal auch irgendwelche chronischen Erkrankungen oder zumindest schlechte Gewohnheiten, die sich negativ auf unsere Lebensqualität auswirken können.

Wir erschaffen Lebensqualität! Unter diesem Leitsatz arbeite ich zusammen mit einem großartigen Team an meiner Seite. Und mit diesem Ziel gehen wir in jeden einzelnen Kontakt, legen unser Herzblut in jede auch noch so kleine Arbeit und behalten dabei das Ganze im Auge, damit es wieder rund läuft in Sachen Kiefer, Geist & Zähne.

Heute beginnt ein Großteil meiner Arbeit schon viel früher, nämlich bei der Prävention. Ich möchte schon bei den Ursachen ansetzen und dazu beitragen, dass sich Probleme gar nicht erst auf Kosten der Lebensqualität auswirken.

Übernimm radikal die Verantwortung für Dich, denn damit schaffst Du die besten Voraussetzungen für andere, Verantwortung übernehmen zu können. Achte auf Deine Gedanken, suche nach Lösungen für Deine Probleme, indem Du sie anpackst und auspackst wie ein Geschenk und schaust, was sie für Dich bereithalten. Genieße das Leben, achte auf Deine Beziehungen zu Dir selbst und zu Deinen Mitmenschen. Gib Deinem Leben eine Richtung und genieße den Weg dorthin in vollen Zügen. Das Leben findet zu jeder Zeit und in jedem noch so kleinen Moment statt. Das vergessen wir leider allzu oft. Vollgepackt mit Terminen und Problemen hetzen wir durch den Tag und vergessen dabei diese Momente, die uns Lebensqualität geben.

Achte auf Deine Gedanken, suche nach Lösungen für Deine Probleme, indem Du sie anpackst und auspackst wie ein Geschenk und schaust, was sie für Dich bereithalten.

Was darf ich Dir also wünschen aus Sicht eines Zahntechnikermeisters? Ich wünsche Dir ein Leben mit Biss, in herausfordernden Zeiten auch einmal die Zähne zusammenbeißen zu können, den Mut, Dir selbst und anderen auf den Zahn zu fühlen und ganz besonders wünsche ich Dir Momente, die Dich aus vollem Herzen strahlen lassen.

STEFAN LADE

Wir erschaffen Lebensqualität

Er ist Unternehmer, Vater zweier Töchter, Ehemann, Motivator, Suchender, Findender, Inspirator und Coach. Er liebt es, Menschen zu begeistern – für sich selbst und für ihr Leben. Verrückt nach mehr Lebensqualität für sich und alle Mitmenschen begab sich Stefan Lade vor 20 Jahren auf seine Reise. Eine Reise, die jeder einzelne von uns mit seiner Geburt hier auf Mutter Erde antritt, aber die meiste Zeit davon so unbewusst, dass es zuweilen schwierig wird, Antworten zu finden. Als selbstständiger Zahntechnikermeister arbeitet Stefan Lade mit seinem ganzheitlichen Konzept von Kiefer, Geist und Zähnen, das er stetig verbessert, ausbaut und in der täglichen Arbeit umsetzt.

Lass uns über Geld reden

Über Geld spricht man nicht, heißt es. Das mag gut sein – oder auch nicht. Über Geld und das eigene Einkommen zu reden, ist hierzulande immer noch ein Tabuthema. Dabei ist Geld zunächst einmal neutral. Schließlich kommt es darauf an, was man damit macht. Aber man sollte es zumindest besitzen.

Denn Geld sichert das Überleben. Es sorgt dafür, dass die Miete bezahlt werden kann. Dass die Kinder eingekleidet und ernährt werden können. Geld sorgt dafür, dass ich mir meine Wünsche und Ziele im Leben erfüllen und realisieren kann. Damit sie nicht nur vage Träume bleiben. Und ich kann mit meinem Geld Gutes für andere Menschen bewirken.

Unternehmensberater für private Haushalte

Mein Name ist Noder, Tobias Noder. Ich bin Unternehmensberater für private Haushalte. Seit mehr als 10 Jahren helfe ich Menschen, ihre Finanzen zu optimieren. Damit sie vor allem drei Auswirkungen auf ihr Leben verspüren:

1. **Mehr Geld:** Ein ausreichendes Einkommen ist die Grundlage, um sorgenfrei leben zu können.
2. **Mehr Zeit:** Ich halte den Menschen den Rücken frei, damit sie mehr Zeit für ihrer Familie und sich selbst haben.
3. **Mehr Sicherheit:** Finanzielle Risiken erkennen und durch unabhängige Lösungen individuell absichern.

Und genau das ist mein Angebot an Dich, liebe Leserin und lieber Leser. Ich möchte Dich auf Deinem Weg zu mehr Wohlstand, Freiheit und Sicherheit begleiten.

Vielleicht fragst Du Dich jetzt, warum ich mich »Unternehmensberater für private Haushalte« nenne. Lass es mich Dir kurz erklären. Einen privaten Haushalt zu führen, ist eine organisatorische Meisterleistung, unabhängig davon, ob Du alleinstehend bist, in einer Ehe oder Partnerschaft lebst oder eine Familie um Dich hast. Oft nehmen wir in verschiedenen Bereichen des Lebens die Hilfe von Fachleuten in Anspruch. Sei es Dein Hausarzt, Dein Handwerker des Vertrauens oder ein anderer Spezialist, mit dem Du einen Aspekt Deines Lebens teilst. Deshalb liegt es nahe und es ist sehr sinnvoll, auch bei finanziellen Fragen auf eine unabhängige und individuelle Begleitung zu setzen.

Lückenlose Finanzanalyse

Kernstück meiner Arbeit ist es, Deine aktuelle Finanzsituation lückenlos aufzunehmen und zu analysieren. Denn nur wenn wir gemeinsam den Blick darauf richten, was bisher gut gelaufen ist, aber insbesondere auch schonungslos darauf schauen, wo noch etwas im Argen liegt, kann es gelingen, gemeinsam eine Strategie zu entwickeln, die zu neuer finanzieller Stärke und Freiheit führt.

In der Regel gelingt es, auf der Grundlage dieser Analyse die Haushaltsbilanz um ca. 10 % zu verbessern.

In der Regel gelingt es, auf der Grundlage dieser Analyse die Haushaltsbilanz um ca. 10 % zu verbessern. Dies erreichen wir dadurch, dass wir auf der einen Seite die laufenden Ausgaben senken und auf der anderen Seite die Einnahmen erhöhen. Wir stellen zusammen alle Bereiche auf den Prüfstand, angefangen von Deinen Energiekosten über die Optimierung der bestehenden Versicherungsverträge bis hin zu modernen Formen des Investments und der Altersvorsorge.

Träume, Wünsche und Ziele konkretisieren

Ein wichtiger Prozess auf diesem Weg ist es, Deine Träume möglichst konkret vor Augen zu haben. Denn nur wer sein Ziel kennt, findet auch einen Weg. Wenn Du Deine Wünsche und Ziele visualisierst, wirst Du bereit sein, auch etwas dafür zu tun. Dies kann durch die folgenden drei Schritte geschehen, auf denen ich Dich begleiten möchte:

1. Schreibe Dir im Detail auf, wie Dein zukünftiges Ziel aussehen wird: Wie soll Dein Traumhaus aufgebaut sein? Hat es ein Gästezimmer? Wie soll das Dach gestaltet sein? Ist es ein Holzhaus oder ein gemauertes Gebäude?
2. Ins Handeln kommen: Jede Wunscherfüllung beginnt mit einem ersten kleinen Schritt. Dieser Schritt könnte zum Beispiel darin bestehen, mit mir zusammenzuarbeiten.
3. Bist Du bereit, diesen Traum mit Ausdauer zu verfolgen? Denn die allerwenigsten Wünsche erfüllen sich über Nacht. Eines aber ist sicher: Wenn Du Tag für Tag, Woche für Woche konsequent darauf zuarbeitest, wird sich Dein Traum eines Tages erfüllen.

Dauerhafte Begleitung aus einer Hand

Mein Anliegen ist es, meine Mandanten dauerhaft zu begleiten. Auf diese Weise hast Du einen Ansprechpartner, der Dich und Deine finanzielle Situation genau kennt. Im Laufe der Zeit verändern sich Deine Lebensumstände. Daher setzen wir uns in regelmäßigen Abständen – mindestens einmal im Jahr – zusammen und werten Deine momentane Situation aus. So bist Du immer auf dem neuesten Stand. Innerhalb von 12 Monaten können sich viele Rahmenbedingungen verändern. Vielleicht hast Du seit unserem letzten Zusammentreffen den Arbeitgeber gewechselt oder Dich selbstständig gemacht. Ihr habt im vergangenen Jahr geheiratet oder Nachwuchs kündigt sich an. Oder Du hast eine Gehaltserhöhung bekommen und freust Dich über mehr Geld auf dem Konto. Das alles sind Faktoren, die Deine Finanzplanung maßgeblich beeinflussen. Ich möchte für Dich Dein Partner sein, in allen Fragen rund ums Geld. Gemeinsam können wir Deine Planung den jeweils aktuellen Gegebenheiten anpassen. Und das alles aus einer Hand.

Drei Säulen der finanziellen Freiheit

Finanzielle Stärke und Freiheit basieren auf drei Stützpfeilern (Abb.). Die erste Säule Deiner Finanzstrategie sollte es sein, Dich gegen Risiken abzusichern, die Deine Existenz und das Wohl Deiner direkten Familienangehörigen gefährden. Krankheiten und Unfälle können sowohl das leibliche Wohl als auch Deine Arbeitsfähigkeit beein-

Eine stabile Finanzplanung wird von drei stabilen Säulen getragen.

trächtigen. Das zweite Standbein bildet eine Notfallreserve von ca. drei Monatsgehältern, auf die Du jederzeit zurückgreifen kannst, wenn Deine Waschmaschine plötzlich den Geist aufgibt oder eine unerwartete Autoreparatur ansteht. Mit einer zusätzlichen flexiblen Geldanlage kannst Du Dir kurzfristige Wünsche erfüllen. Die dritte Säule besteht in einer längerfristigen Geldanlage. Eine private Rentenversicherung, die die gesetzliche Rente einmal ergänzen wird, gehört genauso in dieses Segment wie die Anlage in Sachwerte. Dies können beispielsweise Edelmetalle oder Immobilien sein.

Sei es die Absicherung Deiner Liebsten oder die Sorge um Dein Auskommen im Rentenalter, eine unabhängige Beratung kann viele Deiner Fragen klären. Also, worauf wartest Du noch? Lass uns über Geld reden. Gemeinsam entwickeln wir Deine Strategie für mehr Geld, Zeit und Sicherheit in Deinem Leben. Ich freue mich auf Dich.

TOBIAS NODER

Finanzexperte und freier Versicherungsvermittler

Zahlreiche Mitarbeiterschulungen für eines der erfolgreichsten Unternehmen in Deutschland und mehrfach ausgezeichneter Teammanager der Telis AG. Als ehemaliges Mitglied der Junioren-Kunstrad-Nationalmannschaft weiß Tobias Noder, wie wichtig Ausdauer und Planung für das Erreichen der eigenen Wünsche und Ziele sind. Mittlerweile vertrauen bundesweit Hunderte von Mandanten auf sein Fachwissen und seine unabhängige Beratung.

Mit Senf zum Award

»Hast du schon gehört? Es gibt wieder diese Feedback-Gespräche.« Alle stöhnten, keiner wollte sie. Diesmal, so dachten wir, geht der Kelch an uns vorüber, weil es einen Vorgesetztenwechsel gab. Falsch gedacht. Eine Betriebsvereinbarung war abgeschlossen worden und wir hatten die Gespräche mit den Mitarbeitenden bzw. den Vorgesetzten durchzuführen, egal, ob der Zeitpunkt sinnvoll war. In zwei Wochen war es so weit.

Dies bedeutete, dass ich mich auf ein Gespräch vorbereite, das wie folgt ablaufen würde: Darin war ich gut, doch an dieser Stelle kann ich mich verbessern – Gesamtnote befriedigend. Ist meine Gesamtnote sehr gut, muss ich ins Ausland oder in ein anderes Werk und das bedeutet einen Umzug. Ist meine Gesamtnote zu schlecht, heißt das »Underperformer« und damit raus.

Weder das eine noch das andere war wünschenswert und eine Gehaltserhöhung lag in weiter Ferne. Die Feedback-Gespräche werden in die Personalakte abgelegt und ein weiterer Haken bei der Zielerreichung des Geschäftsführers ist gesetzt. Sind alle Feedback-Gespräche in seinem Verantwortungsbereich durchgeführt, bekommt er seinen Bonus für diesen Punkt vollständig ausgezahlt. Ach ja, und dann war da noch der Part mit der Weiterbildung. Je nach Kästchen auf dem Bogen des Feedback-Gesprächs wäre es notwendig, mich auf die eine oder andere Weiterbildung zu schicken. Allerdings: Geld für Weiterbildungen wurde gestrichen und somit war nur die Option gegeben, von Kollegen oder Kolleginnen zu lernen. Dieser Prozess band Ressourcen bei vielen Mitarbeitern. Bis auf wenige Ausnahmen wurde alles vom letzten bzw. vorletzten Feedback-Gespräch übernommen und abgeheftet.

Laufen die Jahresgespräche mit den Mitarbeitenden bei Ihnen so ähnlich ab? Der Sinn und Nutzen dieser Gespräche ist mir selbstverständlich bewusst und ich lebe auch danach. Wertschätzend und konstruktiv Feedback zu geben und so den Blick zu wechseln für Wachstum, Ideen und Erfolg ist die Basis für Unternehmenswachstum und mein Business. Das gilt sowohl für interne wie auch externe Feedback-Gespräche. Extern? Was meine ich damit?

Jedes Unternehmen hat Prozesse und Kontakte, die nach außen wirken und somit Einfluss auf das Unternehmensimage haben. Das betrifft die gesamten Bereiche im Ein- und Verkauf, die Logistik, die Personalabteilung mit Einstellungen und Entlassungen sowie die Kontakte zu den Zwischen- oder Endkunden und alle weiteren Personen, die das Unternehmensimage beeinflussen können.

Jeder Ihrer Mitarbeitenden, der Kontakt mit externen Menschen hat, spiegelt Ihr Unternehmen und Ihre Werte wider.

Jeder Ihrer Mitarbeitenden, der Kontakt mit externen Menschen hat, spiegelt Ihr Unternehmen und Ihre Werte wider. Jeder Unternehmer weiß das. Ist es auch Ihren Mitarbeitern bewusst?

Ihr Unternehmen hat einen Ruf – ein Image. Flüsterpropaganda, Internet & Co. haben einen entscheidenden Einfluss, wie Ihr Unternehmen nach außen wahrgenommen wird. Das entscheidet oft über den Kauf und die Weiterempfehlung Ihrer Produkte und Dienstleistungen sowie über Ihre Attraktivität bei potenziellen Arbeitnehmerinnen und Arbeitnehmern.

Meine Standardfragen im Erstgespräch mit Unternehmerinnen und Unternehmern sind:

1. Wie lange dauert es bei Ihnen, bis ein Bewerber eine Rückmeldung zu seiner Bewerbung bekommt?
2. Haben Sie in einem Teilbereich Entlassungen vorgenommen und wenn ja, wie?
3. Hatten Sie Produktrückrufe oder sonstige größere Reklamationen?

Nach meiner Erfahrung sind das die drei Hauptschwerpunkte, bei denen ein Unternehmen von außen als langsam, nicht wertschätzend, inkompetent oder gar als Ausbeuter wahrgenommen wird.

Blinde Flecken und die Konsequenzen für das Image Ihres Unternehmens

Blinde Flecken und ihre Konsequenzen sind vielseitig bekannt und doch scheuen sich viele, anderen Menschen ein konstruktives und wertschätzendes Feedback zu geben. Wir vergeben damit die einzigartige Chance auf Wachstum.

In einem von mir betreuten Unternehmen hatte ich den Auftrag, eine Produktpräsentation an Endkunden via Zoom im Vorfeld anzuschauen und Rückmeldung zu geben. Die Inhaberin präsentierte selbst und hatte viele Folien. Sie kannte ihre Produkte in- und auswendig und hatte den Wunsch, ihr ganzes Wissen in einer Stunde weiterzugeben. Sympathisch kam sie rüber und hatte auch ein Geschenk für alle vorbereitet.

Sie ahnen es: Viel Input in kurzer Zeit, zu viele Folien, kein Storytelling – die Präsentation war überladen. Jeder von uns weiß, wie es korrekt geht und handelt dennoch manchmal anders. In diesem Fall nannte ich ihr einige Punkte und merkte, dass sie nicht bereit war, an den Stellschrauben zu drehen.

Das erlebe ich immer wieder. Feedback wird gewünscht und bezahlt – erwartet wird insgeheim ein Beifall und das Abnicken des Istzustandes. Ist es wirklich sinnvoll, für »unechten« Beifall bezahlt zu werden? Kann man dank Fehlern erfolgreich sein? Ja, das ist dazu meine Gleichung:

Erfolg = Schärfe des Feedbacks x bewegte Stellschrauben

Blicken wir in andere Bereiche und schauen, wie leicht oder steinig der Weg zum Erfolg sein kann. Es gibt Situationen in unserem Leben, da haben wir das Gefühl: Das war ein K.O. in der ersten Runde. Boxring betreten, der Schiedsrichter gibt den Ring frei und K.O.

Was mache ich jetzt? Bleibe ich einfach liegen? Rolle ich mich an die Seite und warte auf die nächsten K.O.-Menschen? Erhebe ich mich, steige aus dem Ring, gehe zu meinem Coach und wir trainieren weiter? Jeder hat sicherlich ein K.O. dieser Art schon erlebt – das kann eine Kündigung sein, ein Vorgesetztenwechsel, ein Umzug. Sportler, Schauspieler – wie viele Niederlagen oder Proben sind notwendig, um zur Spitze zu gehören? Mit 16 Jahren spielte ich in einem Schultheaterstück mit und hatte den folgenden Satz im ersten Akt zu sagen: »Das Marktschiff hat angelegt«. Sprechen Sie diesen Satz mehrmals, und zwar auf unterschiedliche Art und Weise aus:

- *Atemlos*, weil Sie vom Hafen zum Wohnhaus gerannt sind.
- *Aufgeregt*, weil jetzt edle Stoffe in Sicht sind für ein neues Kleid.
- *Freudig*, weil jetzt der Nachschub an Gewürzen kommt.

Ein Satz und zig Möglichkeiten, ihn auszusprechen und zu betonen. Die Regisseurin hatte genaue Vorstellungen, wie es beim Publikum wirken sollte. Für vier Worte so viel üben? Das ist doch Quatsch! Ja, das höre ich immer wieder und im Rückblick erkannte ich den Sinn. Es hat mich sensibilisiert, Feedback anzunehmen und zu reflektieren.

Der Weg zum Oscar oder zur Goldmedaille geht über Stolper- und Meilensteine. Was ist Ihr Ziel und welchen Preis sind Sie zu zahlen bereit?

Der Weg zum Oscar oder zur Goldmedaille geht über Stolper- und Meilensteine. Was ist Ihr Ziel und welchen Preis sind Sie zu zahlen bereit?

Fehler – und Feedback-Kultur in Unternehmen

Tagtäglich werden Fehler in Unternehmen gemacht und einige wiederholen sich. Sie wiederholen sich oft, weil beispielsweise Mitarbeiter A die Kenntnis über den Fehler von Mitarbeiter B fehlt. Fehler werden verschwiegen und es entstehen neue, größere oder eben die Wiederholungen. Fehler kosten viel Geld und das Teilen von Erfahrungen mindert die Fehlerquote. Besonders Start-ups haben das erkannt und sprechen offen über das Scheitern.

Unternehmen, die Mitarbeiter motivieren, über gemachte Fehler zu sprechen, statt sie zu verschweigen, schaffen eine nachhaltige Kulturveränderung. Führungskräfte auf diese Bühne vorbereiten und begleiten – das ist auch ein Teil meines Angebots für Ihr Unternehmen.

MONIKA DEINHART

Blick wechseln Wachstum-Ideen-Erfolg

Speakerin, Autorin, Mentorin – mit ihr gelingt das Wechseln des Blicks auf das **WIE**. **W**achstum, **I**deen, **E**rfolg, das wünschen sich Unternehmen, Start-ups, einzelne Existenzgründer, Glückskinder – kurzum jeder. Alle inspiriert sie, die kleinen und großen Herausforderungen und die täglichen »Achs« als Chance für das innere Wachstum zu sehen. Den eigenen blinden Fleck täglich verkleinern – das ist ihr persönliches Lebensmotto. Jeder neue Tag ist ein neuer Start für Ihr **WIE**: **W**achstum-**I**deen-**E**rfolg. Außergewöhnliche Impulse, Tipps und Ideen fördern das nachhaltige und bald spontane Wechseln Ihres Blicks – damit steigt Ihr **W**achstum-**I**deen-**E**rfolg.

https://www.monikadeinhart33.com

Blickwechsel@monikadeinhart33.com

Zukunft beginnt JETZT!

Bildung wahrer Lebensräume – Leben in der Kraft – für alle

Lasst uns zusammen eine kleine Zeitreise machen: Wenn wir uns wieder daran erinnern, woher wir kommen und zurück zum Ursprung gehen, so müssen wir erst mal weit in die Vergangenheit reisen – und sind dem Hier und Jetzt gleichzeitig so nah. Damit meine ich, dass uns sowohl Wissenschaftler als auch Hirnforscher und Mediziner mit all ihren Untersuchungen und mittels neuester Technologien belegen, dass unser Körper, unsere Zellen, unsere Sinne und unsere Urbedürfnisse noch dieselben sind wie die unserer Vorfahren. Und somit sind wir quasi immer noch unweit von unserem Neandertalersein entfernt. Beim Betrachten verschiedener Menschen erkennen wir natürlich, dass die Urkräfte bei einem Menschen mehr und beim anderen weniger ausgeprägt sind. Wir haben gelernt, uns an die Zivilisation anzupassen, Technologien zu nutzen und auch die Vorzüge darin zu erkennen. Dennoch sind diese Urverhaltensweisen die gleichen wie damals geblieben: Die Verkleidung ist moderner, das Verhalten ist zivilisierter, wir passen uns an unsere sozialen Umgebungen an.

Unser Körper, unsere Zellen, unsere Sinne und unsere Urbedürfnisse noch dieselben sind wie die unserer Vorfahren.

Damals, als die ersten Menschen (Neandertaler) eine Sippe gebildet haben und ihre Urbedürfnisse wie Schutz und Nahrung nur in der Gemeinschaft erfüllen konnten, hatte jeder in dieser Gemeinschaft einen festen Platz – entsprechend den jeweiligen Fähigkeiten und Talenten. Ebenso waren der Standort und die Region maßgeblich daran beteiligt, wie sich ihre Körper ausgebildet haben. Ob sie klein oder hochgewachsen, agil, gut genährt oder schmächtig waren, aus all dem ließ sich erschließen, aus welcher Umgebung ein Mensch stammte. Archäologen konnten durch Ausgrabungen belegen, dass Menschen, die in Steppen lebten, eher hochgewachsen waren und die, die im Gebirge lebten, eher eine kleinere Körperhöhe hatten. Viele Menschen haben sich in der Zwischenzeit geografisch verändert und wir haben große und kleine Menschen an einem Ort, denn wir können in kürzester Zeit von A nach B reisen. Wir können unseren Wünschen und Interessen nachgehen und uns räumlich leichter verändern. Dennoch gibt es immer noch diese Verbindung, dass das Äußere auf uns als Person massiv einwirkt. Es gibt genügend Verbindungen von der äußeren Umgebung zu unserem inneren Wohlbefinden. Ob wir hier allein die psychische Kohärenz zwischen Raum und Mensch betrachten oder die physischen Zusammenhänge zwischen Mensch und Raum. Zum Beispiel hören wir oft die klare Aussage, dass sich eine Person an einem gewissen Ort sehr wohlfühlt, sie sich jedoch an einem anderen Ort absolut nicht wohlfühlen kann.

Es gibt immer noch diese Verbindung, dass das Äußere auf uns als Person massiv einwirkt.

Woher kommen diese Aussagen?

Und wie sehr steuert dieses Gefühl die nächsten und wichtigen Entscheidungen dieser Person?

Und wie sehr steuert dieses Gefühl die nächsten und wichtigen Entscheidungen dieser Person?

Diese Zusammenhänge sind oft maßgeblich an unserer Lebensbiografie beteiligt. Denken wir bloß einmal zurück an Situationen, in denen wir der Person oder dem Ort nicht vertraut und uns somit durch unsere Entscheidung in Sicherheit gebracht haben und damit größeren Schaden abwenden konnten …

Auf der physischen Ebenen sind wir ebenso gewissen Faktoren ausgesetzt, wenn wir uns in einer Umgebung befinden, in der wir permanent den Ausdünstungen der Umgebung durch Materialien ausgesetzt sind. Denn dies hat Auswirkungen auf unser Wohlbefinden. Zu den Ausdünstungen kommt noch ein weiterer physischer Faktor hinzu. Und zwar, dass durch unsere modernen Technologien die elektronischen Geräte das Umfeld sehr stark beeinflussen. Da wir als Mensch sehr anpassungsfähig sind, bemerken wir diesen direkten Zusammenhang oft gar nicht bewusst. Stattdessen suchen wir die Ursachen für unser Befinden im Außen. Nicht selten rennen wir zu Ärzten und klagen diesen unser Leid. Unsere Beschwerden werden unter die Lupe genommen und ein Mittel zur Linderung bestimmt und angewandt. Doch wie geht es danach weiter?

Wir gehen zurück in unsere häuslichen und betrieblichen Umgebungen und setzen uns weiterhin diesen gesundheitsschädigenden Faktoren aus. Mit diesen Faktoren und Zusammenhängen beschäftige ich mich bereits mein ganzes Leben. Schon als Kind habe ich so lange an meiner Umgebung gebastelt, bis sich ein »Wohlfühlen« eingestellt hat. Mein Spielplatz war die Natur und eine Schreinerei, mit der ich als Kind sehr verbunden war. Da lag es sehr nahe, dass ich den Weg über das Schreinerhandwerk antrat, um die Umgebung der Menschen mit guten Materialien und Gestaltung zu bereichern. Das Thema der Raumgestaltung ist so vielschichtig, dass ich mich auch hier immer weiter und tiefer in die Materie eingearbeitet habe. Als ich 1996 meine Prüfung zur Schreinermeisterin und Innenraumgestalterin abgeschlossen hatte, begann eine große Reise, bestückt mit vielen Weiterbildungen, Seminaren und Workshops, die meine Arbeit so tiefgehend bereichert haben, dass es mir gelungen ist, daraus eine ganz besondere Raumgestaltung zu kreieren, die ich zum Wohle meiner Kunden einsetze. Mit meinem eigenen Büro – Şenay Paakkanen Konzeption und Raumgestaltung – bereichere ich seit 2003 das Leben zahlreicher Menschen nachhaltig. Denn als Raumgestalterin sehe ich immer das große Ganze und habe den Menschen und dessen Wünsche und Ziele fest im Blick. Hier begrenze ich mich nicht nur auf den Innenraum, sondern vielmehr auf den ganzheitlichen Auftritt des

JEDER Mensch hat eine Vorstellung, eine Vision davon, wohin er sich gerne entwickeln möchte

Menschen. **JEDER** Mensch hat eine Vorstellung, eine Vision davon, wohin er sich gerne entwickeln möchte – ob im geschäftlichen oder im privaten Bereich. Allzu oft machen wir den Fehler und trennen Beruf und Privates. Doch eigentlich gehört beides zusammen.

Wir sind eins und haben in uns alles vereint, wie z. B. unsere Talente, mit denen wir im Außen für unsere Kunden agieren und deren Leben bereichern können. Oder da gibt es auch unsere Talente als Mitmenschen, indem wir zu Hause in unserem privaten Umfeld das verkörpern, was uns in Bezug auf unsere inneren Werte wichtig ist. Dies alles erforsche ich in meinen Konzepten, finde die Stolpersteine und entwickele ein neues Konzept, das zum Hier und Jetzt passt – mit aller Wertschätzung aus der Vergangenheit und mit einer klaren Ziel- und Fundamentsetzung für die Zukunft, die wir uns wünschen. Es hängt nur daran, ob wir uns endlich wichtig genug sind, wir aufhören zu warten und endlich einfach machen, damit das Neue mit der nötigen Leichtigkeit kommen darf – zur rechten Zeit am rechten Ort. Denn alles hat seine richtige Zeit. Oft fragen wir uns: Warum habe ich nur so lange gewartet?

Damit das Neue mit der nötigen Leichtigkeit kommen darf – zur rechten Zeit am rechten Ort.

Doch auch dies gehört zu unserem Reifungsprozess dazu. Wir können die Früchte erst nach der Reifung ernten. Das gilt in der Landwirtschaft genauso wie bei der Gestaltung unserer Räume. Und deshalb stellen wir HEUTE die Weichen – im HIER und JETZT.

ŞENAY PAAKKANEN

Expertin für die Bildung wahrer Lebensräume – Leben in der Kraft – für alle!

Als Innenraumgestalterin und Schreinermeisterin hat Şenay Paakkanen schon viele Menschen in ihrem Wohn- und Arbeitsumfeld zu mehr Kraft verholfen. Oft stecken wir in Lebenssituationen fest und können keine Lösung finden. So verrückt es sich anhört, hilft uns gerade der Raum um uns herum dabei, die notwendige Veränderung einzuleiten. Durch gezielte Gestaltung unserer Räume entwickeln wir regelrechte Wohlfühlräume, in denen das räumliche Klima so verändert ist, dass sie uns und unsere Arbeit, aber auch die sozialen Verbindungen zu unseren Kunden, Patienten, Klienten und Mitarbeitern unmittelbar fördern und stärken.

Wandel gestalten – von dem, was ist zu dem, was sein kann!

Es herrschte angespannte Stimmung im Team, als ich den ersten gemeinsamen Workshop mit meiner Begrüßung begann. Die Erwartungshaltung der Vorstände war groß: Das vor mir versammelte Team sollte zukünftig den lokalen Standort einer zugekauften Tochtergesellschaft in Eigenverantwortung führen – ohne eigenen Geschäftsführer vor Ort. Plötzlich befand sich das Team in einer komplett neuen Situation. Mehr als 20 Jahre hatte ein lokaler Geschäftsführer den Standort geführt und mit seinem Führungsstil die aktuelle Kultur stark geprägt. Und er sollte jetzt nach den Vorstellungen der neuen Eigentümer nicht mehr nachbesetzt werden? Die gesamte Führung sollte zukünftig auf mehrere Schultern verteilt werden und von einem neu aufgestellten Führungsteam und in direkter Zusammenarbeit mit den Verantwortlichen in der neuen Unternehmenszentrale erfolgen? Für viele der Anwesenden war dies eine unmöglich erscheinende Herausforderung.

Aus den Vorgesprächen mit den einzelnen Führungskräften wusste ich, dass es große Vorbehalte gibt. Auch im menschlichen Miteinander läuft es alles andere als gut. Die langjährigen Führungskräfte im Team sind es gewohnt, dass ihnen alle Entscheidungen abgenommen und Probleme von oben gelöst werden. Nun sollen sie zukünftig mehr selbst entscheiden. Was, wenn Fehler passieren? Wie mit der neuen Verantwortung umgehen? Viele Fragezeichen stehen in den Gesichtern der anwesenden Führungskräfte. Die wirtschaftliche Situation am Standort ist kritisch. Einige der Führungskräfte sind nach dem Weggang des ehemaligen Geschäftsführers dazugestoßen. Sie sind angesichts der großen Herausforderungen in der »Mal abwarten«-Haltung. »Wir sind kein Team«, lautet die einhellige Zusammenfassung nach der Einstiegsrunde. Eine spannende Ausgangslage im Hinblick auf die Erwartungshaltung der Vorstände.

Mehrere Monate sind vergangen, als ich mich wieder mit einem der Vorstände in meinem Büro treffe, um unser nächstes gemeinsames Check-Point-Meeting mit dem Team zu besprechen. »Ich habe eine gute und eine nicht so gute Nachricht für dich.« »Na, dann leg mal los«, sage ich zu ihm. »Das Team ist auf einem sehr guten Wege und es scheint, als ob sie ihre neue Rolle finden. Die Führungskräfte übernehmen Verantwortung, unterstützen sich gegenseitig und arbeiten gut zusammen. Es läuft ausgezeichnet. Tja, und jetzt denke ich, dass wir unsere Zusammenarbeit mit dir nach unserem nächsten Meeting vorläufig auf Stand-by setzen können.« »Und wie lautet jetzt die weniger gute Nachricht?« frage ich ihn zufrieden lächelnd.

Fähigkeit für Transformation entwickeln

Unvorhersehbare Entwicklungen und radikale Veränderungen sind keine Ausnahmeerscheinungen mehr, sondern zu unserer neuen Realität geworden. Angetrieben durch neue Technologien, Klimawandel, Urbanisierung, demografischen Wandel, Konnektivität usw. berührt dieser permanente und tiefgreifende Wandel sämtliche Lebensbereiche. Die Komplexität und Dynamik, mit der dies geschieht, hat vielfältige Auswirkungen auf uns.

Die Fähigkeit für Transformation ist gefragter denn je. Das gilt für unsere persönliche Entwicklung genauso wie für unser menschliches Miteinander in Organisationen und Unternehmen.

Die Fähigkeit für Transformation ist gefragter denn je. Das gilt für unsere persönliche Entwicklung genauso wie für unser menschliches Miteinander in Organisationen und Unternehmen.

Zukunft gestalten

Während Change im Wesentlichen darauf abzielt, Bestehendes zu verbessern oder zu reparieren, bedeutet Transformation, sich selbst neu zu erfinden – ein neues Selbst zu schaffen. Die Zukunft ist der Bezugspunkt. Zukunft gestalten und verwirklichen mit neuem Denken und Handeln – frei von Zwängen der Vergangenheit. Nach meinem Verständnis bedeutet Transformation, dass Menschen anders denken und vor allem auch handeln, um andere Ergebnisse zu erzielen.

Ins TUN kommen

Laut diverser Studien scheitern im Businessumfeld mehr als 70% aller Transformationsprojekte in Unternehmen. Wie wir in unserer Praxis immer wieder sehen, scheitern diese Projekte nicht in der Konzeptions- und Definitionsphase, sondern überwiegend in der Umsetzung. Warum bleiben Menschen, Teams oder Organisationen und Unternehmen in der Umsetzung ihrer Transformation stecken? In meiner Praxis als Coach und Organisationsentwickler beobachte ich immer wieder folgende Gründe:

- Fehlende Klarheit darüber, wohin die Reise gehen soll und kein gemeinsames Verständnis für die Richtung der Zukunft.
- Fehlende Motivation und Energie von innen heraus, um in die gewünschte Richtung der Zukunft voranzugehen.
- Mangelende Planungsfähigkeiten kombiniert mit mangelnder Umsetzungsdisziplin durch fehlenden Fokus und zu viele Ablenkungen.
- Limitierende Glaubenssätze, einschränkende Wahrnehmungen und Ängste, die ein Verlassen der Komfortzone verhindern.
- Keine oder zu wenig Verbindung von Strategie- und Kulturentwicklung im Unternehmen, was dazu führt, dass die ausgerufene Wunsch-Strategie von den Mitarbeitenden nicht verinnerlicht wird und nur geringe Akzeptanz findet.

- Fehlende Leadership-Kultur, um die Organisation auf allen Ebenen durch den Weg der Transformation zu führen.

Momentum von innen statt Druck von außen: Vier Bausteine für erfolgreiche Transformation

Mit unserem Ansatz verbinden wir die vier wichtigsten Bausteine von Transformation, um die Akzeptanz von Veränderungen zu fördern:

1. Vision und Strategie

Klarheit schaffen, wohin die Organisation möchte. Gemeinsam wird eine Strategie und Vision basierend auf einer fundiert analysierten Ausgangslage definiert. Die zentralen Akteure aller Stufen nehmen wir an die Hand und begleiten sie auf der gemeinsamen Reise. Das zukünftige Bild ist jedem klar. Führungskräfte werden befähigt, die Entwicklung ihrer Bereiche dauerhaft und selbstständig mit der Unternehmensvision zu verbinden. Und sie übernehmen Verantwortung für den Fortschritt.

2. Kultur

Durch gemeinsam definierte und bei allen Mitarbeitenden verankerte Werte schaffen wir die Basis für eine gemeinsame Kultur, die in der gesamten Organisation gelebt werden kann.

3. Leadership

Es braucht Leader auf allen Ebenen des Unternehmens, um die Verbindung zwischen Vision, Strategie, Kultur und dem alltäglichen operativen Geschäft der Mitarbeitenden herzustellen. Der Aufbau einer gemeinsamen Führungskultur, um Widerstände gegen Veränderungen zu überwinden und das Vertrauen in neue Möglichkeiten zu wecken, stärkt und trägt die neue Unternehmenskultur. Die Führungskräfte werden befähigt, mit ihren Mitarbeitenden und Teams das Potenzial der Organisation freizusetzen und bessere Ergebnisse zu erzielen.

4. Umsetzung

Bei einer Transformation müssen Prozesse und Strukturen nicht nur mit der Strategie verknüpft sein, sondern sie müssen Kultur bauen und Leadership ermöglichen sowie fördern. Dazu wird ein Plan der für die Umsetzung benötigten Prozesse, Strukturen und Zielvorgaben entworfen, es werden Maßnahmen definiert und Verantwortung verteilt. Es wird fokussiert geplant und darauf geachtet, dass die Maßnahmen diszipliniert umgesetzt werden, damit die nötigen Veränderungen vorangetrieben werden. Durch beständige Fokussierung können die Führungskräfte strategische Maßnahmen agil neben dem operativen Tagesgeschäft umsetzen.

> **Wenn es gelingt, Strategie und Kultur so zu kombinieren, dass sich Mitarbeitende emotional damit verbinden, entsteht Momentum, um die Transformation von innen heraus voranzubringen.**

Wenn es gelingt, Strategie und Kultur so zu kombinieren, dass sich Mitarbeitende emotional damit verbinden, entsteht Momentum, um die Transformation von innen heraus voranzubringen.

Welche Fragen beschäftigen Sie rund um das Thema Transformation? Wo haben Sie Verbesserungspotenziale für eine erfolgreiche Transformation für sich, in Ihrer Organisation oder Ihrem Unternehmen entdeckt?

BERNHARD HIRT

Transformation gestalten

Bernhard Hirt begleitet als Coach, Trainer und Organisationsentwickler Führungskräfte und Unternehmen in Transformationsprozessen. Er ist geschäftsführender Gesellschafter bei ZTN Training & Consulting und war mehr als 20 Jahre erfolgreich als Führungskraft und Mitglied im Top-Management eines internationalen Weltmarktführers tätig.

Seine Leidenschaft für Zukunftsgestaltung und Wandel mit Menschlichkeit in der Führung und Geschäftswelt machen ihn wirkungsvoll und inspirierend.

www.ztn.biz

Persönlichkeit. Wirkung. Ausstrahlung.

»Wer andere erkennt, ist gelehrt. Wer sich selbst erkennt, ist weise. Wer andere besiegt, hat Muskelkraft. Wer sich selbst besiegt, ist stark. Wer zufrieden ist, ist reich. Wer seine Mitte nicht verliert, ist unüberwindlich.«

LAO-TSE 老子, (6. JAHRHUNDERT V. CHR.),
CHINESISCHER PHILOSOPH

Prinzessin Diana war als charismatische Persönlichkeit bekannt für ihre Herzlichkeit. Der ehemalige US-Präsident Barack Obama erhellte mit seiner optimistischen Ausstrahlung und seinen mitreißenden Reden. Charismatische Menschen haben eins gemeinsam: Sie gehen ungewöhnliche Wege, lassen sich von den Meinungen anderer nicht beeinflussen, geben neue Richtungen vor, brechen auch schon mal die ein oder andere konventionelle Regel und sind erfolgreich. Menschen mit starker Ausstrahlung sind auch reich an Selbsterfahrung und Einfühlungsvermögen. Sie besitzen Führungsqualitäten, sind offen und motiviert und können sich gut in Szene setzen. Der perfekte Mensch? Nein, ein charismatischer Mensch hat genauso viele Ecken und Kanten wie andere auch. Diese Menschen wissen nur um ihre innere Haltung und kennen ihre Emotionen. Tatsache ist, dass charismatische Menschen eine Art »Aura« haben, sie ziehen andere positiv gesehen in ihren Bann. Charisma ist eine Fremdwahrnehmung, denn niemand käme auf die Idee von sich selbst zu behaupten, er habe Charisma. Viele charismatische Menschen besitzen diese Fähigkeiten einfach, sie ist ihnen angeboren.

Jeder von uns ist einzigartig. Oder kennen Sie jemanden, der genauso denkt und handelt wie Sie? Wohl eher nein. Selbst bei eineiigen Zwillingen, die ja über eine identische Genetik verfügen, gibt es Unterschiede im Verhalten. Jemand kann Ihnen ähnlich sein, jedoch niemals gleich. Alles, was wir denken, fühlen und sagen bestimmt unsere Persönlichkeit und dazu zählt auch unsere innere Einstellung. Unser Mindset zeigt sich in der Körperhaltung, in der Art, wie wir sprechen und was wir tragen.

Gerade das Zusammenspiel der inneren Einstellung, der Körpersprache und -haltung, einer klaren Kommunikation und Rhetorik sowie des Outfits mit seinen Farben, Schnitten und Materialien unterstützt Ihre Persönlichkeit, Ihren Auftritt, Ihre »Bühnenwirkung« im Meetingraum, im Kundengespräch sowie in der Präsentation off- und online und auf der Sprecherbühne.

Wir alle spielen jeden Tag mindestens eine »Rolle«. Solange sie authentisch ist und wir uns drin wohlfühlen, kommen wir auch klar und glaubwürdig rüber.

Es ist wie bei einem Rohdiamanten. Ein Rohdiamant ist unscheinbar, matt und alles andere als strahlend. Er sieht ganz stumpf aus, fast kraftlos. Es könnte irgendein Mineral sein. Genau so gehen viele Menschen heutzutage in der Masse unter, sind sehr angepasst und schwimmen stets mit dem Strom, um ja nicht als Außenseiter dazustehen. Sie wirken wie kleine graue Mäuse – bloß nicht anecken, geschweige denn auffallen. Schnell werden sie übersehen. Lieber in einer neutralen »Man-Form« kommunizieren als in der »Ich-Form«. Warum Stellung beziehen? Bloß keine Fragen stellen, das erzeugt zu viel Aufmerksamkeit. Lieber tief- als hochstapeln. Oft »Ja« sagen, obwohl sie »Nein« meinen.

Fragen sind Sprungbretter für eine Botschaft.

Fragen sind Sprungbretter für eine Botschaft.

Mit vielen Dingen wurde ich früher selbst konfrontiert. Wenn ich heute auf mein Leben zurückblicke, war es wohl ein Wink des Schicksals, dass ich durch sehr viele tiefe Täler gegangen bin. Doch jede Herausforderung, jede Schwierigkeit verlangte immer eine Entscheidung: Liegenbleiben oder aufstehen? Auch wenn es noch so schwerfiel, entschied ich mich immer für das »Aufstehen und Krone richten«. Hinschauen, loslassen und nach vorne schauen, um zu verändern. Das Beste aus der Situation machen, ob mit oder ohne fremde Hilfe. Niemals aufgeben, sondern dranbleiben.

Heute bin ich dafür sehr dankbar, denn wie sonst könnte ich meine Erfahrungen an meine Kunden und Teilnehmer weitergeben?

> **»Je dicker der Schlamm ist, desto stärker wird die Lotosblume, die daraus erblüht und sich im warmen Sonnenschein sonnt.«**
> TINA TURNER

»Die Arbeit an sich, ist die Arbeit an sich«, so ein Sprichwort. Und da ist viel Wahres dran. Geht es nicht darum, den eigenen Weg im Leben zu finden? Das, was uns ausmacht, damit der Weg leichter wird?

Die Schwere und die Dunkelheit habe ich hinter mir gelassen und ich merke, es wird leichter. Das gebe ich heute gerne mit Freude und Herzblut weiter. Glaubwürdigkeit entsteht dort, wo Ihre Sprache und Ihr Auftritt merklich zu Ihrer Persönlichkeit passen. Überzeugungskraft ist nicht messbar. Überzeugungskraft ist spürbar und lässt Sie erstrahlen.

> **Glaubwürdigkeit entsteht dort, wo Ihre Sprache und Ihr Auftritt merklich zu Ihrer Persönlichkeit passen. Überzeugungskraft ist nicht messbar. Überzeugungskraft ist spürbar und lässt Sie erstrahlen.**

Jeder von uns ist einzigartig, jeder hat individuelle Facetten, die wirken möchten und gelebt werden wollen. Wenn wir jetzt den Diamanten schleifen, dann stellen wir nach einiger Zeit fest, dass der Stein anfängt, leicht zu funkeln. Er strahlt immer mehr und immer kräftiger. Seine Facetten funkeln in den reinsten Farben, die man sich überhaupt vorstellen kann, den Spektralfarben, sobald Licht ihn fällt. Die funkelnden, kleinen, gleißenden Facetten haben auf einmal eine positive Kraft, die sich nach außen zeigt. Wenn der Mensch die Macht seiner positiven Wirkung erkennt und einsetzt, öffnen sich auf einmal Türen.

»Sei dir deiner Stärke bewusst und du schaffst alles.«

UNBEKANNT

Heute werde ich oft von Persönlichkeiten gebucht, die mehr aus sich herausholen wollen und ihr wahres Ich entdecken möchten. Es geht unter anderem darum, in sich hineinzuschauen und sich zu fragen: Wie sehe ich mich selbst mit all meinen Stärken und Schwächen? Was möchte ich nach außen präsentieren? Wie sehen mich andere Menschen? Welche Werte vertrete ich und was hat mich geprägt? Aus welchem Grund fällt es mir so schwer, mich zu akzeptieren, wie ich bin? Was macht mich glücklich und frei? Wie kann ich meine Glaubwürdigkeit erhöhen und meine Stärken sichtbar machen? Wie löse ich mich von alten (Sprach-)Mustern?

Dazu möchte ich Sie motivieren, mit mir zusammen den Weg zu gehen. Sei es in einem interaktiven Vortrag, Seminar, Workshop oder alternativ in einem Intensiv-Coaching. Damit Ihre individuellen Facetten noch mehr strahlen – denn SIE sind der Diamant!

NICOLA SCHMIDT

Imageexpertin | Persönlichkeit. Macht. Wirkung.

Nicola Schmidt begleitet Menschen in einen klaren, selbstbewussten Auftritt. Sie erkannte früh, dass nicht Daten und Zahlen die Menschen bewegen, sondern Emotion und Persönlichkeit. Das spornte sie an, die Themen Körpersprache, Rhetorik sowie Outfit zu vertiefen und sie erkannte, welche Kraft und Zusammenhänge diese Themen im Innen und Außen haben. Sie unterstützt Menschen authentisch und feinfühlig zu einer noch stärkeren Präsenz und Sichtbarkeit mit Ausstrahlung. Von ihren Vorträgen, Seminaren und Coachings profitieren Führungskräfte sowie Selbstständige aus der freien Wirtschaft und Politik. Alle, die im Kundenkontakt gefordert sind, gewinnen durch ihre Wirkungsverstärkung.

Braucht es erst den nahen Tod?

Auf einmal ist alles vorbei, mitten im Leben. Ganz unerwartet? So sieht es wenigstens oft von außen betrachtet aus: Ein geliebter Mensch geht. Haus und Hof, alles wird verloren, die Sicherheit ist weg. Oder braucht es gar ein einschränkendes gesundheitliches Ereignis? Muss es erst so weit kommen? Ein Unfall – alles bangt und nach einiger Zeit kehrt die oder der Betroffene zurück ins Leben und ist verwandelt.

Mit 20 Jahren arbeitete ich auf einer Intensivstation, auf der ein 13-jähriger Junge schon wochenlang im Wachkoma lag und respektvoll und würdig angesprochen, gepflegt und behandelt wurde. Es brauchte ein dreiviertel Jahr, bis er wieder zu sich gekommen war nach einem Sturz von einem Allgäuer Grasberg. Später trafen sich unsere Wege erneut. Er war inzwischen erwachsen und ich Ärztin. Er konnte über alles berichten, was auf dieser Intensivstation damals vor sich gegangen war. Er selbst war stiller Beobachter zwischen den Welten gewesen. Er war vollkommen genesen und hatte eine zuversichtliche und positive Persönlichkeit entwickelt. »Den seinen gibts der Herr im Schlaf«, fällt mir dabei ein. Was passiert, wenn wir »weg« sind und aus eigener Kraft scheinbar nichts mehr beitragen können?

Wunder ereignen sich Tag für Tag.

Wunder ereignen sich Tag für Tag. Als ich in einem Kunstverein 2018 Werke zu meinem geliebten Thema **Transformation** ausstellen wollte, stieß ich auf Widerstand der künstlerischen Leitung: Wunder gäbe es nicht, wieso also diese thematisieren? Gesundheit und Krankheit sind der Spiegel unseres Bewusstseins. Den Anblick von Schönheit, Ausdauer, Mut und Freude täglich zu kultivieren und Dankbarkeit bewusst zu üben, verändert uns.

In meiner Praxis für Gesundheit und Energiemedizin habe ich Menschen aller Altersklassen erlebt, Reiche und Arme mit unterschiedlichen Gaben gesegnet. Zunächst gab es die Zeit des »Mach das mal weg«-Anspruchs – Übergabe und Abgabe an die Expertin. Etwas stört im Leben, aber was steckt dahinter, was will es uns wirklich sagen? **Wer bin ich?** Viele waren von solch einer Hausaufgabe verblüfft, manche überfordert. Woher komme ich und wo geht die Reise hin? Einige sahen ein, dass das reine Reparieren und Symptomverschieben nicht wirklich den **Kern** traf. Klar, das ist nichts für jedermann da noch weiter zu forschen. Manchmal schien es enttäuschend und doch zeigte sich mir, dass es einen langen Atem braucht. Gelegentlich kam jemand nach 10 oder gar 15 Jahren und meinte: Jetzt hab ich es verstanden und bin bereit. Dann legten wir los mit dem Energieschub in der mitochondrialen Medizin und eliminierten noch vorhandene Heilungshindernisse. Es braucht den freien Willen, alles hat seine Zeit, und es braucht eine individuelle Erkenntnis, die auch vom Seelenalter abzuhängen scheint. Es ist erfreulich, wenn jemand noch zu guten Lebenszeiten merkt, dass es jederzeit möglich ist, im Gehirn, speziell im Stirnlappen, neuere synaptische Verschaltungen zu installieren. Und dass wir stärker sind, als unsere Genetik es uns glauben ließ.

Es braucht den freien Willen, alles hat seine Zeit, und es braucht eine individuelle Erkenntnis, die auch vom Seelenalter abzuhängen scheint.

Was geht leicht von der Hand, kommt aus dem Herzen und bringt durch das Verspüren von Lebensfreude wieder Kraft zurück? All diese Fragen sollten Eltern schon in sich tragen, wenn sie achtsam Kinder auf ihrem einzigartigen Weg begleiten, damit es später keiner Berufsberatung bedarf, sondern sich die Kinder in ihre Potenziale und Berufungen hineinentwickeln dürfen. Und dieser Blick gilt heute erst recht für die Großeltern dieser Kinder! Dann werden sich Menschen selbstverantwortlich durchsetzen für ihr Wohl und dem der Gemeinschaft dienen, unabhängig von staatlichen Versorgungsplänen.

Eine spätere Patientengruppe hatte alle Symptome bei Google eingegeben. Die Informationen hatten sie gefunden, lediglich die Zusammenschau fehlte, die Erfahrung und das Vertrauen, um die individuellen Mosaiksteinchen in Resonanz bringen zu können. Nun zeigte sich zum Teil eine Sich-aufgeben-Tendenz: »Ist mir egal, so genau will ich es dann gar nicht wissen«, »Hauptsache, ich darf wieder so leben, wie ich es früher gewohnt war«. Wir sind auf dem Weg vom Informations- in das Transformationszeitalter.

Für ein Leben in **Glück und Freiheit**, oder mit anderen individuell wichtigen Werten, muss ich diese kennen, indem ich mich im Stillen mit mir und meiner Seele auseinandergesetzt habe. Es gilt, Stille auszuhalten, zu beobachten, was ist und es zuzulassen und was an Triggern (Auslösern, die einen aufregen) noch aufzuarbeiten ist, zu transformieren für ein sinnstiftendes Dasein. Dabei hilft uns unser Körper wie ein Wegweiser.

Es gilt, Stille auszuhalten, zu beobachten, was ist

Das Allerwichtigste auch jetzt für diese Zeit, in der wir gerade leben: Nimm dich bitte wichtig im Herzen! Es kommuniziert 5000-mal häufiger mit dem Gehirn, als es umgekehrt erfolgt. Lerne dich selbst morgens freundlich zu begrüßen und aufzumuntern, egal, ob du alleine lebst oder mit anderen dein Leben teilst. Immerhin denkt man circa 60.000–70.000 Gedanken jeden Tag aufs Neue! Und davon werden nur 10 % überhaupt erneuert. Das läuft alles automatisch ab. **Es geht im Leben nur um Liebe.** Schon Paracelsus sagte, »die beste Arznei für den Menschen ist der Mensch. Der höchste Grad der Arznei ist die Liebe«, damit ist alles gesagt. Ich habe für mich und viele andere herausfinden dürfen, dass bewusst empfundene und ausgedrückte **Dankbarkeit und Vergebung** das Tor zu Wachstum und dem häufig besonders in herausfordernden Zuständen oder im Alter vermissten **Seelenfrieden** darstellt. Wir dürfen uns daran gewöhnen, dass alles um uns herum schwingt. Je leichter auch wir schwingen, desto weniger verhärtet, verdichtet und erstarrt unser Dasein. Das Geschenk der **Zirbeldrüse**, die der große Denker René Descartes schon als den Schlüssel und die Verbindung zwischen Körper und Seele erkannte, ist unter anderem die vorgeburtliche und in der Kindheit hohe Ausschüttung von **DMT** (Dimethyltryptamin). Die Ausschüttung des Glückshormons Serotonin und des Schlafhormons Melatonin ist notwendig für ein gutes menschliches Dasein. In sexueller Ekstase, nach starker körperlicher Anstrengung und zum Beispiel im Tiefschlaf und in der Meditation wird DMT bevorzugt sezerniert, also seid kreativ und tanzt den **Tanz des Lebens**, so lange es noch geht.

Je leichter auch wir schwingen, desto weniger verhärtet, verdichtet und erstarrt unser Dasein.

In diesem Sinne wünsche ich uns eine klare **Vision** für ein gelingendes und erfülltes Leben voller **Freude**. Haltet, egal wie die Situation sich gerade auch zeigen mag, **ungeahnte neue Chancen im Meer aller Möglichkeiten** (Ulrich Warnke) für bereits gegeben, manchmal entgegen der Logik. Je feinstofflicher und schwingungsfähiger der in der Natur gesundete Mensch wieder wird, desto leichter begreifen wir auch in **Demut** die Komplexität unseres Menschseins auf diesem Planeten, eingebunden in ein Multiversum. Dafür ist eine gesunde Blut-Hirn-Schrankenfunktion und eine funktionstüchtige Zirbeldrüse Voraussetzung. **Intuition** brachte schon großartige Erkenntnisse hervor, die heute wiederentdeckt werden wie beispielsweise die originale europäische Heilkunde.

regina@reginawillems.com
www.reginawillems.com

REGINA ELISABETH WILLEMS

Selbstständigen Entscheidungsträgern mit vorausschauendem Verantwortungsbewusstsein, Unternehmern der Zukunft, die jetzt auch gesundheitlich extrem auf die Probe gestellt werden, hilft Regina Elisabeth Willems, ihren wahren, beglückenden Lebensauftrag zu erkennen, diesen gesund und voller Energie auszuführen und neue Wege zu beschreiten.

40 Jahre Erfahrung in funktioneller Medizin, davon 25 Jahre in eigener ganzheitlicher Arztpraxis mit Durchführung von Original FXMayr-Kuren, ließen sie ihr Behandlungsspektrum um Coaching- und Gesundheitsmentoring erweitern. Zwei Jahrzehnte Moderatorenerfahrung in ärztlichen Qualitätszirkeln und Eventorganisation im In- und Ausland sowie Dozententätigkeiten auch für staatliche Pflegeberufe und Heilpraktiker fließen in die gesundheitlichen und transformatorischen Begleitungen mittelständiger Betriebe, Gruppen- und 1:1-Mentorings mit ein. Sie bietet Hui-Chung-Gong-Kurse und Schulungen europäischer und vedischer energetischer Übungen an, hält Vorträge und Workshops und arbeitet als Autorin.

Mit Deiner Story kreierst Du Dein Image

So wie Du Deine Geschichte erzählst, beeinflusst Du die Wahrnehmung Deines Unternehmens

Du hast als Unternehmer verloren, wenn Dir die Story-Botschaft fehlt. Begeistert Dein visueller Auftritt deine Zielgruppe? Verbrennst Du Geld und Zeit mit unklaren Werbeanzeigen, die Deine Zielgruppe absolut nicht ansprechen? Ist Dein Angebot unklar und fühlt sich Deine Zielgruppe nicht verstanden?

So manche Investition in Webseite und Anzeigen verpufft. Das ist schade um das Geld, um die extra Anstrengung und um jede Überstunde, die Du als Unternehmer im Büro sitzt, statt bei Deiner Familie zu sein. Es ist mein Herzensthema, anderen Unternehmern dabei zu helfen, nur noch mit ihren Traumkunden zu arbeiten und so endlich wieder mehr Zeit für die Dinge zu haben, die ihnen im Leben wirklich wichtig sind. Mach Deine Marketing-Message zu einem unwiderstehlichen Köder für deine Zielgruppe.

Es ist mein Herzensthema, anderen Unternehmern dabei zu helfen, nur noch mit ihren Traumkunden zu arbeiten und so endlich wieder mehr Zeit für die Dinge zu haben, die ihnen im Leben wirklich wichtig sind.

Wem soll der Köder schmecken? Dem Fisch, nicht dem Angler! Die meisten machen es umgekehrt: Sie bauen Webseiten und Social-Media-Beiträge für sich selbst. Wir haben den Köder (Deine Marketingkommunikation), den Fisch (Deinen Traumkunden) und Dich als Angler (den Unternehmer). Du sitzt den ganzen Tag am See (Facebook, LinkedIn und Co.) und wunderst Dich, warum niemand anbeißt, dabei hast Du nie einen Köder an den Haken gehangen. Du weißt, dass Dein Traumkunde im See schwimmt. Vielleicht sucht er Dein Angebot. Du hast den Köder

(Deine Fähigkeiten) am Ufer liegen, aber niemand im See weiß davon und wird so auch nicht angelockt. Durch reinen Zufall beißen gelegentlich zu kleine oder die falschen Fische an, die Dich aber nur unnötig viel Arbeit und Zeit kosten. Davon kannst Du nicht leben.

Würdest Du Deine wertvolle Zeit nicht viel lieber damit verbringen, fette Fisch zu fangen, die auch bereit sind, hohe Preise für Dein Angebot zu bezahlen?

Angenommen, Du hast keine Zeit für Strategie, weil Du am Angeln bist. Irgendein Kunde wird schon zu Dir kommen. Prinzip Hoffnung. Genau das passiert, wenn Du Dir eine schnelle Webseite baust, Handyfotos draufpackst und bei Facebook unkoordiniert Werbung schaltest, dann bekommst Du kleine Fische mit wenig Erfolg. Besser Du überlegst erst, ob und was Du angeln willst, und suchst danach Gewässer und Ausrüstung aus. Ist der perfekte See gewählt, analysierst Du, welche Fische im See sind, checkst, wann sie hungrig werden, was ihre Lieblingsmahlzeit ist und vor welchem Köder sie am wenigsten Angst haben. Dann erkennen die Fische im Vorbeischwimmen den Wert Deines Angebots und beißen an. So fängst Du die dicken Fische!

Schönheit liegt im Auge des Betrachters. Es ist Deine Außendarstellung, die entscheidet, ob Dein Lieblingskunde Dein Angebot attraktiv findet oder nicht. Mancher hat zwar viel mit Kunden zu tun, aber nicht viel mit Traumkunden. Sie haben ihre Selbstständigkeit begonnen, weil sie ein Herzensthema hatten und von einer Vision erfüllt waren: Sie wollten bei ihren Kunden eine echte Transformation bewirken, die Kunden sollten in der Zusammenarbeit ein großartiges Ergebnis haben. Im Laufe der Zeit ging die Aufmerksamkeit nur noch dahin, jeden noch so lästigen Auftrag anzunehmen, um noch mehr Geld zu verdienen. Diese Menschen könnten nun ihre Kommunikation neu ausrichten, weit mehr verdienen und mehr Zeit mit ihren bevorzugten Kunden verbringen.

Es ist Deine Außendarstellung, die entscheidet, ob Dein Lieblingskunde Dein Angebot attraktiv findet oder nicht.

Hier das Traumkunden-Marketing-Rezept: **Wähle eine zielgerichtete Außendarstellung und ziehe die Kunden an, die Deine Preise zahlen wollen und schrecke die falschen Kunden ab, das spart Dir Zeit.**

Ich mache visuelles Story-Marketing. Wenn ich Selbstständige und engagierte Unternehmer im Business begleite, dann immer in drei Schritten:

1. Im ersten Schritt entwickeln wir gemeinsam nach meiner visuellen Story-Marketingmethode Deinen individuellen Plan: Wer bist Du, was bietest Du an, wofür stehst Du, wen willst Du gewinnen. Was wollen Deine Kunden? Was denken sie, was suchen sie? Und was ist Dein USP, Dein einzigartiges Verkaufsversprechen? Das Ganze gießen wir in eine glasklare Positionierung, die Deine Traumkunden magisch anzieht.

2. Im zweiten Schritt kümmern wir uns um Deine visuelle Außendarstellung. Dazu gehören Texte, passgenaue Fotos, Videos oder Social-Media-Beiträge, die Botschaften transportieren. Ich unterstütze Dich bei der Gestaltung und Auswahl des Bildmaterials. Manche Kunden wollen zu seriös wirken und verstecken sich hinter zu ernsten Fotos und komplizierter Fachsprache. Gemeinsam legen wir Deinen persönlichen Fahrplan fest und entscheiden, welches Material in welcher Bildsprache benötigt wird. Du setzt das dann selbst um oder wir finden einen lokalen Dienstleister. Mit besonderen Kunden gehe ich persönlich einen Schritt weiter. Wir holen weitere Fotografen, Videografen und Visagisten mit an Bord für ein professionelles Fotoshooting.

3. Die besten Fotos und die klarste Positionierung sind wenig wert, wenn sie niemand sieht. Deshalb kümmern wir uns im dritten Schritt darum, dass Du über Social-Media-Kanäle für Deine Traumkunden sichtbar wirst. Du wirst relevanten Content produzieren, der Deine Zielgruppe anzieht. Dafür haben wir regel-

mäßige Termine und meinen Content Club, damit Dir nie die Ideen ausgehen. Jeder hat eine Kombination aus einzigartigen Talenten für sein unvergleichbares Angebot, auf die eine bestimmte Zielgruppe schon gewartet hat. Entscheidend ist, dass wir Deine Persönlichkeit klar und optimal in der Außendarstellung positionieren. Kommt nun Dein Kunde auf Deine Webseite und identifiziert sich mit Deiner Kommunikation, dann hast Du alles richtig gemacht! Denn wenn Dein Kunde versteht, dass Du genau das anbietest, was er will, dann musst Du nichts mehr aktiv verkaufen, denn Dein Kunde kauft dann von allein.

Nimm aus diesem Rezept mit: **Deine Außendarstellung und Wirkung sind entscheidend!**

Wenn ein potenzieller Kunde Deine Webseite besucht und sich zu Hause und von Deiner Botschaft abgeholt fühlt, dann wird alles einfacher für Dich. Schluss mit Verkaufen an Personen, die nichts von Dir wollen. Erhalte stattdessen Anfragen von Traumkunden, die sich freuen, endlich die Lösung für ihre Probleme gefunden zu haben und die gerne mit Dir zusammenarbeiten wollen.

Früher fühlten sich manche Kunden überwältigt von der Fülle der eigenen Marketing-Kommunikationsaufgaben. Das hatte zur Folge, dass sie sich viel seltener zeigten, als sie gekonnt hätten. Ich mache Dir Mut: Haben wir Deine Botschaft klar herausgearbeitet, dann wird alles einfacher in der Kommunikation, egal ob auf der Webseite, auf YouTube, LinkedIn oder Instagram, und es macht sogar Spaß! Du bist der Unternehmer, finde heraus, welche Teile der Kommunikation Dir Freude machen. Beschäftige Dich mit dem, was Dir wirklich liegt!

Haben wir Deine Botschaft klar herausgearbeitet, dann wird alles einfacher in der Kommunikation, egal ob auf der Webseite, auf YouTube, LinkedIn oder Instagram, und es macht sogar Spaß!

SUSANNE LÜHRIG

Susanne Lührig ist Speakerin & Coach für visuelles Story-Marketing mit 20 Jahren Marketing- und Business-Erfahrung, Dipl.-Volkswirtin, Gründungsberaterin und live bei Dotcom Bubble mit eigenem Start-up. Sie gründete zwei internationale Telekommunikationsfirmen, war Account Managerin bei Telefonica, Geschäftsführerin und Casterin bei einer RTL-Gameshow. Man sieht sie in Fernsehauftritten, sie hat bereits in drei Ländern gelebt und 18 bereist, veranstaltet Fotoausstellungen und arbeitet als Journalistin in der Redaktion A. Christiani (Story Marketing). Sie hat 16 Jahre Erfahrung in der Business-Fotografie für renommierte Unternehmen und Vorstände und ist Gründerin des Content Clubs. Ihr visuelles Storytelling bringt Dir Deine Traumkunden.

www.susanneluehrig.de

Erfolgsverhinderer Nr. 1©

Erfolgsverhinderer vs. Erfolgsschmied

»Der Mensch wird im Außen nie finden, was er in seinem Inneren nicht hat.«
ALEXANDRA HERDT

Wir kommen auf die Welt und sind vom ersten Moment an vollkommen. Wir haben noch gar nichts getan und werden bereits geliebt. Alle finden uns »so niedlich«. Wir müssen also gar nichts leisten, um wundervoll und wertvoll zu sein. Und das, obwohl wir erst wenige Sekunden oder Minuten, ein paar Stunden, Tage oder Wochen auf der Welt sind. Allein der Gedanke daran gibt einem doch ein wundervolles Gefühl und wer Kinder hat, kann sich auch sicherlich aus dieser Perspektive noch genau daran erinnern, wie diese ersten Augenblicke waren.

Ich nenne diesen Augenblick **»BEDINGUNGSLOSE LIEBE«**!

Einfach, weil DU DU bist. Ist das nicht wundervoll?

Der erste so wichtige Lebensabschnitt, der uns gestärkt in die Welt schickt, gefüllt mit Liebe, mit Selbstvertrauen und dem Gefühl, dass wir vollkommen sind. Eine unfassbar schöne Vorstellung, dass uns dieser Start durch unser Leben tragen könnte ...

Bei einigen Menschen ist das auch so und sie tragen dieses Gefühl und die Selbstsicherheit ihr Leben lang in sich, was sich natürlich auch positiv auf ihr Leben auswirkt.

Dann gibt es da aber auch noch die Menschen, die irgendwann in ihrem Leben merken, dass sie ihre Selbstsicherheit, ihr Selbstbewusstsein und das Gefühl, geliebt zu werden, verloren haben.

Wenn das passiert ist, ist es unvermeidlich, dass auch das einen Einfluss auf ihr Leben hat. Leider meistens einen negativen Einfluss. Denn sie fangen an, immer und immer mehr an sich selbst zu zweifeln, sie trauen sich immer weniger zu. Vielleicht denken sie Dinge wie:

- Ich kann das sowieso nicht.
- Alle anderen sind besser als ich.
- Was werden denn die anderen dann über mich denken?
- Ich bin nicht gut genug oder noch nicht gut genug etc.

Das Ergebnis ist dann, dass sie viele Dinge gar nicht erst anfangen. Sie probieren sie nicht aus, auch wenn sie sich das noch so sehr wünschen. Sie lassen ganz viele Chancen verstreichen und nehmen ihr Leben manchmal gar nicht mehr selbst in die Hand.

Lieber schauen sie dann anderen Menschen dabei zu, wie sie an ihnen »vorbeiziehen«, was sie alles Tolles aus ihrem Leben machen und sie denken, dass diese Menschen sowieso besser sind als sie.

Der ein oder andere schaut vielleicht sogar Tag für Tag bei Instagram, wie perfekt doch die Leben der anderen sind, und fühlt sich dabei selbst immer schlechter.

Genau an dieser Stelle möchte ich ganz kurz erwähnen, dass es auch mir lange Zeit so gegangen ist. Auch ich hatte mein Selbstbewusstsein verloren, war absolut unsicher und habe mich nicht geliebt gefühlt. Was daraus entstanden ist und besonders schlimm war, ist, dass ich immer gedacht habe, dass ich nicht gut genug bin und dadurch habe ich auch die Liebe, die ich für mich selbst empfinden sollte, verloren.

Bis ich eine Methode entwickelt habe, mit der ich es schaffen konnte, das wieder umzuwandeln und zu verändern.

Warum erzähle ich davon bzw. warum ist mir dieses Thema so wichtig?

Den meisten meiner Kunden ging es ebenfalls so und auch hier gibt sicherlich viele Menschen, die sich in meinen Zeilen wiederfinden. Oft ist es bereits ein großartiger Schritt, wenn uns »das Problem« bewusst ist und dennoch ist es damit nicht behoben. Wir fangen an, nach der Ursache zu suchen. Wann und warum und vor allem, durch wen es dazu gekommen ist. Dabei vergessen wir dann leider viel zu häufig, dass es darauf eigentlich gar nicht ankommt.

Es kommt nämlich gar nicht auf die anderen an, sondern einzig und allein auf uns. Und auch nicht auf uns in der Vergangenheit, sondern auf uns im HIER UND JETZT.

Ja, sicherlich gab es Situationen und Personen, die das in uns ausgelöst haben, die uns vielleicht nicht genug geliebt haben, uns nicht genug lieben konnten, die Dinge gesagt oder getan haben, die unglaublich verletzend waren ... Das ist traurig und etwas, was nicht passieren sollte, aber es passiert einfach. Und es kann uns auch jederzeit wieder passieren, denn wir können die anderen Menschen nicht beeinflussen oder ändern, sondern »nur« uns selbst.

Und sicherlich haben wir alle diese Erfahrung schon einmal gemacht, dass genau das gar nicht immer so einfach ist. Das ist wie mit Gewohnheiten, die gar nicht so einfach zu verändern sind. Genauso ist es eben auch in diesem Fall. Denn da geht es auch um eine Art Gewohnheit, denn wir haben uns daran gewöhnt, so (blöd) von uns selbst zu denken. Die meisten wissen inzwischen, dass das, was wir denken, unseren Alltag und unser Leben beeinflusst, und zwar immer und immer wieder. Also dürfen – und ich würde sogar sagen »müssen« – wir genau dort ansetzen: Bei unseren Gedanken, bei dem, was wir täglich über uns denken. Glaubt mir, da gibt es viele kleine Situationen, in denen wir selbst überhaupt nicht nett zu uns sind, nicht nett über uns denken. Dadurch sind wir selbst in unserem beruflichen und in unserem privaten Leben oft unsere größten ERFOLGSVERHINDERER. Damit das nicht so bleibt und sich wieder ändert, damit Du wieder Selbstbewusstsein entwickelst, Dir vertraust, Dich selbst wieder annehmen

Dadurch sind wir selbst in unserem beruflichen und in unserem privaten Leben oft unsere größten ERFOLGSVERHINDERER.

und vor allem wieder Lieben kannst, dafür bin ich angetreten. Denn ein erfülltes, freies und erfolgreiches Leben fängt immer als erstes bei Dir selbst an.

Ich weiß, es ist vielleicht ganz schön hart zu lesen, dass wir bei uns selbst gucken sollen, dass wir bei uns anfangen und an uns selbst arbeiten müssen, egal, was wir früher erlebt haben. Es klingt unfair, dass wir niemand anderes mehr dafür verantwortlich machen dürfen, dass wir in unserem Leben noch nicht dort angekommen sind, wo wir hinwollen, und dass eigentlich die anderen das Leben führen, was wir gerne führen würden.

Und genau das ist eben auch die GUTE Nachricht. DU hast es selbst in der Hand! DU entscheidest, wie Dein Leben weitergeht. Fang direkt an und entscheide, wie DU ab heute über dich selbst denkst.

Fang direkt an und entscheide, wie DU ab heute über dich selbst denkst.

DU KANNST ES! Ende der Geschichte.

Bist DU dein ERFOLGSVERHINDERER, oder dein ERFOLGSCHMIED?

LISA BITTNER

Life-Coach, Keynote-Speakerin, Autorin & Mentorin

Große Erfolge entstehen, wenn wir bei uns selbst unsere Erfolgsreise starten.

Lisa Bittner inspiriert Menschen, ihr bestes Leben zu kreieren und macht ihnen bewusst, dass nachhaltiger Erfolg erst dann entstehen kann, wenn sie ihre Erfolgsverhinderer erkennen und sie in ihren persönlichen Erfolgsschmied verwandeln. Dafür hat sie ihr eigenes Konzept entwickelt.

Über 5000 Kunden schätzen ihre Kompetenz und ihr Einfühlungsvermögen sehr. Als Expertin ihres Fachs ist sie seit über 19 Jahren bei ihren Kunden anerkannt. Ihre Vision ist es, die Menschen zu inspirieren, ihr bestes Leben zu kreieren. Ihnen bewusst zu machen, welche Schritte als Erstes notwendig sind, um effizient und nachhaltig alle persönlichen Erfolgsverhinderer auszuschalten.

www.lisa-bittner.com

info@lisa-bittner.com

Führen wie ein Kapitän

Arbeit auf einem Kreuzfahrtschiff – Der Mythos vom Arbeiten mit Urlaubsfeeling

Können Sie sich vorstellen, einen Arbeitsvertrag zu unterschreiben, der monatlich 301,1 Stunden vorsieht? Dabei ist das Gehalt nicht üppig und es besteht keine nennenswerte soziale Absicherung. Die Laufzeit ist auf drei bis sechs Monate begrenzt und währenddessen ist kein freier Tag vorgesehen. Das gibts nicht? Das gibt es sehr wohl – viele machen es sogar freiwillig und gerne. Sie heuern auf einem Kreuzfahrtschiff an. Beliebte Fernsehsendungen haben ein Bild vom Arbeiten auf den Ozeanriesen geprägt, das Assoziationen an eine Idylle aus fernen Ländern und Abenteuern weckt. Dem gegenüber finden sich in Medien häufig Darstellungen von ausbeuterischen Jobs mit schlechter Bezahlung. Die Wahrheit liegt dazwischen, jedenfalls entsprechen die Rahmenbedingungen nicht den landläufigen Vorstellungen eines geregelten Arbeitsverhältnisses. Motivation und Engagement der Mitarbeiter an Bord übertreffen jedoch trotz aller Härten und Belastungen das der meisten Menschen, die an Land tätig sind.

Motivation und Engagement der Mitarbeiter an Bord übertreffen jedoch trotz aller Härten und Belastungen das der meisten Menschen, die an Land tätig sind.

Die Begeisterung der Crew hat verschiedene Gründe: Zum einen verfügt jedes Crewmitglied über starke persönliche Motive für seine Tätigkeit. Insbesondere erleben die Crewmitglieder an Bord eine Gemeinschaft, ein Zusammengehörigkeitsgefühl sowie eine Führungskultur samt Feedbacksystem, die an Land in kaum einem Unternehmen zu finden ist. Das ist umso erstaunlicher, weil ein Schiff eine sehr traditionell hierarchisch geprägte Organisation darstellt, die scheinbar in völligem Gegensatz zu den modernen Führungsansätzen etwa eines Start-up-Unternehmens steht.

Vom autoritären Führungsstil zum Führungskreislauf

An der Spitze steht der Kapitän. Vielen Kapitänen gelingt es heutzutage, in Zusammenarbeit mit ihren Offizieren, diese strenge Hierarchie durch die Art ihrer Führung zu verändern und gefühlt in einen Kreislauf zu verwandeln. Dieser umfasst alle Menschen an Bord des Schiffes – sowohl die Crew als auch die Gäste. Denn schließlich sitzen alle, im wahrsten Sinne des Wortes, im selben Boot. Kapitän und Offizier sind nicht länger starre hierarchische Positionen, sondern Aufgaben, die mit Leben und Sinn gefüllt werden. Führung kann somit als die Energie verstanden werden, die die Beteiligten im Kreislauf verbindet. In diesem Führungskreislauf fließt die Energie vom Unternehmen über die Führungskräfte zu den Mitarbeitern und von diesen über die Gäste wieder zurück zum Unternehmen. *Führen wie ein Kapitän* bedeutet, dieses moderne Führungsverständnis umzusetzen und für die notwendige Energie zu sorgen, die den Führungskreislauf in Schwung bringt, hält und im besten Falle sogar Energie in die entgegengesetzte Richtung freisetzt.

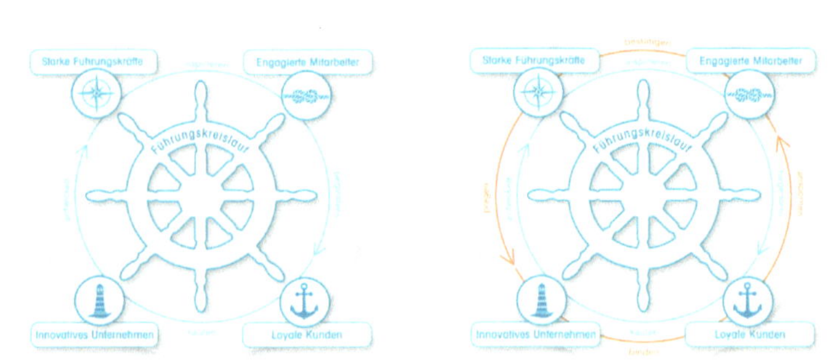

Die Verantwortung und Aufgaben des Kapitäns an Bord eines Schiffes

Ein Kapitän auf hoher See trägt die gesamte Verantwortung für das Schiff mit samt der Menschen an Bord. *Führen wie ein Kapitän* bedeutet, die Verantwortung für das eigene Handeln jederzeit zu übernehmen und sie nicht auf andere abzuwälzen, egal wie einfach und bequem das wäre. Gerade in Krisenzeiten übernimmt ein Kapitän das unmittelbare und alleinige Kommando. Er duckt sich nicht weg und sucht nicht nach einem Platz im Rettungsboot, sondern bleibt auf seinem Platz, der Kommandobrücke, und koordiniert die notwendigen Maßnahmen. Der Kapitän geht im schlimmsten Fall als Letzter von Bord – das ist Ehrensache.

Darum bedeutet *Führen wie ein Kapitän,* ein taugliches Wertesystem zu entwickeln und diesem zu folgen. Für Kapitäne stellt die Sicherheit des Schiffes und aller Menschen an Bord den höchsten Wert dar. Es gilt für Führungskräfte, die eigenen wichtigsten Werte zu finden, die leiten und helfen, auch schwierige Situationen zu meistern.

Darum bedeutet *Führen wie ein Kapitän*, ein taugliches Wertesystem zu entwickeln und diesem zu folgen.

Führen wie ein Kapitän …

- … bedeutet, jederzeit als Vorbild für die Mitarbeiter zu dienen. Sie orientieren sich an ihrem Vorgesetzten und beobachten dessen Verhalten sehr genau, daher ist es so wichtig, mit gutem Beispiel voranzugehen.
- … heißt, die Karriereleiter Schritt für Schritt zu erklimmen, in jeder Position so viel wie möglich zu lernen und sein Bestes zu geben.
- … fordert die Fähigkeit als Beziehungsmanager, denn es geht darum, Verbindungen zu zahlreichen Beteiligten zu knüpfen, also vertrauensvolle und belastbare Beziehungen zu anderen Menschen aufzubauen.

- … steht besonders für die Idee einer menschlichen Führung. Eine gute Führungskraft interessiert sich für ihre Mitarbeiter und unterstützt sie darin, ihre individuellen Ziele zu erreichen.
- … bedeutet, aus starken Mitarbeitern ein starkes Team zu formen. Vertrauen in die Fähigkeiten der Mitarbeiter ist die wichtigste Zutat. Ein Vertrauensvorschuss liefert im Gegenzug gute Ergebnisse, die das Selbstvertrauen der Teammitglieder fördern und gleichzeitig das Vertrauen der Mitarbeiter in die Führungskraft stärken. Die Summe des Selbstvertrauens ist die Stärke des Teams.
- … heißt, offen für neue Entwicklungen, Prozesse und Techniken zu sein und diese in die bisherigen Abläufe zu integrieren. Ein Kapitän ist kein Verwalter, sondern ein Gestalter. Er wird nicht von Veränderungen getrieben, er treibt sie aktiv voran.
- … bedeutet, für die Herausforderungen der neuen Arbeitswelt bestens gerüstet zu sein. Um hervorragende Mitarbeiter zu gewinnen und weiterzuentwickeln, werden großartige Führungskräfte benötigt.
- … ist eine Reise. Der Kapitän hat das Steuer in der Hand, weil er das Ziel kennt. Daher ist es kein Problem, wenn er gelegentlich vom Kurs abkommt, denn er weiß, wo er hinwill.

Und das Wichtigste: *Führen wie ein Kapitän* macht Spaß, weil es darum geht, sich selbst und andere Menschen weiterzuentwickeln, Ideen voranzutreiben und gemeinsame Erfolge zu erzielen.

***Führen wie ein Kapitän* macht Spaß, weil es darum geht, sich selbst und andere Menschen weiterzuentwickeln.**

Während meiner Zeit als Personalleiter an Bord verschiedener Kreuzfahrtschiffe habe ich mit 13 Kapitänen zusammengearbeitet – jeder nahm die Aufgabe individuell mit seiner Persönlichkeit und seiner eigenen Art der Führung wahr. *Führen wie ein Kapitän* bedeutet, nicht nach einem festgelegten Schema zu handeln, sondern sich selbst zu kennen und das eigene Verhalten zu reflektieren. Das

Ziel ist dabei, eine charismatische Führungskraft zu werden, weil nur charismatische Leader ihren Mitarbeitern Kraft und Mut verleihen – beides benötigen Teams und ihre Führungskräfte, um erfolgreich zu sein. Großartige Führungskräfte unterstützen ihre Mitarbeiter darin, Mut für neue Ideen und Kraft für deren Umsetzung zu entwickeln.

Führen wie ein Kapitän – auch an Land

Es ist nicht zwangsläufig notwendig, auf einem Schiff anzuheuern, um etwas über die einzigartige Führung auf einem Kreuzfahrtschiff zu erlernen. Ich beschreibe das Konzept ausführlich in meinem Buch *Leader Ship – Führen wie ein Kapitän*. Darin erkläre ich den Weg zur erfolgreichen Führungskraft anhand vieler Erlebnisse und Begegnungen während meiner Zeit auf einem Kreuzfahrtschiff. Darüber hinaus begleite ich Unternehmen und Führungskräfte, die sich für die Herausforderungen der Zukunft bestens aufstellen wollen – mit und ohne nautische Ambitionen.

OLIVER KINTZEL

Als Führungskraft auf Erfolgskurs

Wie werde ich eine kompetente Führungskraft? Was zeichnet einen erfolgreichen und gleichzeitig menschlichen Führungsstil aus?

Während meiner Zeit als Personalmanager an Bord von Kreuzfahrtschiffen habe ich Antworten auf diese und zahlreiche weitere Fragen gefunden und teile diesen Erfahrungsschatz in meinem Buch *LEADER SHIP – Führen wie ein Kapitän*. Ich bin darauf spezialisiert, Führungskräfte und Unternehmen bei den Themen Mitarbeiterführung/-entwicklung, Teambildung, Veränderungsprozesse und Kundenorientierung zu unterstützen. »Führen wie ein Kapitän« bringt Fach- und Führungskräfte auf Erfolgskurs.

www.oliver-kintzel.de

coach@oliver-kintzel.de

Wissen auf Reisen

Wo würden Sie gerne etwas über die Philosophie des Sokrates lernen? Im Hörsaal oder in den Ruinen der Akropolis in Athen? Wissen auf Reisen zu vermitteln ist in unserer Lebenswirklichkeit angekommen.

Die Geschichte vom Wissen auf Reisen

Mit der Aussage *»Wenn jemand eine Reise tut, so kann er was erzählen ...«* beschreibt der Dichter Matthias Claudius bereits im 17. Jahrhundert den Zusammenhang einer erlebten Reise und der späteren Nachberichterstattung darüber. Was den Reisenden zum reflektierenden Nacherleben diente, wurde für die daheimgebliebenen Zuhörer und Leser Bildung über die Welt. Zur »Leitfigur eines Bildungsreisenden« avancierte kein geringerer als Johann Wolfgang von Goethe mit der Beschreibung seiner Italienreise. Ursprünglich sollte die Reise, zu der er im September 1768 aufbrach, nur einige Monate dauern, am Ende wurden fast zwei Jahre daraus.

> **»Die beste Bildung findet ein gescheiter Mensch auf Reisen.«**
> JOHANN WOLFGANG VON GOETHE

Die ältesten Nachweise von Reisen finden wir in der Antike bei den griechischen Geschichtsschreibern. Die ersten Reisebeschreibungen sind in den Geschichtsbüchern des Herodot dokumentiert. Im weiteren Verlauf des Altertums und des Mittelalters sind uns nur wenige Werke dieser Art erhalten geblieben, wie etwa Reiseberichte der Wikinger. Mit der Erfindung der Buchdruckerkunst entwickelte sich die

Literatur über das Reisen verbunden mit dem Wiedererstarken des wissenschaftlichen Denkens in der Forschung rasant. So entstanden in den folgenden Jahrhunderten große Sammlungen von Reisewerken. Ende des 19. Jahrhunderts gab es über fast alle Gegenden der Erde Reiseberichte von wissenschaftlich gebildeten Reisenden. Einige dieser Reisebeschreibungen erreichten weltliterarische Bedeutung. Dabei haben die Reiseberichte von Alexander von Humboldt einen besonderen Stellenwert. Er war Forschungsreisender, der mit seinem weit über Europa hinausreichenden Wirkungsfeld ein Gesamtwerk über »den Stand des Wissens von der Welt« schrieb und damit zum Mitbegründer der Geografie als empirischer Wissenschaft wurde.

> **»Die gefährlichste aller Weltanschauungen ist die Weltanschauung derer, die die Welt nicht angeschaut haben.«**
> OFT ALEXANDER VON HUMBOLDT ZUGESCHRIEBEN

Das Reisen als Bildung

Reisen bedeutet Praxis statt Theorie.

Durch die zahlreichen wissenschaftlichen Dokumentationen vom »Wissen der Welt« ist das Reisen in der heutigen Zeit ein fester Bestandteil der Bildung geworden. Auch in der Berufsbildung werden Erfahrungen im Ausland immer wichtiger. Reisen ist nicht nur eine Freizeitbeschäftigung, wichtiger noch, Reisen bildet. Die Erfahrungen aus den Besuchen unbekannter Länder mit fremden Kulturen, anderen Sitten und Traditionen fördern neue Denkweisen und das Verständnis und die Toleranz von Gesellschaftsstrukturen. Reisen bedeutet Praxis statt Theorie. Neben dem Wissen aus der Schule oder Universität ist dieses erworbene Wissen eine bedeutende Grundlage für das weitere Berufsleben und fast noch wichtiger, die Persönlichkeitsbildung. Denn wie sagte schon Mark Twain: *»Man muss reisen, um zu lernen«*.

Das Lernen auf Reisen

Das menschliche Bestreben zu lernen bildet die Grundlage für eine Wissensvermittlung in alltäglichen Lebenssituationen und damit auch auf Reisen. *»Zu reisen ist zu leben«* war schon die Lebensphilosophie des fantasievollen Märchenerzählers H.C. Andersen. Die eigene Intuition, sich erforderliche Informationen zu seiner Reise anzueignen, wird durch die Bereitstellung von Wissen während der Reise unterstützt. Der Umstand der entspannten Lernsituation im Verlauf einer Reise fördert die Motivation.

Der Umstand der entspannten Lernsituation im Verlauf einer Reise fördert die Motivation.

Die neuesten Erkenntnisse der Neurowissenschaft haben ergeben, dass die Lernfähigkeit des menschlichen Gehirns nicht wie lange angenommen vom Alter, sondern von der Art des Lerntrainings abhängig ist. Dabei ist das Lernen im höheren Alter kein reiner Wissenstransfer, sondern die aktive Aneignung von Wissen in die eigene Lebenswirklichkeit. Dabei spielt das Umfeld des Lernens auf einer Reise eine wichtige Rolle. Der Abstand von der normalen Lebenssituation fördert das aktive Erleben und damit die Erweiterung des Wissens außerhalb des alltäglichen Lebens.

> **»Lebe, als würdest du morgen sterben. Lerne, als würdest du für immer leben.«**
> MAHATMA GHANDI

Die Bildungsreise heute

Das Erreichen eines höheren Lebensstandards, feste Urlaubsregelungen und die damit verbundene aktive Freizeitgestaltung ermöglichten größeren Bevölkerungsgruppen das Reisen. Inzwischen stellt der Tourismus mit einem festen Budget im privaten Haushalt einen beträchtlichen Wirtschaftsfaktor dar. Dem gestiegenen Qualitätsanspruch an die Inhalte von Reisen wird die Tourismusbranche durch das Angebot von Bildungsreisen gerecht. Die moderne Bildungsreise, mit einer weiteren Unterscheidung auch als »Studienreise« beschrieben, stellt eine willkommene Alternative zum Massentourismus dar. Zu den Kennzeichen der heutigen Bildungsreise gehört, das Erlebte zu verarbeiten und darüber mit den neuen Kommunikationsmöglichkeiten zu berichten. Die Begleitung der Reisen durch einen ausgebildeten Reiseleiter wird zu einer wichtigen Entscheidungshilfe bei der Auswahl einer Reise.

> **»Die Welt ist ein Buch. Wer nie reist, sieht nur eine Seite davon.«**
> AURELIUS AUGUSTINUS

Die Experten auf einer Reise

Historisch gesehen ist der Fremdenführer als Spezialist für das Reiseziel der erste Reiseexperte. Im stärker werdenden Pauschaltourismus wurde daraus das Profil eines Reiseleiters mit zunehmend organisatorischen Aufgaben herausgebildet. Sie vertreten als Ansprechpartner am Urlaubsort den dort meist nicht selbst präsenten Reiseveranstalter. Die Vermittlung von Wissen über ein Land, seine Kultur und die Lebensumstände als ein pädagogisches Angebot gehört neben der Organisation der Reise zu den wichtigsten Aufgaben eines Reiseleiters, neusprachlich auch Tour-Guide genannt. Die Erwartung an einen Tour-Guide, erweitertes Wissen zu liefern, förderte die Weiterentwicklung zu reinen Experten, die spezielles Reisewissen vermitteln, sogenannten Science-Guides.

Die Vermittlung von Reise-Experten (Science-Guides)

Die Reise-Experten bilden in der öffentlichen Darstellung keine heterogene Gruppe. Der Grund findet sich in den sehr verschiedenen Lebenswegen und Ausbildungen, die nötig sind, um den Status eines Experten zu erreichen. Entweder ist es die Weitergabe von Wissen über den eigenen geografischen Lebensmittelpunkt oder ein Thema der eigenen Lebensbiografie, das dann als Expertenwissen vermittelt wird. Des Weiteren ist der Zeitpunkt, an dem sich diese Fähigkeiten in den individuellen Lebensverläufen herausbilden, sehr unterschiedlich. Dieser Umstand führt zu einer differenzierten Darstellung dieser Berufsgruppe in der öffentlichen Wahrnehmung. Die verschiedenen Berufsbezeichnungen vom Reiseleiter, Reiselektor, Reisedozenten bis zum neudeutschen Tour-Guide und Science-Guide erschweren die Sichtbarkeit in den öffentlichen Medien.

> **»Ein Spezialist beherrscht sein Gebiet, ein Experte liebt es.«**
> HANS-JÜRGEN QUADBECK-SEEGER

Durch die Gründung der Agentur »Science-on-Travel« als Plattform für das Angebot von Expertenwissen auf Reisen wird damit eine neue Möglichkeit der Vermittlung geschaffen. Das Angebot der Darstellung der persönlichen Erfahrungen und Themengebiete der Experten, sowie die komplette Abwicklung des Geschäftsvorgangs gehören zum Leistungsumfang von »Science-on-Travel«. Die professionelle Abwicklung der Geschäftsprozesse unter Berücksichtigung aller internationalen Steuerrechte und die ständige Erreichbarkeit als Agenturleistung bilden dabei weitere Vorteile für die Experten.

Das Team von »Science-on-Travel« schickt Wissen auf Reisen.

Falls Sie, liebe Leser:innen, über Wissen verfügen, dass Sie auf Reisen vermitteln möchten, freuen wir uns auf Ihre Bewerbung.

DETLEF RÜBENACH

Experte für Experten auf Reisen

Während eines erfüllten Berufslebens verfolgte er intensiv zwei weitere Interessen: das Reisen und die Weitergabe von Wissen. Nach seinem Studium der Erziehungs- und Geschichtswissenschaft widmete er sich der Wissensvermittlung auf Reisen.

Durch den Kontakt mit begeisternden Persönlichkeiten und ihren beeindruckenden Vorträgen entstand die Idee, diesen Personen zu mehr Sichtbarkeit zu verhelfen. Die Gründung einer Agentur zur Vermittlung von Wissenschaftlern, Forschern und Dozenten war die notwendige Konsequenz.

Neben der Agenturarbeit begleitet er selbst Reisen als landeskundiger und wissenschaftlicher Reisedozent.

www.science-on-travel.com

Wer zum Therapeuten geht, ist ein Weichei!

Schreckliche Dinge passieren immer wieder. Doch Therapie?? Ne. So etwas gab es früher auch nicht. Da hat man mal einen Schnaps mehr getrunken und dann passte das!

Nach vorne schauen ist die Devise. Die Vergangenheit kann man ja eh nicht ändern. Nur die Harten kommen in den Garten ...

Das Leben ist kurz und stressig. Wir haben Co-Working-Spaces, wir netzwerken, was das Zeug hält, und wir geben Businesscoaches horrende Summen, damit sie uns geschäftlich weiter nach vorne bringen.

So weit das Frontend. Doch wie verhält es sich im Backend?

Denn eins ist mal sicher, egal wohin Du beruflich gehst – Du nimmst Dich immer selbst mit. Und dann, wenn Du mal einen Moment für Dich hast und nicht im Hamsterrad der Betriebsamkeit gefangen bist, dann schlägt die Psyche gnadenlos zu und Du fühlst Dich ohne Selbstwert und unsicher. Was machst Du dann? In der Regel lenkst Du Dich ab oder erzählst Dir, dass Du ein Luxusproblem hast. Kognitiv weißt Du, dass Du es gut hast. Im Vergleich zu manch anderen hast Du Geld und beruflich einiges geschafft. Vielleicht hast Du auch eine Frau und Kinder, Freunde und gute Bekannte. Doch Deine Gefühle kommen Dir gnadenlos mit innerer Leere, Unzulänglichkeit und Einsamkeit. Wie kann das sein?

> **Und dann, wenn Du mal einen Moment für Dich hast und nicht im Hamsterrad der Betriebsamkeit gefangen bist, dann schlägt die Psyche gnadenlos zu und Du fühlst Dich ohne Selbstwert und unsicher.**

Die Antwort ist, dass Du nicht nur Dein »Wissen« bist. Auch wenn wir das alle (ich manchmal eingeschlossen) gerne wären. Wir haben einen Körper, der überall Nervenzellen besitzt, die ein eigenes Gedächtnis haben und die Du nur über Deine Gefühle erreichen kannst. Wenn Du Dich als Erwachsener unsicher fühlst, dann hast Du es mit Sicherheit auch in der Kindheit getan. Und wenn Du Dich als Erwachsener dafür schämst, dann hast Du es ebenfalls bereits in der Kindheit getan. Um diese Speicherung zu löschen, reicht es nicht aus, dass Dein Gehirn weiß, dass Du jetzt viel Geld hast oder Freunde. Manchmal schlägt das alte »Ich« noch gnadenlos zu. Jeder weiß, was er tun muss, um abzunehmen, richtig? Und wie viele setzen es um? Wo ist er denn, der Verstand, der weiß, wie es geht?

Wenn Du Dich als Erwachsener unsicher fühlst, dann hast Du es mit Sicherheit auch in der Kindheit getan.

Was ist die Lösung?

Komm wieder in Kontakt mit Dir selbst. Verbinde Dich nicht nur mit dem Außen. Netzwerke mit Deinem Körper und verstehe, dass Du einen Co-Working-Space in Dir hast!

Wo fühlst Du Deine innere Einsamkeit? Im Gehirn? Wohl kaum. Ich wette, dass sie eher im Bauchbereich angesiedelt ist. Oder in der Herzgegend. Manchem schnürt es auch den Hals zu. Genau dort sitzen wichtige Nervenzellen, die ihre eigenen Erinnerungen haben. Und kognitiv, also mit Deinem Verstand, sind sie nicht erreichbar. Denn sie können keine Sprache. Sie können nur Gefühle. Wenn Du allerdings mit Deinem Körper nicht in Verbindung bist, dann hast Du schlechte Karten, wenn es darum geht, sie aufzulösen. Denn Du kannst sie nur dort auflösen, wo sie entstehen.

Wo fühlst Du Deine innere Einsamkeit? Im Gehirn? Wohl kaum.

Wenn Du ein trauriges Erlebnis hattest, dann ist Verdrängung erst mal eine normale Reaktion. Doch wenn der Schmerz nicht irgendwann richtig verarbeitet wird, dann schimmelt er wie Geschirr, das du nicht spülst, sondern nur versteckst. Kommen Menschen dann in Deine Wohnung, sehen sie nur die Sauberkeit und Du fühlst Dich gut. Lebst Du mit jemandem zusammen, fliegt die Tarnung auf. Und deswegen scheust Du vielleicht richtig tiefe Beziehungen. Du weißt insgeheim, dass Du dreckige psychische Ecken hast.

Wäre es nicht viel schöner, wenn Du Dir die Zeit und das Geld nimmst, um nicht nur in Äußerlichkeiten zu investieren? Es gibt gute körperzentrierte Therapien und Therapeuten, bei denen kein Versteckspiel nötig ist. Du bist und bleibst ein:e Macher:in, eine tolle Frau oder ein toller Mann und ein guter Mensch, der gleichzeitig ein paar unaufgeräumte Ecken hat. So what.

Woran erkennst Du, ob Du unverarbeitete Erinnerungen hast?

Wenn Du innere Leere, Unerfülltheit, Sinnlosigkeit, Einsamkeit oder Scham fühlst, wenn Du Dir erlaubst zu fühlen. Wenn Du manchmal meinst, dass Du nur ein Schauspieler in Deinem Leben bist. Eine leere Fassade. Wenn Du Dich in Gegenwart anderer Menschen oft nicht wohlfühlst. Wenn Du Dich getrennt von Dir fühlst und Dir von außen beim Leben zusiehst. Wenn Du Erinnerungen hast, die Du sofort verdrängst, weil sie zwar schon länger her sind, Dich jedoch noch innerlich zerreißen können. Wenn Du immer noch Sätze Deiner Eltern oder anderer Menschen hörst und es schmerzt, obwohl sie schon lange zurückliegen. Wenn Du beruflich gut mit anderen Menschen kannst, doch privat Deine Schwierigkeiten hast. Wenn Small Talk und ein unbeschwerter Umgang mit anderen Personen im Social Life nichts Deins sind …

Woran erkennst Du, ob Du unverarbeitete Erinnerungen hast?

Dann sind das alles Anzeichen, dass Teile von Dir noch gefangen sind. Die Schamanen nennen es versprengte Seelenanteile, andere nennen es unglückliche innere Kinder. Es ist egal, wie man es nennt, denn die Wissenschaft weiß heute, dass es kein Eso-Quatsch ist. Erinnerungen werden gespeichert und zwar im Gehirn als Wissen und im Körper als Gefühl. Und das Gefühl ist immer stärker. Wenn Du Betroffene:r bist, weißt Du, worüber ich schreibe. Alles Wissen der Welt beseitigt nicht die innere Einsamkeit und Unruhe.

Was passiert da? Ich vergleiche es mit Liebeskummer, der als Teenager richtig heftig war. Wir haben geweint und gelitten. Es war schrecklich! Doch wenn Du Dich jetzt daran erinnerst, dann weißt Du zwar noch, wie schrecklich es war – du weißt, wie sich der Schmerz angefühlt hat –, doch Du fühlst ihn nicht mehr körperlich. So fühlt sich eine verarbeitete Erinnerung an. Wenn Du den Schmerz allerdings auch nach Jahrzehnten noch körperlich fühlst, dann wurde er nicht verarbeitet.

Sich eine Verletzung zuzugestehen, die lange her ist und noch immer traurig macht, ist nicht einfach und viele schämen sich dafür.

Es kann sein, dass Zeit Wunden heilt, doch manchmal reicht das eben nicht. Sich eine Verletzung zuzugestehen, die lange her ist und noch immer traurig macht, ist nicht einfach und viele schämen sich dafür. Sehen sich als beschädigten Menschen.

Doch das eigentlich Traurige ist, dass Du die Verletzung verlängerst oder sogar noch vergrößerst, wenn Du sie gefühlsmäßig nicht bearbeitest. Sollte es Menschen geben, die Dir in der Vergangenheit etwas angetan haben, gibst Du Ihnen so die Macht, Dich noch mehr und länger zu verletzen.

Lieber ein Ende mit Schrecken als ein Schrecken ohne Ende.

Wende Dich Dir selbst zu und befreie Dich aus Deinem Gefängnis!

Gönnst Du Dir das und Deinem verletzten Inneren?

TANJA GATZKE

Kommissarin, Speakerin und Coach für starke Persönlichkeiten

Tatort Dein Leben: Entfessle Deine innere Sicherheit!

Tanja Gatzke coacht Menschen, die scheinbar alles haben. Geld, Status und Familie. Mit Zielvereinbarungen und Weiterentwicklung kennen sich Tanjas Klienten aus. Im Business sind sie Hochperformer und Leistungsträger.

Doch Leichtigkeit ist nicht vorhanden. Stattdessen Ängste, Leere und Depressionen, die kaum jemand versteht und die man eigentlich auch nicht offenbaren möchte. Man hat sich unterwegs verloren und sitzt nun im goldenen Käfig. »Tatort Dein Leben« heißt das Programm, zu dem sie coacht und auf der Bühne steht. 2021 veröffentlichte sie ein eigenes Buch dazu. Die Kommissarin hat sich auf die Themen Mental Health und Kommunikation spezialisiert.

Zurück in die Zukunft

In unserem Leben reisen wir oft in unsere Vergangenheit zurück. Gehen Situationen immer wieder durch, fragen uns, warum wir uns nicht anders verhalten oder anders reagiert haben. Auch bei Dir ist es wahrscheinlich noch nicht so lange her, dass Du in Deine Vergangenheit gereist und Begebenheiten analysiert hast, oder? Doch wie wäre es, wenn Du zur Abwechslung in Deine Zukunft reisen würdest? Während Du an Deiner Vergangenheit nichts mehr verändern kannst – lediglich Deine Sichtweise darauf – hast Du Deine Zukunft in der Hand und erschaffst sie mit allem, was Du täglich tust und worauf Du Deine Aufmerksamkeit richtest. Du erreichst also nicht irgendwann Deine Zukunft und dann ist sie da, nein, Du selbst erschaffst sie! Das Gute daran ist, dass es ganz bei Dir selbst liegt, wie Du lebst und wie Du leben wirst.

Fokus meiner Arbeit ist die Persönlichkeitsentwicklung und deren Veränderung durch die Erreichung von Zielen.

Fokus meiner Arbeit ist die Persönlichkeitsentwicklung und deren **Veränderung durch die Erreichung von Zielen**. Wenn Du Dir Dein heutiges Leben anschaust, bist Du zufrieden oder gibt es etwas, das Du verändern möchtest? Ganz egal, in welchem Bereich Deines Lebens, sei es im Beruf, in Deiner Beziehung, Deiner Fitness, Deinem sozialen Umfeld. Nimm Dir ein paar Minuten Zeit zum Reflektieren und formuliere dann ein Ziel, das Du gerne in der Zukunft umsetzen würdest. Wichtig hierbei ist, dass Du Deine Stärken kennst und weißt, wer Du bist und was Dich mit Freude, Glück und Antrieb erfüllt. Denn nur, wenn das Ziel zu Dir passt, kannst Du es auch erreichen. Außerdem sollte es greifbar oder messbar sein. Also sage nicht: »Ich möchte mich wohler in meiner Haut fühlen«, sondern überlege, wie Du das erreichen kannst und passe die Aussage an. Also zum Beispiel: »Ich möchte bis zum Ende des Jahres 5 Kilo abnehmen.« Du kannst Dir Dein Ziel auch aufschreiben, damit Du es stets vor Augen hast.

Nun möchte ich Dich gerne auf eine Reise in Deine Zukunft mitnehmen. Bist Du bereit, Dir diesen glorreichen Film mit Dir in der Hauptrolle anzusehen? Einen Film, der sich von allen anderen unterscheiden wird, denn Du bist Protagonist und Regisseur zugleich. Du bestimmst alles, was passieren wird, kannst jederzeit intervenieren und einzelne Stellen löschen oder verändern.

Für diese Visualisierungsübung stelle ich Dir meine **Zurück-in-die-Zukunft-Methode** vor, die Dir dabei helfen kann, Deine Ziele nicht nur zu formulieren, sondern diese auch zu erreichen. Der Name dieser Methode ist an den grandiosen Film *Zurück in die Zukunft* angelehnt. Als Doc Brown gegen Ende in die Zukunft reist, um Marty zu besuchen und ihm seine Familie vorzustellen, sagt er zu ihm und seiner Frau: **»Deine Zukunft ist immer das, was du daraus machst.«** Und genau dazu möchte ich Dich mit dieser Übung motivieren, dass Du aus Deiner Zukunft etwas machst, was Dich erfüllt – und zwar Tag für Tag.

»Deine Zukunft ist immer das, was du daraus machst.«

Bereit loszulegen?

Begib Dich an einen Ort, an dem Du für etwa 20 Minuten ungestört bist, **schließe die Augen und reise in Deine Zukunft**. Denk an Dein eben formuliertes Ziel und stelle Dir nun vor, wie Du es inzwischen erreicht hast. Wie fühlst Du Dich? Was hast Du an? Wo bist Du, wer umgibt Dich? Was strahlst Du aus? Was hat sich alles in Deinem Leben verändert? Sieh genau hin und nimm wahr, wie Deine Umgebung aussieht und wie sie riecht. Was empfindest Du? Je nach Gefühl kannst Du Deinen Film in Schwarz-Weiß oder in Farbe vor Deinem geistigen Auge abspielen. Bei dieser Übung ist es unfassbar wichtig, dass Du die Szenen nicht einfach nur anteilnahmslos vor Dir siehst und passiver Beobachter bist,

Bei dieser Übung ist es unfassbar wichtig, dass Du das Erreichen Deines Ziels mit jeder Zelle Deines Körpers fühlst.

sondern dass Du **das Erreichen Deines Ziels mit jeder Zelle Deines Körpers fühlst**. Sobald Du diesen Zustand erreicht hast, spulst Du zurück und siehst Dir jeden einzelnen Schritt an, der nötig gewesen ist, um Dein großes Ziel zu erreichen. Wenn Du manche Zwischenziele nicht klar erkennen kannst, stelle diese Szene scharf oder zoome heran und schau, mit welchen Taten Du sie letztendlich erreichen konntest. So gehst Du weiter vor, bis Du alle Etappen durchgegangen bist und wieder in Deiner Zukunft ankommst.

Nimm Dir einen Moment Zeit, um wieder im Hier und Jetzt anzukommen. Ich kann Dir nur ans Herz legen, dass Du Dir aufschreibst, was Du eben noch vor Deinem geistigen Auge gesehen hast. Notiere Dir alle Zwischenziele, sodass Du nun in die Umsetzung gehen kannst. Denn eben noch hast Du gefühlt, wie es ist, wenn Du Deinen Zielen nachgehst, an Deine Träume glaubst und alles dafür tust, diese zu verwirklichen.

Du musst aktiv werden und jeden Tag etwas dafür tun und damit meine ich nicht, dass Du Dich mehrere Stunden am Tag dahinterklemmen sollst, sondern dass Du Deinem Tempo und Deiner zeitlichen Kapazität entsprechend handelst.

Das Geheimnis der Zielerreichung liegt in der Struktur der Vorgehensweise. Nachdem Du nun Dein Ziel gefunden und konkret formuliert hast, kommt die Umsetzung. Du musst aktiv werden und jeden Tag etwas dafür tun und damit meine ich nicht, dass Du Dich mehrere Stunden am Tag dahinterklemmen sollst, sondern dass Du Deinem Tempo und Deiner zeitlichen Kapazität entsprechend handelst. Finde hier ein gesundes Maß, denn wenn Du Dich so sehr damit stresst, dass Du überfordert bist, wirst Du nicht auf lange Zeit motiviert sein können. Ist es beispielsweise Dein Ziel, Dir Deinen Traumjob zu angeln, dann klemm Dich dahinter und mach Dir eine To-do-Liste, von der Du jeden Tag etwas streichst. Du brauchst beispielsweise Bewerbungsfotos, einen aktualisierten Lebenslauf und ein ansprechendes Anschreiben, das Deine Stärken unterstreicht. Egal, wie viele Absagen es hagelt, Du gibst nicht auf und bewirbst Dich so lange, bis Du ihn hast – Deinen Traumjob. Es wird Dich vielleicht wundern, doch mit dem Erreichen eines Ziels sind wir noch nicht am Ende der geheimen Methode angelangt. Denn während dieses Prozesses hast Du einiges erlebt, gelernt und verstanden. Daher ist es unfassbar wertvoll, dass Du diesen Weg reflektierst und schaust, was Du eventuell hättest besser machen oder effizienter lösen können. Schreibst Du Deine Erkenntnisse auf, wirst Du in Zukunft davon profitieren können, wenn Du beispielsweise auf ein ähnliches Hindernis stößt, wie das, was Du innerhalb dieses Prozesses schon überwunden hast.

Denn Sinn und Zweck Deines Lebens ist es nicht, von einem Ziel zum nächsten zu rennen, sondern Dir zwischendurch die Zeit zu nehmen, innezuhalten, um diesen unfassbaren Moment und vor allem Dich selbst zu feiern und stolz auf Dich zu sein.

Und weißt Du, was der letzte Punkt dieser Methode ist? Feiern! Denn Sinn und Zweck Deines Lebens ist es nicht, von einem Ziel zum nächsten zu rennen, sondern Dir zwischendurch die Zeit zu nehmen, innezuhalten, um diesen unfassbaren Moment und vor allem Dich selbst zu feiern und stolz auf Dich zu sein. Ich wünsche mir für Dich, dass Du konsequent dranbleibst und alles dafür tust, Deine Ziele zu erreichen, sodass aus dem Film, den Du eben noch vor Dir gesehen hast, schon bald Realität wird.

ERTUL TOPUZOGLU

Wie Du jedes Ziel spielend einfach erreichst

Ertul Topuzoglu ist Ziel-Experte, Keynote-Speaker, IT-Unternehmer und Investor. Seit über 15 Jahren und in mehr als 5000 Coaching-Sessions, 1000 Seminartagen und 250 Vorträgen unterstützt und begleitet er Unternehmen sowie privat Personen beim Finden und Erreichen ihrer Ziele. Mit seiner systematischen Ziel-Methode verhilft er Menschen zu mehr Selbstbewusstsein, Selbstsicherheit und sorgt damit für ein Leben ohne Grenzen. Denn er ist der Überzeugung, dass man alles schaffen kann und jedes Ziel erreichen kann, wenn man es nur klar und deutlich genug sehen kann.

Am Anfang stand die Frage

Vor 2400 Jahren, als im antiken Griechenland Frauen rechtlich auf der Stufe von Sklaven standen, die Menschen an Götter glaubten und in Tücher gehüllt in einfachen Holzhäusern lebten, stellte Sokrates fest: »Wer fragt, der führt«. Bis heute stimmen ihm die erfolgreichsten Unternehmer zu. Die Qualität der Fragen, die wir uns stellen, bestimmt die Qualität unseres Lebens.

Es ist der Moment gekommen, in dem auch ich mir vermehrt Fragen stelle. Seit fast zehn Jahren sitze ich in derselben Großfirma, schaue aus dem kargen Meetingraum durch die bodentiefen Fenster nach draußen und sehe die Vögel neben der marmorierten Fassade des 17-stöckigen Glasgebäudes auf und ab gleiten. Sollte mein Leben nicht auch da draußen spielen? Wo ist der Platz für meine Entfaltung hier in dieser hierarchischen Konzernwelt? Will ich weiterhin halb tot im Großraumbüro in meinen Laptop starren und vor mich hin prokrastinieren?

> **Will ich weiterhin halb tot im Großraumbüro in meinen Laptop starren und vor mich hin prokrastinieren?**

Nein, das kann es nicht sein! Aber was denn dann? Schon gehts los, Gedankenwirrwarr, tausend Fragen gleichzeitig: Was kann ich gut? Was mache ich gerne? Wovon träume ich? Die letzte Frage hat es in sich. Sind mir meine Träume abhandengekommen? Habe ich sie mir ausreden lassen durch Sätze wie: »Du musst realistisch sein. Man kann nicht alles haben. Wie willst du damit Geld verdienen …?« Oder ist die innere Traumlandschaft verblasst, weil ich mich nicht darum gekümmert habe, bequem geworden bin und mich habe ablenken lassen vom eigentlichen Sinn meiner Existenz? Gute Fragen.

Lohnt es sich überhaupt zu träumen? Gäbe es die Cremeschnitte oder Solarflugzeuge ohne einen Träumer? Hätte Dalí seine Bilder auf

Leinwand gepinselt und Shakespeare seinen Sommernachtstraum zu Papier gebracht? Wie sähe unsere Gesellschaft heute aus, wenn Martin Luther King seinen Traum der Welt vorenthalten hätte? Würde die Welt von Harry Potter existieren? Wohl kaum. Sogar Einstein sagte: »Fantasie ist wichtiger als Wissen, denn Wissen ist begrenzt.«

Plötzlich stelle ich mir vor, was passiert, wenn ich dem nachgehe, was aus meinem Innersten hinaus möchte. Ich beflügle meine Fantasie, indem ich mir erlaube zu denken, dass Zeit und Geld keine Rolle spielen und alles gelingt. Wie sieht mein Leben jetzt aus? Wie bei einem Mosaik – im Kleinen ganz konkret und detailliert, damit ein farbiges großes Ganzes entstehen kann – wächst ein immer klareres Bild.

Pablo Picasso erscheint vor meinem geistigen Auge. Er sagt: »Alles, was du dir vorstellen kannst, ist real«, das fasziniert mich. Ich beschäftige mich mit erfolgreichen Menschen und deren Fähigkeit, eine große Vision zu erschaffen, sich die Erfüllung lebhaft vorzustellen, ja sogar schon in der Gegenwart zu fühlen. Manifestieren klingt wie eine Superkraft, die ich erlernen will.

Manifestieren klingt wie eine Superkraft, die ich erlernen will.

Limitierende Gedanken betreten das Parkett. Ein Fiesling, der sich ins Rampenlicht drängt, ist das »Wie«. Wie soll das gehen, wie soll ich es schaffen, wie kann ich damit erfolgreich werden? Tony Robbins nennt es »die Tyrannei des Wie«, die es zu überwinden gilt. Viel beflügelnder und wichtiger sei es, sich auf das »Was« zu konzentrieren, das Ziel eben, den großen Traum. Genauso wichtig auch das »Wer«: Menschen, die unterstützen können und schon dort angekommen sind, wo ich hinwill.

Ich lerne, die Macht der Gedanken nicht zu unterschätzen, da sie zugleich Fluch und Segen sein kann. Völlig verrückt, aber einleuchtend erscheint mir jetzt, was schon Henry Ford erkannt hat: »Ob du denkst, du kannst es, oder du kannst es nicht: Du wirst auf jeden Fall recht behalten.« Der Roger-Bannister-Effekt: Als er 1954 das Wunder vollbrachte und eine Meile in unter 4 Minuten rannte, gelang es kurz danach plötzlich ganz vielen, weil sie jetzt daran glaubten, dass es möglich war.

Wenn der Stein einmal ins Rollen kommt, kann ihn nichts mehr aufhalten. Die Aussicht, dieses große Etwas zu finden und mir mein eigenes Geschäft darauf aufzubauen, ist zu verlockend. Ich beschließe, mich auf den Weg zu machen, ohne die exakte Route zu kennen. Vertrauen schenkt mir Martin Walser, der erkannt hat, dass sich dem Gehenden der Weg unter die Füße schiebt. Klingt vielversprechend.

Ich lerne, die Macht der Gedanken nicht zu unterschätzen, da sie zugleich Fluch und Segen sein kann.

Ich mache erste kleine Schritte in Richtung Herzensplan. Ebenfalls unterwegs sind Ungewissheit und Zweifel. Mein Hang zum Perfektionismus und eine akute Banalitätskrise bieten hervorragenden Nährboden für beide. Bin ich etwa eine Hochstaplerin und meine Expertise ist im Grunde total banal? Ein lähmender Gedanke, obwohl ich der Überzeugung bin, dass die guten Dinge im Leben einfach sind. Die besten Rezepte sind simpel, sie kommen mit wenigen Zutaten aus. Und überhaupt kochen *alle* nur mit Wasser. Komplexe Zusammenhänge auf die Essenz zu reduzieren und so erklären zu können, dass jeder sie versteht, ohne der Versuchung zu erliegen, mit nichtssagenden Schlagwörtern um sich zu werfen, das ist die wahre Kunst. Auch wenn es einem selbst banal erscheint.

Einfach machen, trotz des Geschwätzes in meinem Kopf.

»Die reinste Form des Wahnsinns ist es, alles beim Alten zu belassen und gleichzeitig zu hoffen, dass sich etwas ändert.« Wie recht du hast, lieber Einstein. Alles klar, also einfach machen, trotz des Geschwätzes in meinem Kopf. Ausprobieren, anpassen und weitergehen. Das erste Mal meinen eigenen Anspruch an Perfektion zu überwinden, fällt mir schwer. Beim zweiten Mal geht es schon leichter. Und siehe da: Es öffnen sich unerwartet Türen und Erkenntnisse schauen um die Ecke. Einfach mal etwas hinrotzen – wie befreiend! Da wir alle in der Schule gelernt haben, wie man Fehler findet und korrigiert, wird das Resultat schnell besser und das ist mehr als befriedigend. So nimmt meine Vision plötzlich Fahrt auf und heute blicke ich dankbar zurück auf den Weg, der hinter mir liegt.

Ich habe viel gelernt auf dieser Reise und bin geworden, was ich heute bin: internationale Netzwerkerin, Coach und Wegbegleiterin für dich, wenn auch du den ersten Schritt in Richtung deines Traumes gehen und ihn sichtbar machen willst. Gemeinsam finden wir Antworten auf die richtigen Fragen, bis du selbst merkst, dass es möglich ist.

Lust auf einen virtuellen Kaffee? Du findest mich unter **www.valerieberchtold.com**.

VALERIE BERCHTOLD

Sinn. Leben. Fusion.
Bewegung auf der Welle des Lebens.

Sie ist internationale Netzwerkerin, Coach und Expertin für Marketing und Kommunikation. Das Fundament ihrer Expertise bilden ihre Studienabschlüsse. Jahrelange Erfahrung in der serviceorientierten Luxushotellerie sowie leitende Funktionen im wachstumsgetriebenen Konzernumfeld der Finanzbranche haben zu einem reichen Erfahrungsschatz geführt. Alle entscheidenden Fähigkeiten im Stress- und Zeitmanagement hat sich die selbstständige Businessfrau und Mutter von drei Jungs über die Jahre selbst angeeignet. All das fließt in ihre inspirierenden Reden und kreativen Workshops ein. Valerie Berchtold begleitet Menschen mit viel Know-how und Leidenschaft auf dem Weg in die Umsetzung ihrer beruflichen Visionen.

www.valerieberchtold.com

Game of Life!

Der Erfolg ist in Dir! Erfolg geht immer! Es funktioniert! Und das Ganze geht mit Ehrlichkeit, Treue und Verbindlichkeit!

Als kleiner Junge, aufgewachsen in einer Region mit kargen Böden, die nicht zum Leben von der Landwirtschaft ausreichten, bekam ich zu Hause und in der Schule folgenden Glaubenssatz eingehämmert: Bringe Leistung, dann hast Du später im Leben Erfolg! Da die Landwirtschaft nicht zum Leben reichte, erlernte ich den Beruf des Landmaschinenmechanikers. Das war artverwandt und ich konnte den Hof nebenbei bewirtschaften. Die Ausbildungsstellen waren knapp und nach bestandener Gesellenprüfung sah es nicht nach einer Festanstellung aus. Trotzdem nahm ich diese Challenge an! Dann, nach bestandener Prüfung, setzte Freude ein: Ich bekam einen 4-Monats-Zeitvertrag, allerdings nicht in meiner geliebten Reparaturwerkstatt, sondern in der Produktion. Das habe ich als Chance wahrgenommen, noch einmal volle Leistung abzurufen, um so in eine Festanstellung zu kommen. In der Produktionshalle war stickige Luft, es roch nach Öl, es war dunkel, laut und teilweise extrem heiß. Hier war ich für die Produktion von landwirtschaftlichen Geräten zuständig. Im 35-Minuten-Takt ertönte das Signal und das Montageband lief weiter. Mit meiner Arbeit war ich jedoch schon in der Hälfte der Zeit nach circa 17 Minuten fertig. Einige Kollegen wandten sich vorwurfsvoll an mich: Stefan, wenn jemand sieht, dass die Arbeit so schnell zu erledigen ist, dann verbaust du uns den Akkord. Meine Aussage lautete dann: »Ich will einen festen Arbeitsvertrag und dazu will und muss ich Leistung bringen, dann wird es schon der Richtige sehen und sie mir geben.« Als dann die vier Monate rum waren, fragte ich über die Personalabteilung an, ob ich den ersehnten Festvertrag bekäme. Die Aussage lautete: »Nein, es bekommt keiner einen und wir stellen definitiv auch niemand ein.« Als dann der Betriebsleiter Dr. Adam an mir vorbeischritt, nahm ich all meinen Mut zusammen und sprach ihn an. Ein ca. 2 Meter großer Mann, schlank, mit langem, braunem Mantel, stand mir gegenüber. Ich war gefühlt 1,50 Meter klein. »Herr Dr. Adam, ich möchte gerne einen festen Arbeitsvertrag. Ich habe volle Leistung gebracht und immer einwandfreie Arbeit geleistet, warum kann ich nicht bleiben?« »Nein, es kann keiner bleiben, unabhängig von der Leistung!« Da brach für mich eine Welt zusammen. Der Glaubenssatz »Bring Leistung und Du wirst belohnt«, ist für mich in sich zusammengefallen.

Jetzt stellte sich die Frage: Aufgeben und dem Umfeld die »Schuld« geben oder das eigene Leben auf Erfolg trimmen. Welche Möglichkeiten habe ich? Da gab es bei mir eine Eingebung: In den vier Monaten habe ich extrem oft Folgendes gehört: Stefan, ich hätte ja gerne dieses und jenes gemacht, ich hätte ja gerne ein Studium gemacht, aber dann kamen immer ... Ausreden.

Da habe ich mir drei Dinge geschworen:

1. **Die Wörter »hätte«, »könnte« und »müsste« streiche ich aus meinem Wortschatz!**
2. **In meinem Leben bin ich für mich selbst verantwortlich!**
3. **Jede Chance, die mir den Horizont erweitert, werde ich in meinem Leben annehmen.**

Mit diesem Gottvertrauen bin ich dann gestartet. Erst habe mein Fachabitur abgelegt, dann ein technisches Studium absolviert. Am Anfang des Studiums war wieder die Prognose für uns Absolventen relativ bescheiden. Auf der weltgrößten Messe für die Landtechnik bekam ich einen einzigen Job angeboten. Es handelte sich um eine Tätigkeit im Außendienst. Jedoch sagte mir mein Bauchgefühl, dort passt etwas nicht, daraufhin habe ich diese einzige Chance abgelehnt. Ausgestattet mit einem Jahresvertrag habe ich eine Position angenommen, in der ich alles machen musste und viel lernen konnte. Nach den zwölf Monaten war die Situation etwas entspannter und von fünf Bewerbungen bekam ich drei konkrete Jobangebote. Daraufhin startete ich dann in einem sehr menschlich geführten Unternehmen im Vertrieb. Als ich auf dem Höhepunkt angelangt war, bekam ich das Angebot zu einem Markt- und Technologieführer im Traktorenvertrieb zu wechseln. Das war ein sehr gutes Gefühl: Gefragt zu werden, ob ich diesen Job machen würde und außerdem einen Kindheitstraum zu erfüllen. Nach einigen Jahren absolvierte ich nebenbei ein Studium in der Betriebswirtschaft. Viele aus meinem Umfeld fragten: »Warum machst du das Studium, Stefan? Du bist doch in einer tollen Position, fährst ein tolles Auto und verdienst ordentliches Geld?« Meine Antwort lautet immer: »Wer weiß, wofür das gut ist.« Die Chance, sich weiterzubilden, ist wichtig und ich gehe jeden Abend schlauer zu Bett, als ich morgens aufgestanden bin. Am Ende des Studiums bestand dann die Chance, als Geschäftsführer eines großen Unternehmens tätig zu werden. Auf dem Zenit meiner erfüllenden Tätigkeit kam mir die folgende Weisheit im Sinn: Wenn Du zwei Wege gehen kannst in Deinem Leben, entscheide Dich für den schwierigeren Weg, das ist der richtige! Somit übernahm ich die Personalverantwortung für 160 Mitarbeiter und baute sie im Laufe der Zeit auf 400 Mitarbeitern aus. Am meisten Freude bereitete mir die Zusammenarbeit mit jungen Menschen am Anfang ihrer Laufbahn und auch Menschen, die benachteiligt waren. Diese entwickelte ich gerne in eine positive Richtung: Auszubildende zur Gesellenprüfung, dann weiter zum Techniker, Meister oder auch zum Studium. Es gefiel mir, kaufmännische Mitarbeiter, die leitende Funktionen bekamen, zu Prokuristen und bis in die Geschäftsleitung aufsteigen zu lassen.

Diese Erfahrung aus 35 Jahren, in denen ich von der Öllache bis in die Teppichetage alle Wege selbst gegangen bin, alle Stufen selbst durchlebt habe, gebe ich gerne an andere Menschen weiter! Den Erfolg zu generieren, Spaß an der Arbeit zu haben, für ein großes übergeordnetes Ziel zu dienen sowie strukturiert für andere Menschen da zu sein, ist für mich Ansporn! Dieses Ziel mit Menschlichkeit zu erzielen, gebe ich an andere Menschen, vor allem Führungskräften und Unternehmen bzw. deren Inhaber, weiter.

Es gibt aus meiner Erfahrung heraus **zwei** Erfolgsformeln:

- Die **erste** lautet: Sei ehrlich, halte Dein Wort und höre auf Dein Bauchgefühl!
- Die **zweite** lautet: Talent und Fleiß gemeinsam multipliziert mit der Begeisterung, dann ist der Erfolg schon grundsätzlich programmiert!

Das Einzige, was diesen Erfolg dann noch gefährdet: Das eigene Ego!

Der Erfolg ist eine Entscheidung, und zwar Deine!

Wenn Du dann noch in den folgenden sieben Punkten Persönlichkeit, Kommunikation, Motivation, Interesse am Menschen, Ziele, Gleichgewicht und eine positive persönliche Grundeinstellung zum Leben besitzt und an allen kontinuierlich und systematisch arbeitest, dann ist der Erfolg garantiert!

STEFAN ESTER

Ich helfe Führungskräften, erfolgreich ihre Rolle auszufüllen

Er hat sich über die Ausbildung in einem Ableger des ältesten Handwerksberufs, dem Schmiedehandwerk, bis in die Vorstandsetage eines Konzerns mit 6500 Mitarbeitern als Geschäftsführer mit 400 Mitarbeitern entwickelt, Hunderte Vertriebler bei bis zu zweistelligen Millionenumsätzen unterstützt, mehr als 300 Auszubildende zum Beruf und späteren Erfolg geführt – das ist Stefan Ester. Er hilft Führungskräften, ihre Rolle erfolgreich auszufüllen, damit sie ihre Wunschmitarbeiter bekommen, diese motivieren und binden. Sie leben dann im Einklang mit Familie und Freizeit, erreichen ihre Ziele und leben in Freude.

Was ist dein Plan für den dritten Lebensabschnitt?

Mit 20 macht sich kaum jemand Gedanken über sein Leben »im Alter«. Ich habe es auch nicht getan, denn ich hatte ganz andere Themen, wie Studium, Karriere, Freund und Familie im Kopf.

Doch als ich die 50 überschritten hatte, sah es ganz anders aus. Ich hatte Familie, ein Haus gebaut und viel erreicht: Ich hatte einen Beruf gelernt, studiert und promoviert. Nun war ich bereits viele Jahre als betriebswirtschaftlicher Berater für kleine und mittelständische Unternehmen unterwegs und unterstützte sie bei der Gründung ihres Business, bei der Finanzierung von Wachstumsinvestitionen oder bei der Bewältigung existenzieller Krisen. Und ich ließ als Interims-Geschäftsführer Designer-Möbel produzieren. Obwohl ich diese intensive Arbeit liebte, war doch die Luft raus und ich fühlte mich ausgebrannt.

Ich hatte begonnen, mir parallel ein Business im Online-Marketing aufzubauen. Es lief bereits gut und mir bereitete es Freude, Websites zu erstellen. Doch ich konnte mir nicht vorstellen, die nächsten 30 Jahre dieser Tätigkeit zu widmen.

Mir war klar, dass ich nicht mit 65 oder 67 alles fallen lasse und dann nur noch in der Sonne liege. Das wäre mir zu langweilig. Andererseits wollte ich auch zukünftig keine 60-Stunden-Arbeitswoche, Stress und Nervereien. Was konnte ich tun?

Als ich so an meine Zukunft dachte, hatte ich immer wieder meinen Papa vor Augen. Mit Mitte 50 wurde der Betrieb, in dem er tätig war, von einem Konzern übernommen. Mein Papa musste nun einige Weiterbildungen besuchen. Ich weiß noch, wie stolz er war, dass er alle Prüfungen bestanden hatte. Kurze Zeit später wurde beschlossen, das Durchschnittsalter in dem Bereich, in dem mein Papa arbeitete, auf unter 40 zu senken. Damit war mein Papa mit Ende 50 raus.

Plötzlich war er überflüssig. Er wollte es sich nicht anmerken lassen und doch schämte er sich, so »nutzlos« und nur noch zu Hause zu sein. Denn an seine neuen Lebensinhalte wie Haushalt, Garten und Stammtisch konnte er sich nicht so recht gewöhnen. Ihm fehlte das Gefühl, gebraucht zu werden. Ihm fehlte die Bestätigung, die er immer für seine Arbeit erhalten hatte. Ihm fehlte der Sinn seines Tuns. Er alterte zusehends und ging leider viel zu früh.

Ich traf die Entscheidung, dass mein Leben anders verlaufen würde. Mit einem Business habe ich viele Möglichkeiten. Doch was könnte ich konkret tun? Wie könnte ich nützlich sein, Geld verdienen und Freude dabei haben? Es sollte noch eine Weile dauern, bis ich die passende Idee hatte.

Mit einem Business habe ich viele Möglichkeiten.

Vor vielen Jahren lernte ich im Rahmen meiner Tätigkeit Helmut kennen. Wir sind seitdem freundschaftlich verbunden. Helmut gründete in den 90er-Jahren seinen Baubetrieb und ist bis heute mit Leib und Seele Unternehmer. Aufgrund äußerer Erfordernisse musste er vor einigen Jahren seinen Betrieb umstrukturieren. Das gelang ihm so gut, dass er nur noch den halben Tag im Unternehmen verbrachte. Auf einmal hatte er viel Freizeit.

Er erinnerte sich an sein Hobby, die Malerei. Nun war er nicht mehr zu bremsen. Unter seinen Händen entstanden unzählige Bilder. Sie schmücken nicht nur seine eigenen Räume, sondern viele Büros, Kanzleien und Wohnungen in der Region. Denn Helmut stellte seine Werke immer wieder aus, und er verkaufte sie. Bald verdiente er mit seinem Hobby fast so viel wie mit seinem Bauunternehmen. Aus dem Hobby war ein eigenständiges Business geworden.

Helmut hat die 70 bereits überschritten und ist nach wie vor begeistert in beiden Bereichen tätig. Mitten im Leben zu stehen und Freude zu haben – das hält jung. Wahrscheinlich wird er irgendwann seinen Betrieb abgeben. Dann kann er sich ganz seiner künstlerischen Tätigkeit widmen und dabei sicher sein, dass sein Leben finanziert ist.

Ja, Helmut ist ein Vorbild für mich. So geschäftlich aktiv, wie er es ist, möchte ich auch noch in 10 oder 20 Jahren sein. Und Geld verdienen will ich auch. Denn ich möchte in Würde altern. Dazu braucht es gute finanzielle Reserven. Doch ich bin kein Künstler. Was ist also mein Plan für die Zeit bis 90?

Mitten im Leben zu stehen und Freude zu haben – das hält jung.

Um endlich meine Berufung zu finden, buchte ich mir ein Seminarwochenende im Schwarzwald. Ich war etwas früher angereist, so hatte ich einen Tag Zeit für eine größere Wanderung. Am späteren Nachmittag auf dem Rückweg lief ich wie in Trance. Noch hatte ich ein paar Kilometer vor mir. Meine Füße fanden von sich aus den richtigen Weg. Ich genoss die Ruhe und die Sonne auf meiner Haut.

Plötzlich traf mich ein Geistesblitz: Pack all deine Leistungen, Fähigkeiten und Tätigkeiten, die dir bisher am meisten Freude bereitet haben, zusammen, sortiere alles neu mit dem Ziel, den vielen aktiven Menschen, die nach einer Perspektive für ihren dritten Lebensabschnitt suchen, ein Business zu kreieren und aufzubauen.

Wow, da war sie, die Idee, nach der ich so lange gesucht hatte. Auf einmal war ich wieder fit und lebendig. Ich lief schneller, kam an ein Café, bestellte mir Schwarzwälder Kirschtorte und Kaffee, holte Zettel und Stift raus und ließ mein neues Business entstehen.

Das ist es, das Business mit 55plus: Ich inspiriere und unterstütze aktive Menschen 55plus, die sich zu jung für den klassischen Ruhestand fühlen, ihr Know-how oder ihre Lebenserfahrung neu aufzubereiten und damit ein eigenes Business aufzubauen.

Mir wird immer wieder die Frage gestellt: Ein Business wäre auch für mich interessant, doch was könnte ich tun?

Zwei Punkte sind ganz wichtig:

1. **Wähle etwas, das du wirklich gern machst, das dir am Herzen liegt und längerfristig Freude bereitet. Vielleicht hat es mit deinem Beruf zu tun oder mit deinem Hobby. Eventuell ist es etwas, das du in jungen Jahren realisieren wolltest und immer wieder aufgeschoben hast. Oder es ist ein Thema, das dich brennend interessiert und dem du deine Zeit widmen möchtest.**
2. **Mit deinem Business solltest du einen Nutzen für bestimmte Personen oder Unternehmen bringen, denn nur dafür erhältst du Geld. Für wen wäre deine Tätigkeit also von Nutzen? Wie könntest du diesen Nutzen erbringen?**

Wenn du gern tiefer in dieses Thema einsteigen oder mehr Inspirationen haben möchtest, dann schaue dir gern mein kostenfreies Online-Seminar an:
https://www.sabine-oranien.de/online-seminar

Ich wünsche dir, dass du dir deinen dritten Lebensabschnitt so gestaltest, wie du es dir immer gewünscht hast.

DR. SABINE ORANIEN

Mut zum Business mit 55plus

Elektriker, Elektro-Ingenieur, Software-Entwickler, Betriebsorganisator, Controller, Bilanzbuchhalter, Qualitätsmanager, Unternehmensberater, Online-Marketer, Business-Coach – das sind Stationen aus ihrem Leben. Sie ist der Überzeugung, dass Aktivität, Neugier und Freude sie jung halten.

Nach über 25 Jahren selbstständiger Tätigkeit für Unternehmer inspiriert sie nun in ihren Vorträgen und Seminaren dazu, den dritten Lebensabschnitt bewusst zu gestalten. Sie begleitet aktive Menschen 55plus dabei, ihr Know-how und ihre Lebenserfahrung neu zur Verfügung zu stellen und ein eigenes smartes Business aufzubauen.

Ohne System bleibt der Geschäftserfolg Zufall

Im April 2022 befinden wir uns bereits in der dritten Corona-Saison, um es einmal sportlich auszudrücken.

Unzählige Tagungen, Trainings und Meetings sind seitdem der Pandemie zum Opfer gefallen. Gerade erst war in der Presse zu lesen, dass das Niveau des Jahres 2019 bei Hotel-, Übernachtungs- und Veranstaltungsbuchungen, bezogen auf den geschäftlichen und Businessbereich, vermutlich erst im Jahr 2025 wieder erreicht werden wird. Buchungen von Flügen und Mietwagen sind davon in ähnlicher Art und Weise betroffen.

Wie so oft ist des einen Leid des anderen Freud.

Wie so oft ist des einen Leid des anderen Freud.

Seit April 2019 ist das 2011 gegründete Unternehmen ZOOM an der New Yorker Börse notiert. Während der COVID-19-Pandemie stieg die Nutzerzahl von 10 Millionen im Dezember 2019 auf über 200 Millionen Nutzer im März 2020. Dadurch stieg der Börsenwert des Unternehmens auf mehr als 40 Milliarden US-Dollar an.

Vor wenigen Wochen habe ich in einem Hotel – landschaftlich schön gelegen –, das ich gerne für Klausurtagungen, Veranstaltungen und Meetings auch mehrtägig nutze, zwei Reservierungen angefragt. Ein 4-Sterne-Resort und Sporting-Club mit Beautyfarm, gut ausgestattetem Fitnessraum und Spa-Bereich. Ein schöner Golfplatz mit einem ansprechenden Clubhaus, gut sortiertem Pro-Shop und Tennisplätze liegen ebenfalls vor der Tür. Ich habe fünfzehn Zimmer und einen entsprechenden Meetingraum ganz nach meinen Vorstellungen für jeweils zwei Tage und Termine problemlos reservieren können.

Zu meiner Freude, aber auch zu meinem Erstaunen, da ich weiß, wie sehr das Hotel unter den Einschränkungen und Auswirkungen, die uns die Pandemie auferlegte, gelitten hat. Von den daraus resultierenden Personalproblemen und Umsatzeinbußen ganz zu schweigen.

Wäre es nicht besser, jetzt systematisch und zielgerichtet auf die bestehenden Geschäftskontakte, zu denen ich mich seit Jahren zähle, mit einem entsprechenden Angebot oder einer Anfrage zuzugehen?

Ich bin sicher, dass die entsprechenden Buchungsportale für die gewünschte Auslastung sorgen werden, bin aber der festen Überzeugung, dass die gezielte und persönliche Ansprache die Kundenbindung verbessern oder sogar intensivieren würde. Von einem möglichen Empfehlungsgeber einmal ganz zu schweigen.

Beziehungsebene geht vor Sachebene.

Beziehungsebene geht vor Sachebene und Beziehungen werden am besten im persönlichen Austausch und Miteinander und weniger in der digitalen Welt gepflegt und intensiviert.

Durchaus vergleichbar mit einem Bankkonto: Wenn ich nichts oder nur wenig einzahle, kann ich auch nichts oder nur wenig abheben.

Social-Media, WhatsApp und Telegram haben es uns gerade in der Pandemie ermöglicht, Kontakte zu pflegen oder gar aufrecht zu erhalten, sollten uns aber nicht dazu verleiten, uns ausschließlich dieser zu bedienen.

Ich habe von fast jeder deutschen Automarke ein Auto gefahren, meist im oberen oder höchsten Segment der Fahrzeugangebote. Als begehrter und treuer Kunde erhalte ich somit häufiger Einladungen zu einem Business-Event, Fahrzeugpräsentationen oder sogar zu einem Golfturnier, das von dem Hersteller veranstaltet wird – meist mit aufwendigen und in der Herstellung sicherlich teuren Einladungskarten. Natürlich steht auf der Einladung neben meinem Namen auch der Zusatz »persönliche Einladung«. Dass neben mir viele andere Kund:innen dieselbe Einladung erhalten, erklärt sich von selbst. Und sicherlich verbindet der Hersteller, egal ob AG, die entsprechende Niederlassung oder der Händler vor Ort mit der Veranstaltung die durchaus berechtigte Hoffnung auf neue Umsätze und Kund:innen – aber zahlt sich diese Investition auch für ihn aus?

Meistens agiert er – zumindest aus meiner Wahrnehmung – in einer Black Box. Vieles basiert auf Hoffnung und in guter Absicht. Die Einladungen werden oft per Mail versendet und auf dem Postweg wird es durch Porto und Verpackung erst richtig teuer. Einer meiner Geschäftspartner hat sich vor unserer Zusammenarbeit so am Markt präsentiert und agiert.

> Vieles basiert auf Hoffnung und in guter Absicht.

Bevor wir das für ihn passende Konzept erarbeitet, erstellt und eingeleitet haben, stand die Analyse seiner Aktivitäten und der daraus realisierten Ergebnisse in der Vergangenheit. Sieben hochwertige Veranstaltungen fanden über ein Kalenderjahr mit Vorständen als Repräsentanz des Unternehmens oder Prominenz aus Kultur und Sport an zum Teil spektakulären Orten oder außergewöhnlichen Locations statt.

Unsere Analyse fand in einer auf zukünftige Maßnahmen ausgerichteten Klausurtagung statt. Meine Frage, wie viele Einladungen für alle Veranstaltungen ausgesprochen wurden, ergab folgendes Ergebnis: 4700 Einladungen, die per Post versendet wurden – eventuelle Mails oder Telefonate zu der jeweiligen Veranstaltung wurden nicht separat erfasst. Mein erster Eindruck war: fleißig, aber auch teuer. Die zweite Frage zielte auf die Gesamtanzahl der Teilnehmer in allen Veranstaltungen ab. Spätestens nach der abschließenden Frage machte sich Ernüchterung im Raum breit: Wie viele der 4700 Einladungen und insgesamt 276 anwesenden Teilnehmern an den Veranstaltungen wurden Kunden?

> Mein erster Eindruck war: fleißig, aber auch teuer.

7 Kunden war die Antwort nach mehrmaligem Prüfen und eindeutiger Recherche.

Meine Idee und mein Vorschlag war, eine für das Unternehmen passende, skalierbare und nachvollziehbare Strategie und Vorgehensweise zu entwickeln, die durch mich eingeschult, gecoacht und begleitet wird.

Wir entwickelten einen Arbeitstitel und fanden mit »Kunden- und Mandantenakademie« den richtigen. Bis zur ersten Veranstaltung hatten wir sechs Wochen Zeit, legten den Veranstaltungsort, das Thema, die Referenten, aber auch das Ziel der Veranstaltung fest. Ich entwickelte mit den einladenden Mitarbeitern ein telefonisches Einladungsgespräch für mögliche Interessenten und Kunden und wir telefonierten gemeinsam. Nur wer am Telefon sein Interesse und zeitliche Verfügbarkeit bekundet hatte, erhielt eine persönliche postalische Einladung auf dem gewohnt hohen Niveau.

Alle eingeladenen Interessenten mussten uns nach Erhalt der Einladung noch einmal ihre Teilnahme mit der zu erwartenden Teilnehmerzahl auf den üblichen Wegen bestätigen. Um es abzukürzen: 63 Einladungen wurden versendet, 54 haben uns ihre Teilnahme bestätigt und 57 Gäste konnten wir am Veranstaltungsabend begrüßen. Zur Freude des Veranstalters nahmen 17 neue Interessent:innen, die das Unternehmen noch nicht kannten, an der Veranstaltung teil.

Die Empfehlungs- und Referenzsystematik habe ich meinem Geschäftspartner empfohlen und in die Vorbereitung und Akquisemaßnahmen mit integriert und eingebaut.

Über einen für die Veranstaltung entwickelten Feedbackbogen haben wir von 51 Teilnehmer:innen eine Information erhalten, zu welchen Punkten aus der Veranstaltung noch Fragen oder Interesse besteht.

Nach sechs Wochen konnten wir bereits 28 neue Kund:innen aus der Kunden- und Mandantenakademie gewinnen.

Dieses erprobte und in der Praxis bewährte Konzept lässt sich für eine Vielzahl von Produktanbietern und Dienstleistern entwickeln und etablieren.

Gerne erörtere ich auch gemeinsam mit Ihnen, wie wir Ihren Geschäftserfolg vom Zufall befreien können. Ich bin sicher, wir finden das für Sie und Ihr Unternehmen passende Konzept. ☺

WOLFGANG VON LOJEWSKI

Berater, Trainer, Coach und Gesprächspartner auf Augenhöhe

Er ist Fotokaufmann im EZH mit Traineeausbildung und Führungserfahrungen. Nach nebenberuflichem Einstieg in den Kapitalmarkt entwickelte er sich vom Selbstständigen zum Unternehmer. Wolfgang von Lojewski baute eine Direktion mit mehreren Außenbüros auf, sorgte für 500 Mio. Jahresneugeschäft mit außergewöhnlichen Qualitätskennziffern und begleitete das Unternehmen maßgeblich vom Start bis kurz vor dem Börsengang.

Er hat über 30 Jahre Praxiserfahrung, mehr als 10.000 Teilnehmer ausgebildet und auf ihrem Weg begleitet. Er leitete über 5000 Vorträge und Seminare. Wolfgang von Lojewski ist Ratgeber, Impulsgeber und Gesprächspartner für seine Geschäftspartner, auch jenseits des Daily Business.

Hochwasserschutz brauche ich nicht?

Feuer! Feuer! Feuer!

Das Haus der Familie Schulz brennt. Die Feuerwehr kann nicht kommen. Das Gerätehaus ist seit gestern überflutet. Ein Starkregen hat den kleinen Bach im Ort über die Ufer treten lassen, sodass alle Gerätschaften unbrauchbar geworden sind. Die Feuerwehrleute können nicht ausrücken. Die Feuerwehrwagen wurden durch das Wasser aufgeschwemmt und gegen die Wände gedrückt. Nichts funktioniert mehr in der Feuerwache.

Gebäude und kritische Infrastruktur müssen gegen Verwüstung durch Überschwemmungen geschützt werden.

Das Haus der Familie Schulz brennt daher weiter. Das Ehepaar steht mit seinen zwei kleinen Kindern, der fünfjährigen Tochter Sofia und dem acht Jahre alten Sohn Michael, auf der Straße. Gerade noch rechtzeitig konnten sie die gehbehinderte Oma Gudrun aus dem Haus führen, bevor der Rauch zu stark wurde. Das Haus der Schulzes ist abgebrannt. Die kritische Infrastruktur »Feuerwehr« war nicht geschützt und daher nicht einsatzbereit.

Gebäude und kritische Infrastruktur müssen gegen Verwüstung durch Überschwemmungen geschützt werden.

Wasser, Wasser, Wasser.

Szenenwechsel zum Haus der Familie Müller. Der Verlust des Eigenheims kann auch durch das Eindringen von Wasser nach einem Starkregen oder durch Hochwasser erfolgen. Als Beispiel dient das Ahrtal oder Bad Münstereifel aus dem Jahr 2021. Herr Müller bemerkt mit jammernder Stimme: »Jetzt ist unser Haus überflutet. Es war doch seit acht Wochen staubtrocken.« Und Frau Müller fügt verzweifelt hinzu: »Wo kommt denn bloß das Wasser her?«

»Das ist vorher noch nie passiert«, fügt Oma Lieselotte an. »Ich bin 82 Jahre alt und so etwas gab es bisher nicht.«

Jedes Gebäude verdient Hochwasserschutz.

Verlust, Verlust, Verlust.

Egal, ob es sich um Feuer oder Wasser handelt, jetzt ist alles weg: die Wohnzimmereinrichtung mit der neuen Sofagarnitur aus Leder, der große 55-Zoll-Fernseher, die Designer-Lautsprecher. Oma Lieselotte beklagt den Verlust des ganzen Geschirrs in den Schränken und vor allen Dingen des Porzellans von ihren Großeltern aus dem Jahr 1890, das man über Generationen aufbewahrt, zu den Festtagen geputzt und feierlich verwendet hat, gerade zu Ostern und zu Weihnachten. Alles ist unwiederbringlich verloren.

Jedes Gebäude verdient Hochwasserschutz.

In der Küche sieht es nicht besser aus. Der Kühlschrank, der Herd, der Backofen, alles ist demoliert. Die Kaffeemaschine für den schmackhaften Espresso ist durch das wilde Treiben des aufgewühlten Wassers im Haus vom Tisch heruntergefallen und in den Garten gespült worden. Fort. Die Küchengeräte sind unbrauchbar. Das Geschirr, die Gläser, das Besteck, alles ist weggespült und irgendwo auf dem Weg zu den Nachbargrundstücken oder die Straße entlang in die Stadt.

Im Kinderzimmer ein ähnliches Bild: Das Bett, die Lieblingskuscheldecke und die Lieblingspuppe von Tochter Melanie, der Teddybär von Sohn Peter sowie das Piano und die Gitarre, die beide so gerne zum Musizieren genutzt haben, und der Gitarrenverstärker – ein kleiner Vox, so einen wie Brian May von Queen ihn spielt – sind zerstört oder fortgespült durch die Flut. Gemeinsames Musizieren reduziert sich fürs Erste auf den Gesang.

Melanie und Peter sind besonders betrübt, dass die Lego-Sammlung, die sie größtenteils von den Eltern und Oma Lieselotte erhalten haben, auch weggeschwemmt worden ist. »Das wird niemals wiederkommen. Da waren so viele alte Bausteine dabei«, jammern die Geschwister unisono. Und Peter betrauert seine Dinosauriersammlung. »Die Dinosaurier haben sich zu Schwimmsauriern entwickelt und sind auf und davon«, sagt er traurig.

Vater Müller ist auch am Heulen: Der schöne Mercedes ist vollkommen verschlammt. Er weiß, selbst mit einer Grundreinigung bekommt man diesen modrigen Gestank nicht mehr aus den Sitzen, den Teppichen und den Armaturen. Frau Müller entgegnet: »Den Mercedes habe ich sowieso nie gemocht. Ein BMW war mir lieber.« Humor hat, wer jetzt lacht. Denn alles in der Garage, auch die Fahrräder, der Rasenmäher, das Werkzeug und die teure Golfausrüstung: Alles ist zerstört, verbogen, beschädigt oder durch das aufgebrochene Garagentor die Straße entlang gespült worden.

Und jetzt wird es richtig ernst: Sämtliche Urkunden, Belege und Erinnerungen wurden von den Fluten weggetragen. Inventar kann man ersetzen, aber Urkunden neu zu beschaffen erfordert erhebliche Behördengänge. Kaufbelege wieder zu erlangen ist fast unmöglich. Und nochmals schwerer wiegen die unwiederbringlichen Erinnerungen, die vernichtet sind. Dazu zählen der erste Milchzahn der Tochter, die Haarlocke des Sohnes und die Eheringe der Urgroßeltern.

Familie Müller ist am Boden zerstört. Ihr Haus, nein, ihr Heim ist zerstört. Eigentlich ist kein großer Unterschied zum abgebrannten Haus der Familie Schulz festzustellen. Na ja, das Haus steht wenigstens noch. Zumindest das, was davon übrig geblieben ist. Wie geht es nun weiter? Jetzt ist erst einmal Schlamm aus der Wohnung schippen angesagt, zweitens renovieren und drittens ein Neukauf der gesamten Einrichtungsgegenstände.

Vorsorge, Vorsorge, Vorsorge.

Nachdem das Haus wiederhergestellt wurde, ist kein Geld mehr da für Reisen in die USA, wo Herr Müller einmal im Leben hinwollte. »New York in zerrissenen Jeans sehen«, wie von Udo Jürgens einst besungen. Aber selbst die Jeans sind fortgespült worden.

Frau Müller wollte nach Singapur und nach Dubai. Großmutter Lieselotte hat davon geträumt, mit der ganzen Familie eine Kreuzfahrt zu machen. Ausgeträumt!

Es ist auch kein Geld mehr da, um die Wohnungseinrichtung zu verbessern, das Dach zu erneuern und sich einen neuen Heizkessel anzuschaffen, den der Schornsteinfeger bereits angemahnt hatte.

Wobei, das geht ja noch. Aber was, wenn es noch einmal eine Überflutung des Hauses gibt? Dann sind alle Altersrücklagen aufgebraucht. Oma Müller wirft ein: »Wir sind doch versichert bei der Glücklich AG.« Vater Müller erwidert: »Ja, das ist richtig, aber die Versicherung zahlt nur einmal, wenn überhaupt. Und dann der Ärger und Aufwand mit dem Aufräumen, das Herumrennen in die Geschäfte und die Behördengänge. Das ist ein Fulltime-Job und wird uns ein ganzes Jahr beschäftigen, wenn das mal reicht. Wie sollen Mama und Papa denn da noch ihren Berufen nachgehen?«

> **Wir müssen uns um die Prävention von Hochwasserschäden kümmern, nicht um die Schadensbeseitigung nach einer Überflutung.**

Ähnliche Aussagen haben wir von Anwohnern aus dem Ahrtal gehört. Alles dauert endlos, Versicherer und der Staat zahlen nicht oder nur sehr schleppend und ungenügend. Alles dauert, dauert, dauert.

Ist es nicht besser, Vorsorge zu betreiben mit einem klimawandel-angepassten Design für Hochwasserschutz? So etwas gibt es seit 1990. Hausöffnungen können leicht bei Schlechtwetterereignissen gegen das Eindringen von Wasser geschützt werden.

Wir müssen uns um die Prävention von Hochwasserschäden kümmern, nicht um die Schadensbeseitigung nach einer Überflutung.

Familie Müller hätte sieben Vorteile:

- Vorteil 1: Sicherheit für das Ehepaar Müller, die Kinder Melanie und Peter sowie Oma Lieselotte.
- Vorteil 2: Werterhalt des vorhandenen Inventars.
- Vorteil 3: Keine überflüssigen Ausgaben zur Schadensbeseitigung.
- Vorteil 4: Keinen Stress mit der Versicherung und den Behörden.
- Vorteil 5: Die Altersvorsorge wird nicht angetastet.
- Vorteil 6: Das hart verdiente Geld kann für Reisen, schöne Geschenke für den Ehepartner, eine neue Sportausrüstung für Melanie und Peter oder deren Ausbildung investiert werden, anstatt in Altlastenbeseitigung.
- Vorteil 7: Erhebliche Wertsteigerung der Immobilie, falls man diese einmal verkaufen oder bei der Bank beleihen möchte.

Gegen Hochwasser in den eigenen vier Wänden kann man sich schützen. Meistens.

DR.-ING. ANDREAS KLIPPE

Experte für Hochwasserschutz, Ingenieur, Unternehmer

Er war Mitglied der Politik- und Wirtschaftsdelegation auf der Reise des damaligen Vizekanzlers und Wirtschaftsministers Dr. Philipp Rösler nach Vietnam und Thailand zum Thema Hochwasserschutz.

Er ist Gründer von Flood Control Asia RS Corp., dem asiatischen Zentrum für Hochwasserschutz auf den Philippinen, mit Geschäften von Katar über Singapur bis nach China.

Er pendelt zwischen Asien und Deutschland, wo er Regierungen, Unternehmen und privaten Hauseigentümern hilft, kritische Infrastruktur und Gebäude gegen die Verwüstung durch Hochwasser zu schützen – selbst wenn alles andere unter Wasser steht. Das ist Dr. Andreas Klippe.

info@andreasklippe.com